全国职业院校"十三五"土建类专业系列规划教材

砌体结构施工

主　编／黄文明　徐存燕
副主编／张　峰　由　尧　陆飞凤
主　审／徐凤纯

U0246490

QITI JIEGOU SHIGONG

合肥工业大学出版社

图书在版编目(CIP)数据

砌体结构施工/黄文明,徐存燕主编 . —合肥:合肥工业大学出版社,2016.2
ISBN 978 - 7 - 5650 - 2663 - 8

Ⅰ.①砌… Ⅱ.①黄…②徐… Ⅲ.①砌体结构—工程施工—高等学校—教材
Ⅳ.①TU36

中国版本图书馆 CIP 数据核字(2016)第 032200 号

砌体结构施工

主　编　黄文明　徐存燕	责任编辑　张择瑞
出　版　合肥工业大学出版社	版　次　2016 年 2 月第 1 版
地　址　合肥市屯溪路 193 号	印　次　2016 年 12 月第 1 次印刷
邮　编　230009	开　本　787 毫米×1092 毫米　1/16
电　话　理工教材编辑部:0551 - 62903204	印　张　20.75
市 场 营 销 部:0551 - 62903198	字　数　478 千字
网　址　www. hfutpress. com. cn	印　刷　合肥现代印务有限公司
E-mail　hfutpress@163. com	发　行　全国新华书店

ISBN 978 - 7 - 5650 - 2663 - 8　　　　　　　定价：40.00 元
如果有影响阅读的印装质量问题,请与出版社市场营销部联系调换。

前　　言

　　《砌体结构工程施工》是建筑工程技术专业学习领域中的一门专业核心技能课程,由于高职高专院校培养的是应用型技术人才,学生毕业后大多数是从事施工现场的施工管理工作,因此对教学要求越来越高,本教材根据砌体结构工程相关的规范、规程及标准设计图集,针对高职高专建筑工程技术、工程管理类专业培养目标中对砌体结构工程施工的知识和能力的要求编写而成。本书内容包括四大部分,第 1 部分砌体结构工程基础知识、第 2 部分砌体材料与力学性能、第 3 部分砌体结构施工、第 4 部分砌筑用脚手架,比较全面系统地阐述了砌体结构工程施工的理论知识和施工技术,具有实践性、针对性和实用性强的特点。

　　本书由淮北职业技术学院黄文明老师和芜湖职业技术学院徐存燕老师任主编,淮北职业技术学院张峰、由尧老师和安徽建工技术学院陆飞凤老师任副主编,全书由黄文明老师统稿、淮北职业技术学院徐凤纯老师主审。滁州职业技术学院朱永祥老师、六安职业技术学院胡敏老师、安徽广播电视大学魏海林老师、淮北职业技术学院吴春光老师、张拓老师、黄浩老师、姚胜利老师对本书的编写提出了很多有价值的建议。

　　本书不仅可供独立设置的高等职业技术学院、高等专科学校、成人高等学校及本科举办的二级职业技术学院和民办职业技术学院建筑工程技术、建筑工程监理、建筑工程管理、建筑装饰技术、建筑经济管理、工程造价、土木工程等专业教材使用,也可作为中等职业教育建筑类相关专业教材或供有关工程技术人员参考。

　　本教材在编写中引用了大量的规范、专业文献和资料,恕未在书中一一注明。在此,对有关作者表示诚挚的谢意。由于编者的水平有限,书中难免有不少缺点、错误和不足之处,在此真诚地希望广大读者提出宝贵意见。主编信箱:hbhuangwenming@126.com。

编　者

2016 年 12 月 16 日

目　　录

1 砌体结构工程基础知识 ……………………………………………………………… (1)

1.1 砌体结构的特点、应用范围及发展史 ………………………………………… (1)

1.1.1 砌体结构的应用范围 …………………………………………………… (1)

1.1.2 砌体结构的特点 ………………………………………………………… (4)

1.1.3 砌体结构的发展简史 …………………………………………………… (4)

1.1.4 砌体结构理论研究与计算方法 ………………………………………… (5)

1.1.5 对砌体结构的展望 ……………………………………………………… (5)

1.2 砌体结构房屋的构造组成 …………………………………………………… (6)

1.2.1 砌体结构房屋的组成 …………………………………………………… (6)

1.2.2 砌体结构房屋的墙体 …………………………………………………… (10)

1.2.3 砌体结构静力计算方案 ………………………………………………… (16)

1.2.4 墙、柱的允许高厚比 …………………………………………………… (19)

1.2.5 墙体细部构造 …………………………………………………………… (27)

1.2.6 减轻墙体开裂的主要措施 ……………………………………………… (42)

附录1-1 常用砌体自承重墙允许计算高度 …………………………………… (44)

附录1-2 圈梁节点构造 ………………………………………………………… (45)

附录1-3 构造柱底部连接做法 ………………………………………………… (56)

附录1-4 钢筋混凝土构造柱类别、最小截面和配筋 ………………………… (59)

附录1-5 构造柱节点构造 ……………………………………………………… (60)

2 砌体材料与力学性能 ……………………………………………………………… (70)

2.1 砌体材料 ……………………………………………………………………… (70)

2.1.1 砖 ………………………………………………………………………… (70)

2.1.2　砌块 ··· (73)

2.1.3　石 ··· (79)

2.1.4　砌筑砂浆 ··· (79)

2.1.5　石灰 ··· (86)

2.1.6　水泥 ··· (90)

2.1.7　钢筋 ·· (100)

2.2　砌体力学性能 ·· (106)

2.2.1　砌体的抗压强度 ·· (106)

2.2.2　砌体的抗拉、抗弯及抗剪强度 ···························· (109)

3　砌体结构施工 ··· (112)

3.1　砌筑工具 ··· (112)

3.1.1　机械设备 ··· (112)

3.1.2　主要工具 ··· (113)

3.1.3　施工操作工具 ··· (119)

3.2　砌筑砂浆 ··· (122)

3.2.1　一般规定 ··· (122)

3.2.2　材料要求 ··· (123)

3.2.3　现场拌制砂浆 ··· (124)

3.3　砌体结构施工 ·· (128)

3.3.1　砌体施工的基本规定 ··· (128)

3.3.2　砖砌体施工 ·· (131)

3.3.3　混凝土小型空心砌块砌体工程 ······························ (190)

3.3.4　框架结构填充墙 ··· (200)

3.3.5　石砌体施工 ·· (209)

3.3.6　砌体冬期施工 ··· (219)

3.3.7　雨期施工 ··· (224)

3.4　砌体分部工程验收 ·· (225)

3.5　砌体工程检验批质量验收记录 ······································· (225)

附录 3-1　砌体工程施工质量控制等级评定及检查 ················· (231)

附录 3-2　框架填充墙节点构造 ··· (232)

附录 3-3　填充墙砌体植筋锚固力检验抽样判定 ·················· (242)

附录 3-4　填充墙砌体植筋锚固力检测记录 ························· (243)

4 砌筑用脚手架 ·· (244)

  4.1 扣件式钢管脚手架 ·· (245)

    4.1.1 有关术语 ··· (245)

    4.1.2 构配件 ··· (246)

    4.1.3 扣件式多立杆钢管脚手架 ································ (251)

    4.1.4 斜道 ··· (260)

    4.1.5 满堂脚手架 ··· (261)

    4.1.6 型钢悬挑脚手架 ··· (263)

    4.1.7 施工 ··· (264)

    4.1.8 检查与验收 ··· (270)

    4.1.9 安全管理 ··· (271)

  4.2 门式钢管脚手架 ·· (272)

    4.2.1 门式钢管脚手架的主要组成构件 ·························· (273)

    4.2.2 门式钢管脚手架的构配件要求 ···························· (276)

    4.2.3 门式钢管脚手架的构造要求 ······························ (277)

    4.2.4 门式钢管脚手架的施工 ·································· (285)

    4.2.5 检查与验收 ··· (287)

    4.2.6 安全管理 ··· (291)

  4.3 碗扣式钢管脚手架 ·· (292)

    4.3.1 碗扣式脚手架优缺点 ···································· (292)

    4.3.2 主要构、配件和材料质量要求 ····························· (293)

    4.3.3 构造要求 ··· (299)

    4.3.4 施工 ··· (303)

    4.3.5 检查与验收 ··· (305)

    4.3.6 安全管理与维护 ··· (306)

  4.4 吊篮脚手架 ·· (306)

    4.4.1 吊篮脚手架安装 ··· (308)

    4.4.2 吊篮脚手架验收 ··· (309)

    4.4.3 吊篮脚手架使用 ··· (310)

    4.4.4 吊篮脚手架拆除 ··· (311)

    4.4.5 吊篮脚手架管理 ··· (312)

    4.4.6 安全措施 ··· (313)

    4.4.7 环保措施 ································· (313)
  4.5 里脚手架 ······································· (314)
    4.5.1 折叠式里脚手架 ······················· (314)
    4.5.2 支柱式里脚手架 ······················· (315)
  4.6 安全网 ··· (316)
    4.6.1 "支搭"安全网 ························· (316)
    4.6.2 "吊杆"架设安全网 ····················· (316)
    4.6.3 其他安全网 ····························· (317)
  附录 4-1 脚手架 CⅡ 标识 ························· (318)
  附录 4-2 满堂脚手架与满堂支撑架立杆计算长度系数 μ ······· (319)
  附录 4-3 门架、配件质量分类 ····················· (319)
主要参考文献 ······································· (323)

砌体结构施工

1 砌体结构工程基础知识

1.1 砌体结构的特点、应用范围及发展史

1.1.1 砌体结构的应用范围

砌体结构是指由块体和砂浆砌筑而成的墙、柱作为竖向承重构件,水平承重构件是钢筋混凝土楼板及屋面板,主要用于多层建筑中。5～6层高的房屋,采用以砖砌体承重的混合结构非常普遍,不少城市建到7～8层;重庆市20世纪70年代建成了高达12层的以砌体承重的住宅;在某些产石地区毛石砌体作承重墙的房屋高达6层。

在地震设防区建造砌体结构房屋——合理设计、保证施工质量、采取构造措施。经震害调查和研究表明:地震烈度在六度以下地区,一般的砌体结构房屋能经受地震的考验;按抗震设计要求进行改进和处理,可在7度和8度设防区建造砌体结构房屋。

配筋砌块建筑表现了良好的抗震性能,在地震区得到应用与发展。美国是配筋砌块应用最广泛的国家,在1933年大地震后,推出了配筋混凝土砌块(配筋砌体)结构体系,建造了大量的多层和高层配筋砌体建筑。这些建筑大部分经历了强烈地震的考验。如:1952年建成的26栋6～13层的美退伍军人医院;1966年在圣地亚哥建成的8层海纳雷旅馆(位于9度区)和洛杉矶19层公寓;1990年5月在内华达州拉斯维加斯(7度区)建成了4栋28层配筋砌块旅馆。利用配筋砌块,我国各地建造了不少的砌体高层建筑:1983年、1986年南宁已修建了配筋砌块10层住宅楼和11层办公楼试点房屋。1988年本溪用煤矸石混凝土砌块配筋修建了一批10层住宅楼;1997年根据哈尔滨建筑大学、辽宁建科院等单位的研究结果,东北设计院在辽宁盘锦市设计建成一栋15层配筋砌块剪力墙点式住宅楼;1998年,上海住宅总公司在上海建成了一栋配筋砌块剪力墙18层塔楼,这是我国最高的18层砌块高层房屋,而且是建在7度抗震设防的地区;2000年抚顺建成一栋6.6米大开间12层配筋砌块剪力墙板式住宅楼;2001年哈尔滨阿继科技园修建了12层配筋砌块房屋,其后一幢18层砌块高层也建成。

一般情况下限于结构自身特点和抗震基本要求,砌体房屋楼层在非抗震地区不超过8层,在抗震设防地区一般不超过7层。

我国《建筑抗震设计规范》GB 5011,对多层砖砌体房屋作了如下规定:

(1)多层砖砌体房屋的层数和总高度不应超过表1-1的限值。

各层横墙较少的多层砌体房屋,总高度应比表1-1中规定降低3m,层数相应减少一层;各层横墙很少的多层砌体房屋,还应再减少一层(注:横墙较少是指同一楼层内开间大

于 4.2m 的房间占该层总面积的 40% 以上；其中，开间不大于 4.2m 的房间占该层总面积不到 20% 且开间大于 4.8m 的房间占该层总面积的 50% 以上为横墙很少）。

表 1-1　多层砖砌体房屋的层数和总高度限值　　　　　　　单位:m

房屋类别		最小墙厚度(mm)	烈度和设计基本地震加速度											
			6		7				8				9	
			0.05g		0.10g		0.15g		0.20g		0.30g		0.40g	
			高度	层数	高度	层数	高度	层数	高度	层数	高度	层数	高度	层数
多层砌体房屋	普通砖	240	21	7	21	7	21	7	18	6	15	5	12	4
	多孔砖	240	21	7	21	7	18	6	18	6	15	5	9	3
	多孔砖	190	21	7	18	6	15	5	15	5	12	4		
	混凝土砌块	190	21	7	21	7	18	6	18	6	15	5	9	3
底部框架-抗震墙砌体房屋	普通砖多孔砖	240	22	7	22	7	19	6	16	5				
	多孔砖	190	22	7	19	6	16	5	13	4				
	混凝土砌块	190	22	7	22	7	19	6	16	5				

注:① 房屋的总高度指室外地面到主要屋面板板顶或檐口的高度,半地下室从地下室室内地面算起,全地下室和嵌固条件好的半地下室应允许从室外地面算起;对带阁楼的坡屋面应算到山尖墙的 1/2 高度处。
② 室内外高差大于 0.6m 时,房屋总高度应允许比表中的数据适当增加,但增加量应少于 1.0m。
③ 乙类的多层砌体房屋仍按本地区设防烈度查表,其层数应减少一层且总高度应降低 3m;不应采用底部框架-抗震墙砌体房屋。
④ 本表小砌块砌体房屋不包括配筋混凝土小型空心砌块砌体房屋。

抗震设防烈度为 6、7 度时,横墙较少的丙类多层砌体房屋,当按现行国家标准《建筑抗震设计规范》GB 5011 规定采取加强措施并满足抗震承载力要求时,其高度和层数应允许仍按表 1-1 的规定采用。

采用蒸压灰砂普通砖和蒸压粉煤灰普通砖的砌体房屋,当砌体的抗剪强度仅达到普通黏土砖砌体的 70% 时,房的层数应比普通砖房屋减少一层,总高度应减少 3m;当砌体的抗剪强度达到普通黏土砖砌体的取值时,房屋层数和总高度的要求同普通砖房屋。

(2)配筋砌块砌体抗震墙结构和部分框支抗震墙结构房屋最大高度应符合表 1-2 的规定。

(3)砌体结构房屋的层高,应符合下列要求。

① 多层砌体结构房屋的层高,应符合下列规定。

A. 多层砌体结构房屋的层高,不应超过 3.6m;

注:当使用功能确有需要时,采用约束砌体等加强措施的普通砖房屋,层高不应超过 3.9m。

B. 底部框架-抗震墙砌体房屋的底部,层高不应超过 4.5m;当底层采用约束砌体抗震墙时,底层的层高不应超过 4.2m。

表 1-2 配筋砌块砌体抗震墙房屋适用的最大高度(m)

结构类型 最小墙厚(m)		设防烈度和设计基本地震加速度					
		6 度	7 度		8 度		9 度
		0.05g	0.10g	0.15g	0.20g	0.30g	0.40g
配筋砌块砌体抗震墙	190mm	60	55	45	40	30	24
部分框支抗震墙		55	49	40	31	24	—

注:① 房屋高度指室外地面到主要屋面板板顶或檐口的高度(不包括局部突出屋顶部分)。

② 某层或几层开间大于 6.0m 以上的房间建筑面积占相应层建筑面积 40% 以上时,表中数据相应减少 6m。

③ 部分框支抗震墙结构指首层或底部两层为框支层,不包括仅个别框支墙的情况。

④ 房屋的高度超过表内高度时,应根据专门研究,采取有效的加强措施。

② 配筋混凝土空心砌块抗震墙房屋的层高,应符合下列规定:

A. 底部加强部位的层高,一、二级不宜大于 3.2m,三、四级不应大于 3.9m;

B. 其他部位的层高,一、二级不应大于 3.9m,三、四级不应大于 4.8m。

注:底部加强部位指不小于房屋高度的 1/6 且不小于底部二层的高度范围,房屋总高度小于 21m 时取一层。

(4)多层砌体房屋总高度与总宽度的最大比值,宜符合表 1-3 的要求。

表 1-3 房屋最大高宽比

烈度	6	7	8	9
最大高宽比	2.5	2.5	2.0	1.5

注:① 单面走廊房屋的总宽度不包括走廊宽度。

② 建筑平面接近正方形时,其高度比宜适当减小。

(5)房屋抗震横墙的间距,不应超过表 1-4 的要求。

表 1-4 房屋抗震墙最大间距(m)

房 屋 类 别		烈 度			
		6	7	8	9
多层砌体房屋	现浇或装配整体式钢筋混凝土楼、屋盖	18	18	15	11
	装配式钢筋混凝土楼、屋盖	15	15	11	7
	木楼、屋盖	11	11	7	4
底部框架-抗震墙	上部各层	同多层砌体房屋			—
	底层或底部两层	18	15	11	—

注:① 多层砌体房屋的顶层,除木屋盖外最大横墙间距应允许适当放宽,但应采取相应加强措施。

② 多孔砖抗震横墙厚度为 190mm 时,最大横墙间距应比表中数值减少 3m。

(6)多层砌体房屋中砌体墙段的局部尺寸限值,宜符合表 1-5 的要求。

目前国内住宅、办公楼等民用建筑中的基础、内外墙、柱、地沟等都可用砌体结构建造。

在工业厂房建筑及钢筋混凝土框架结构的建筑中,砌体往往用来砌筑围护墙。中、小型厂房和多层轻工业厂房,以及影剧院、食堂、仓库等建筑,也广泛地采用砌体作墙身或立柱的承重结构。砌体结构还用于建造其他各种构筑物,如烟囱、小型水池、料仓、地沟等。

在交通运输方面,砌体结构除可用于桥梁、隧道外,地下渠道、涵洞、挡土墙也常用石材砌筑。

在水利工程方面,可以用砌体结构砌筑坝、堰、水闸、渡槽等。

表 1-5　房屋的局部尺寸限值

部　位	6 度	7 度	8 度	9 度
承重窗间墙最小宽度	1.0	1.0	1.2	1.5
承重外墙尽端至门窗洞边的最小距离	1.0	1.0	1.2	1.5
非承重外墙尽端至门窗洞边的最小距离	1.0	1.0	1.0	1.0
内墙阳角至门窗洞边的最小距离	1.0	1.0	1.0	2.0
无锚固女儿墙(非出入口处)的最大高度	0.5	0.5	0.5	0.0

注:① 局部尺寸不足时,应采取局部加强措施弥补,且最小宽度不宜小于 1/4 层高和表列数据的 80%。

② 出入口处的女儿墙应有锚固。

1.1.2　砌体结构的特点

砌体结构具有以下特点:容易就地取材,比使用水泥、钢筋和木材造价低;具有较好的耐久性、良好的耐火性;保温隔热性能好,节能效果好;施工方便,工艺简单;具有承重和围护双重功能;自重大,抗拉、抗剪、抗弯能力低;抗震性能差;砌筑工程量繁重,生产效率低。

1.1.3　砌体结构的发展简史

砌体结构在我国有着悠久的发展历史,其中石砌体和砖砌体在我国更是源远流长,构成了我国独特文化体系的一部分。

考古资料表明,我国早在 5000 年前就建造有石砌体祭坛和石砌围墙。我国隋代开皇十五年至大业元年,即公元 595—605 年由李春建造的河北赵县安济桥,是世界上最早建造的空腹式单孔圆弧石拱桥。据记载我国闻名于世的万里长城始建于公元前 7 世纪春秋时期的楚国,在秦代用乱石和土将秦、燕、赵北面的城墙连成一体并增筑新的城墙,建成闻名于世的万里长城。人们生产和使用烧结砖也有 3000 年以上的历史。我国在战国时期已能烧制大尺寸空心砖。南北朝以后砖的应用更为普遍。建于公元 523 年的河南登封嵩岳寺塔,平面为十二边形,共 15 层,总高 43.5 米,为砖砌单筒体结构,是中国最早的古密檐式砖塔。

砌块中以混凝土砌块的应用较早,混凝土砌块于 1882 年问世,混凝土小型空心砌块起源于美国,第二次世界大战后混凝土砌块的生产和应用技术传至美洲和欧洲的一些国家,继而又传至亚洲、非洲和大洋洲。

20 世纪上半叶我国砌体结构的发展缓慢,新中国成立以来,我国砌体结构得到迅速发展,取得了显著的成绩。近几年,砖的年产量达到世界其他各国砖年产量的总和,20 世纪

80～90年代90％以上的墙体均采用砌体材料。我国已从过去用砖石建造低矮的民房,发展到现在建造大量的多层住宅、办公楼等民用建筑和中小型单层工业厂房、多层轻工业厂房以及影剧院、食堂等建筑。20世纪60年代以来,我国小型空心砌块和多孔砖生产及应用有较大发展,近十年,砌块与砌块建筑的年递增量均在20％左右。20世纪60年代末我国已提出墙体材料革新,1988年至今我国墙体材料革新已迈入第三个重要阶段。2000年我国新型墙体材料占墙体材料总量的28％,超过"九五"计划20％的目标,新型墙体材料达到2100亿块标准砖,共完成新型墙体材料建筑面积3.3亿平方米。

1.1.4 砌体结构理论研究与计算方法

1956年批准在我国推广应用苏联砌体结构设计标准。20世纪60～80年代末,在全国范围内对砖石结构进行了比较大规模的试验研究和调查,总结出一套符合我国实际、比较先进的砖石结构理论、计算方法和经验。如1973年颁布的国家标准《砖石结构设计规范》GBJ 3—73,是我国根据自己研究的成果而制定的第一部砌体结构设计规范。

1988年颁布的《砌体结构设计规范》(GBJ 3—88)在采用以概率理论为基础的极限状态设计方法、多层砌体结构中考虑房屋的空间工作以及考虑墙和梁的共同工作设计墙梁等方面已达世界先进水平。

随着新材料如蒸压灰砂砖、蒸压粉煤灰砖、轻集料混凝土砌块及混凝土小型空心砌块灌孔砌体的不断涌现;《建筑结构可靠度设计统一标准》GB 50068补充了以重力荷载效应为主的组合表达式和对砌体结构的可靠度作了适当的调整;国际标准《配筋砌体结构设计规范》ISO 9652—3,规范编制组开展了专题研究,进行了比较广泛的调查研究,总结了出现的新型砌体材料结构的科研成果和工程经验,考虑了我国的经济条件和工程实践,并在全国范围内广泛征求了有关单位的意见,于2002年3月1日起颁布实施了《砌体结构设计规范》GB 50003—2001。《砌体结构设计规范》(GB 50003—2001)标志着我国建立了较为完整的砌体结构设计的理论体系和应用体系。这部标准既适用于砌体结构的静力设计又适用于抗震设计,既适用于无筋砌体结构的设计又适用于较多类型的配筋砌体结构设计,既适用于多层砌体结构房屋的设计又适用于高层砌体结构房屋的设计。

进入21世纪,随着我国经济和社会的快速发展,砌体结构领域也出现了更多的新材料、新工艺,结构设计理论计算与构造不断更新,特别是汶川、玉树地震发生后,给国家财产和人民生命安全带来了严重的破坏。于2011年7月26日出版的2011年版本《砌体结构设计规范》GB 50003—2011,自2012年8月1日起实施。《砌体结构设计规范》GB 50003—2011编制组在修订过程中,按"增补、简化、完善"的原则,在考虑了我国的经济条件和砌体结构发展现状,总结了近年来砌体结构应用的新经验,调查了我国汶川、玉树地震中砌体结构的震害,进行了必要的试验研究及在借鉴砌体结构领域科研的成熟成果基础上,增补了在节能减排、墙材革新的环境下涌现出来部分新型砌体材料的条款,完善了有关砌体结构耐久性、构造要求、配筋砌块砌体构件及砌体结构构件抗震设计等有关内容,同时还对砌体强度的调整系数等进行了必要的简化。

1.1.5 对砌体结构的展望

我国最古老的砌块即为砖和石。几千年来由于砖、石具有良好的物理性能、可就地取材、生产和施工方法简便、造价低廉等优点，所以至今仍为我国主导的建筑材料。新中国成立后我国也确实研制出多种材料的砌块但都存在着自重大、强度低、生产耗能高、毁田严重、机械化水平低、耐久和抗震性能差等缺点，所有这些都抑制着砌体结构的发展。因此我们要针对这些问题做好以下几方面的工作：

（1）发展高强、轻质、高性能的砌体材料

发展高强、轻质的空心块体，不仅能使墙体自重减轻，生产效率提高，而且可提高墙体的保温隔热性能，且受力更加合理，抗震性能也可以得到提高。这方面已有很大进展。

目前我国的砌体材料与发达国家相比存在着强度低、耐久性差的问题。如黏土砖的抗压强度，20世纪80年代只有7.5～15MPa，承重空心砖的孔隙率小于等于25%，体积质量一般为2kN/m³。进入21世纪砌体材料发生了突飞猛进的发展，目前烧结普通砖和烧结多孔砖抗压强度可以高达30MPa，烧结多孔砖孔洞率已大于28%，体积质量一般为10～13kN/m³。但与国外发达国家相比还相差甚远，发达国家的砖抗压强度一般均达到30～60MPa甚至可达到100MPa，承重空心砖的孔洞率可达到40%～60%，体积质量一般为1.3kN/m³，最轻的可达到0.6kN/m³。根据国外的经验和我国的条件，只要在配料、成型、烧结工艺上进行改进可显著提高砖的强度和质量。根据我国对黏土砖的限制政策，可因地制宜、就地取材在黏土较多的地区发展高强度黏土砖、高空隙率的保温砖和外墙装饰材料等。而在少黏土的地区，大力发展高强混凝土砌块、承重装饰砌块和利用废材料制成的砌块等。

在发展高强块材的同时，也需研制高强度等级的砌筑砂浆。目前最高等级的水泥砂浆强度为M30，水泥混合砂浆的强度等级为M15。据预测干拌砂浆和商品砂浆具有很好的市场前景，干拌砂浆把所有配料在干燥状态下混合装包供应，现场按要求加水搅拌即可。

（2）使砌体结构适应可持续发展的要求

传统的小块黏土砖以其耗能大、毁田多、运输量大的缺点越来越不适应可持续发展和环境保护的要求。对其进行革新势在必行，这方面的发展趋势是充分利用工业废料和地方性材料，例如粉煤灰、矿渣等工业废料制砖或板材，可变废为宝。用湖泥、河泥或海泥制砖，则可疏通淤积的水道。

（3）采用新技术、新的结构体系和新的设计理论

组合砖墙配筋砌体有良好的抗震性能，在国外已获得较广泛的应用，可用于建造高达20层的房屋，成为很有竞争力的结构形式。我国虽已初步建立了配筋砌体结构体系，但需研究和定制生产砌块建筑施工用的机具，如铺砂浆器、小直径振捣棒、小型灌孔混凝土浇注泵、小型钢筋焊机、灌孔混凝土检测仪等。这些机具对保证配筋砌块结构的质量至关重要。这种砌体的原理同预应力混凝土，能明显改善砌体的受力性能和抗震性能。国外在预应力砌体和配筋砌体方面的水平很高，我国在这方面还有很大的发展空间。

1.2　砌体结构房屋的构造组成

1.2.1　砌体结构房屋的组成

砌体结构房屋的组成，自下而上主要有地基、基础、墙体、楼梯、钢筋混凝土楼板和屋面

以及雨篷、阳台、挑檐等。其中墙体中又包含门窗、过梁、圈梁、构造柱和其他一些墙身构件（图 1-1）。

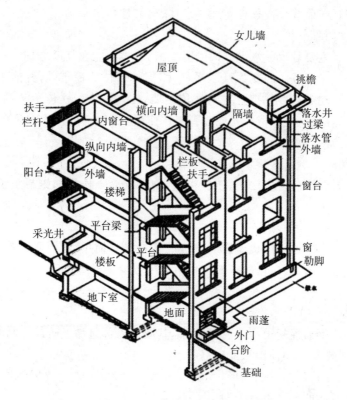

图 1-1　砌体结构房屋的组成

1）地基与基础

砌体房屋底层墙体，埋入土中的部分是地基墙，再向下有一个大放脚是基础，基础下面是地基。砌体房屋层数有限，荷载相对较小，因而基础多为浅基础。比如属于刚性基础的砖或毛石条形基础、混凝土条形基础；如果上部荷载较大，地基承载力相对较低，也可采用钢筋混凝土整体筏形基础等。特殊情况下，也不排除采用桩基、箱基等深基础。

基坑（槽）开挖后，无须加固处理即满足设计要求的地基称为天然地基。如地质条件较差，则需进行人工加固处理。人工地基常用的处理方法有换土、重锤夯实、强夯、振冲、砂桩挤密、深层搅拌、堆载顶压、化学加固等。

2）墙体

墙体是最基本也是最重要的砌体构件。一般用普通砖或其他砌块和砂浆砌筑而成。砖墙体以厚度不同分类，有 12 墙、24 墙、37 墙，严寒地区还有自然保温效果较好的 49 墙，其相应实际厚度分别为 120mm、240mm、370mm 和 490mm。

砌体结构房屋的墙体有承重墙、非承重墙。墙体结构构件有女儿墙、防火墙等。

为确保砌体房屋具有良好的整体件和刚度以抵抗地震灾害，根据抗震设防烈度等因素在房屋每层的楼板板底处设置圈梁。当地震设防要求不高时，一般仅在基础及房屋顶层檐口处各设一道圈梁；在房屋的转角处、纵横墙相交处、楼梯间四角等部位还应设置构造柱。

3)楼板

楼板是一种分隔承重构件。楼板层中的承重部分,它将房屋垂直方向分隔为若干层,并把人和家具等竖向荷载及楼板自重通过墙体、梁或柱传给基础。

(1)楼板的作用

楼层中的楼板主要是承受水平方向的竖直荷载;楼板能在高度方向将建筑物分隔为若干层;楼板是墙、柱水平方向的支撑及联系杆件,保持墙柱的稳定性,并能承受水平方向传来的荷载(如风载、地震载),并把这些荷载传给墙、柱,再由墙、柱传给基础;有时还要起到保温、隔热作用,即围护功能;楼板还能起到隔声作用,以保持上下层互不干扰;楼板还可以起到防火、防水、防潮等功能。

(2)楼板分类

按其所用的材料可分为木楼板、砖拱楼板、钢筋混凝土楼板和钢衬板承重的楼板等几种形式。

① 木楼板

木楼板由木梁和木地板组成。这种楼板的构造虽然简单,自重也较轻,但防火性能不好,不耐腐蚀,又由于木材昂贵,故一般工程中应用较少。当前它只应用于装修等级较高的建筑中。

② 砖拱楼板

砖拱楼板采用钢筋混凝土倒 T 形梁密排,其间填以普通黏土砖或特制的拱壳砖砌筑成拱形,故称为砖拱楼板。这种楼板虽比钢筋混凝土楼板节省钢筋和水泥,但是自重大,作地面时使用材料多,并且顶棚成弧拱形,一般应做吊顶。此外,砖拱楼板的抗震性能较差,故在要求进行抗震设防的地区不宜采用。

③ 钢筋混凝土楼板

钢筋混凝土楼板采用混凝土与钢筋共同制作。这种楼板坚固,耐久,刚度大,强度高,防火性能好,当前应用比较普遍。按施工方法可以分为现浇钢筋混凝土楼板和装配式钢筋混凝土楼板两大类。

现浇钢筋混凝土楼板一般为实心板,现浇楼板还经常与现浇梁一起浇筑,形成现浇梁板。现浇梁板常见的类型有肋形楼板、井字梁楼板和无梁楼板等。

装配式钢筋混凝土楼板,除极少数为实心板以外,绝大部分采用圆孔板和槽形板(分为正槽形与反槽形两种)。装配式钢筋混凝土楼板一般在板端都伸有钢筋,现场拼装后用混凝土灌缝,以加强整体性。

④ 钢衬板楼板

钢衬板楼板是以压型钢板与混凝土浇筑在一起构成的整体式楼板,压型钢板在下部起到现浇混凝土的模板作用,同时由于在压型钢板上加肋或压出凹槽,能与混凝土共同工作,起到配筋作用。钢衬板楼板已在大空间建筑和高层建筑中采用,它提高了施工速度,具有现浇式钢筋混凝土楼板刚度大、整体性好的优点。还可利用压型钢板肋间空间敷设电力或通信管线。

4)屋盖

屋盖是房屋最上部的围护结构,包括屋架(梁、檩)、板及上面的保温、防水、防雨等构造层。

屋盖的作用和要求：屋盖是房屋最上层的覆盖物，由屋面和支撑结构组成。屋盖的围护作用一方面是防止自然界雨、雪和风沙的侵袭及太阳辐射的影响；另一方面还要承受屋顶上部的荷载，包括风荷载、雪荷载、屋顶自重及可能出现的构件和人群的重量，并把它传给墙体。因此，对屋盖的要求是坚固耐久，自重要轻，具有防水、防火、保温及隔热的性能。同时要求构造简单、施工方便，并能与建筑物整体配合，具有良好的外观。

5）楼梯

楼梯是建筑物中作为楼层间垂直交通用的构件，用于楼层之间和高差较大时的交通联系。在设有电梯、自动梯作为主要垂直交通手段的多层和高层建筑中也要设置楼梯。高层建筑尽管采用电梯作为主要垂直交通工具，但仍然要保留楼梯供火灾时逃生之用。楼梯由连续梯级的梯段（又称梯跑）、平台（休息平台）、栏杆、扶手和围护构件等组成。楼梯的最低和最高一级踏步间的水平投影距离为梯长，梯级的总高为梯高。楼梯的最大坡度不宜超过38度，以 26 度～33 度较为适宜。每个楼梯段上的踏步数目不得超过18级，不得少于3级。

楼梯按梯段可分为单跑楼梯、双跑楼梯和多跑楼梯。梯段的平面形状有直线的、折线的和曲线的。单跑楼梯最为简单，适合于层高较低的建筑；双跑楼梯最为常见，有双跑直上、双跑曲折、双跑对折（平行）等，适用于一般民用建筑和工业建筑；三跑楼梯有三折式、丁字式、分合式等，多用于公共建筑；剪刀楼梯系由一对方向相反的双跑平行梯组成，或由一对互相重叠而又不连通的单跑直上梯构成，剖面呈交叉的剪刀形，能同时通过较多的人流并节省空间；螺旋转梯是以扇形踏步支承在中立柱上，虽行走欠舒适，但节省空间，适用于人流较少，使用不频繁的场所；圆形、半圆形、弧形楼梯，由曲梁或曲板支承，踏步略呈扇形，花式多样，造型活泼，富于装饰性，适用于公共建筑。

楼梯分普通楼梯和特种楼梯两大类。普通楼梯包括钢筋混凝土楼梯、钢楼梯和木楼梯等，其中钢筋混凝土楼梯在结构刚度、耐火、造价、施工、造型等方面具有较多的优点，应用最为普遍。特种楼梯主要有安全梯、消防梯和自动梯三种。

按照空间可划分为室内楼梯和室外楼梯。

室内楼梯，用于建筑物室内，各种住宅内部因追求室内美观舒适，多以实木楼梯、钢木楼梯、钢与玻璃、钢筋混凝土等或多种混合材质为主，其中实木楼梯是高档住宅内应用最广泛的楼梯，钢与玻璃混合结构楼梯在现代办公区、写字楼、商场、展厅等应用居多，钢筋混凝土楼梯广泛应用于一般的工业与民用建筑中。

室外楼梯因为考虑到风吹日晒等自然因素，一般外形美观的实木楼梯、钢木楼梯、金属楼梯等就不太适宜，钢筋混凝土楼梯，各种石材楼梯最为常见。

6）门窗

（1）门窗按其所处的位置不同分为围护构件和分隔构件，它们有不同的设计要求，分别具有保温、隔热、隔声、防水、防火等功能，另外还有新的节能要求，寒冷地区由门窗缝隙而损失的热量，占全部采暖耗热量的 25% 左右。门窗的密闭性的要求，是节能设计中的重要内容。门和窗是建筑物围护结构系统中重要的组成部分。

（2）门和窗又是建筑造型的重要组成部分，所以它们的形状、尺寸、比例、排列、色彩、造型等对建筑的整体造型都有很大的影响。

现代很多人都装双层玻璃的门窗,除了能增强保温的效果,很重要的作用就是隔音,城市的繁华,居住密集,交通发达,隔音的效果愈来愈受人们青睐。

依据门窗材质,大致可以分为以下几类:木门窗、钢门窗、塑钢门窗、铝合金门窗、玻璃钢门窗、不锈钢门窗、铁花门窗。改革开放以来,人民生活水平不断提高,门窗及其衍生产品的种类不断增多,档次逐步上升,例如隔热断桥铝门窗、木铝复合门窗、铝木复合门窗、钛镁合金门窗、铝镁合金门窗、实木门窗、阳光房、玻璃幕墙、木质幕墙,等等。

按性能分为:隔声型门窗、保温型门窗、防火门窗、气密门窗。

按应用部位分为:内门窗、外门窗。

按功能分:旋转门、防盗门、防火门、自动门等。

门按其开启方式通常有:平开门、弹簧门、推拉门、折叠门、转门、卷帘门等。

窗按开启方式分为:固定窗、上悬窗、中悬窗、下悬窗、立转窗、平开窗、滑轮平开窗、滑轮窗、平开下悬窗、推拉窗、推拉平开窗等。

7)阳台

供居住者进行室外活动、晾晒衣物等的空间。阳台是建筑物室内的延伸,是居住者呼吸新鲜空气、晾晒衣物、摆放盆景的场所,其设计需要兼顾实用与美观的原则。如果布置得好,还可以变成宜人的小花园,使人足不出户也能欣赏到大自然中最可爱的色彩,呼吸到清新且带着花香的空气。

阳台一般有悬挑式阳台、嵌入式阳台、转角式阳台三类。

1.2.2 砌体结构房屋的墙体

1.2.2.1 墙体的类型

1)按墙体所在位置分类

按墙体在平面上所处位置不同,可分为外墙和内墙及纵墙和横墙。对于一片墙来说,窗与窗之间和窗与门之间的墙称为窗间墙,窗台下面的墙称为窗下墙。墙体各部分名称如图1-2所示。

建筑上沿建筑物长轴方向布置的墙称为纵墙,沿建筑物短轴方向布置的墙称为横墙。

外横墙又称为山墙。

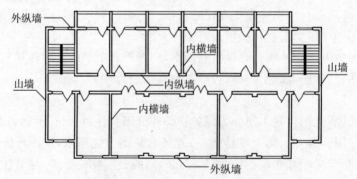

图1-2 墙体各部分名称

2)按墙体受力状况分类

在混合结构建筑中,按墙体受力方式分为承重墙和非承重墙以及抵抗地震作用的抗震墙。承重墙指支撑着上部楼层重量的墙体,打掉会破坏整个建筑结构;非承重墙是指不支撑着上部楼层重量的墙体,只起到把一个房间和另一个房间隔开的作用,有没有这堵墙对建筑结构没什么大的影响。非承重墙又可分为两种:一是自承重墙,不承受外来荷载,仅承受自身重量并将其传至基础;二是隔墙,起分隔房间的作用,不承受外来荷载,并把自身重量传给梁或楼板。框架结构中的墙称框架填充墙。抗震墙是指房屋或构筑物中主要承受风荷载或地震作用引起的水平荷载和竖向荷载(重力)的墙体,防止结构剪切(受剪)破坏。

3)按墙体构造和施工方式分类

(1)按构造方式墙体可以分为实体墙、空体墙和组合墙三种。实体墙一般由单一材料组成,如砖墙、砌块墙等。空体墙一般也是由单一材料组成,可由单一材料砌成内部空腔,也可用具有孔洞的材料建造墙,如空斗砖墙、空心砌块墙等。组合墙由两种以上材料组合而成,例如混凝土、加气混凝土复合板材墙。其中混凝土起承重作用,加气混凝土起保温隔热作用。

(2)按施工方法墙体可以分为块材墙、板筑墙及板材墙三种。块材墙是用砂浆等胶结材料将砖石块材等组砌而成,例如砖墙、石墙及各种砌块墙等。板筑墙是在现场立模板,现浇而成的墙体,例如现浇混凝土墙等。板材墙是预先制成墙板,施工时安装而成的墙,例如预制混凝土大板墙、各种轻质条板内隔墙等。

4)防火墙

防火墙的作用在于截断火灾区域,防止火灾蔓延。作为防火墙,其耐火极限应不小于4.0h。防火墙的最大间距应根据建筑物的耐火等级而定,当耐火等级为一、二级时,其间距为150m;三级时为100m;四级时为75m。

在民用建筑防火构造设计当中,防火墙的高度应能截断燃烧体或难燃烧体的屋顶结构,应高出非燃烧体屋顶400mm;高出难燃烧体屋面500mm(图1-3)。

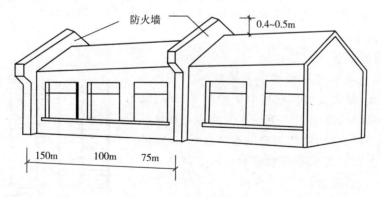

图1-3 防火墙的设置

5)女儿墙

女儿墙(图1-4)是建筑物屋顶四周的矮墙,女儿墙的作用是保护人员的安全,并对建筑立面起装饰作用。不上人的女儿墙的作用除立面装饰作用外,还作固定油毡或固定防水卷材用。

女儿墙的高度:有混凝土压顶时,按楼板顶面算至压顶底面为准;无混凝土压顶时,按楼板顶面算至女儿墙顶面为准。

上人屋面女儿墙高度一般不得低于1.2m。不上人屋面女儿墙一般高度为0.6m。女儿墙与主体结构应有锚固,非出入口无锚固的女儿墙高度,6~8度时不宜超过0.5m,防震缝处女儿墙之间应留有足够的宽度,缝两侧的自由端应予以加强。

工业建筑屋面形式应简单,宜采用有组织外排水。生产过程中散发腐蚀性粉尘较多的建筑物,不宜设女儿墙。

顶层及女儿墙砂浆强度等级不低于M7.5(Mb7.5、Ms7.5)。

女儿墙应设置构造柱,构造柱间距不宜大于4m,构造柱应伸至女儿墙顶并与现浇钢筋混凝土压顶整浇在一起。

图1-4 女儿墙

1.2.2.2 墙体结构布置方案

对以墙体承重为主的结构,常要求各层的承重墙上、下必须对齐;各层的门、窗洞孔也以上、下对齐为佳。

按荷载传递路线:分为横墙承重方案、纵墙承重方案、纵横墙混合承重方案、内框架承重方案、底层框架承重方案。

1)横墙承重方案

凡以横墙承重的称横墙承重方案或横向结构系统。这时,楼板、屋顶上的荷载均由横墙承受,纵向墙只起纵向稳定和拉结的作用。它的主要特点是横墙间距密,加上纵墙的拉结,使建筑物的整体性好、横向刚度大,对抵抗地震力等水平荷载有利。但横墙承重方案的开间尺寸不够灵活,适用于房间开间尺寸不大的宿舍、住宅及病房楼等小开间建筑(图1-5)。

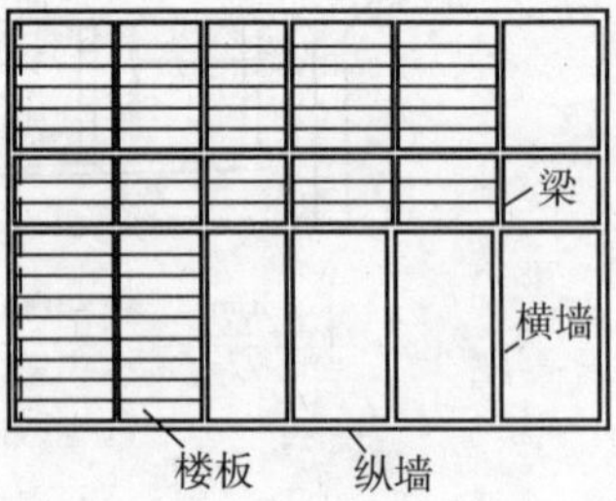

2)纵墙承重方案

凡以纵墙承重的称为纵墙承重方案或纵向结构系统。这时,楼板、屋顶上的荷载均由纵墙承受,横墙只起分隔房间的作用,有的起横向稳定作用。纵墙承重可使房间开间的划分灵活,多适用于需要较大房间的办公楼、商店、教学楼

图1-5 横墙承重方案

等公共建筑(如1-6)。

3)纵横墙承重方案

凡由纵向墙和横向墙共同承受楼板、屋顶荷载的结构布置称纵横墙(混合)承重方案。该方案房间布置较灵活,建筑物的刚度亦较好。混合承重方案多用于开间、进深尺寸较大且房间类型较多的建筑和平面复杂的建筑中,如教学楼、办公楼等建筑(图1-7)。

4)内部框架承重方案

内框架砖房指内部为框架承重、外部为砖墙承重的房屋,包括内部为单排柱到顶、多排柱到顶的多层内框架房屋以及仅底层为内框架而上部各层为砖墙的底层内框架房屋。

这种结构采用墙体和钢筋混凝土梁、柱组成的框架共同承受楼板和屋顶的荷载,这时,梁的一端支承在柱上,而另一端则搁置在墙上,这种结构布置称内部框架承重方案或半框架承重方案。它较适合于室内需要较大使用空间的建筑,如商场等(图1-8)。

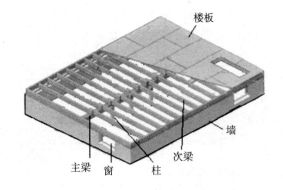

图1-7　纵横墙承重方案　　　　　图1-8　内框架承重方案

内框架砖房的抗侧力构件主要是砖墙,砖墙破裂后,刚度降低,变形增长,部分地震剪力开始转移到钢筋混凝土框架。

砖墙破坏以后,房屋侧向变形加大,大部分地震剪力将由框架承担,当超过框架的承载力时,框架将会破坏,这类混合结构,在地震时被各个击破。

(1)单排柱内框架砖房的破坏比双排柱和多排柱要重

外墙破坏后,单排柱框架是不稳定体,不能单独承受水平和竖向荷载。现行设计规范不允许采用这类结构(图1-9a)。

(2)双排柱的内框架砖房,当两排柱间距离较小、边跨柱距大时,震害严重。

对于两排柱或多排柱砖房,中间为框架结构,边跨由框架柱和外纵墙承重,外纵墙倒塌后丧失对楼盖的承重能力,当边跨梁跨度较短,可作为短悬臂梁而保存不折断,而大边跨的房屋,常因长悬臂而承载力不足使边跨梁折板落,加重震害(图1-9b)。

5)底层框架-剪力墙砌体结构

底层框架-剪力墙砌体结构房屋是指上部各层由砌体承重、底层为钢筋混凝土框架-剪力墙承重的混合承重结构(图1-10)。为了避免底层过大变形,底层结构中两个方向上都

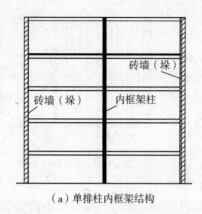

（a）单排柱内框架结构   （b）双排柱内框架结构

图1-9 两种内框架结构

必须设置抗震墙。底层剪力墙在抗震要求低的地区或非抗震设防区,可采用无筋砌体或配筋砌体,在高烈度区应采用配筋砌体和钢筋混凝土剪力墙。

  该类房屋多见于沿街的旅馆、住宅、办公楼,底层为商店,餐厅、邮局等空间房屋,上部为小开间的多层砌体结构。使用空间较大,房屋布置灵活,其造价比多层框架房屋经济。在使用上可以更加灵活而且满足某些建筑功能要求,因此被广泛采用。

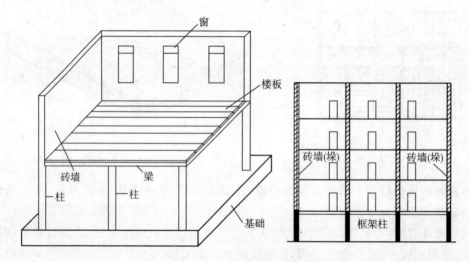

图1-10 底层框架-剪力墙砌体结构

  底层框架的多层砌体结构房屋的特点是上刚下柔,由于承重材料的不同、结构布置的不同,房屋结构的竖向刚度在底层和第二层之间发生突变,在底层结构中易产生应力集中现象,对抗震不利。

  底层框架砖房上部抗侧移刚度大,底层抗侧移刚度相对减少,抗震性能差。地震作用下,房屋的侧移将集中发生在相对柔弱的底层,过量的侧移引起底层的严重破坏。表现为"上轻下重"。如果底层过度加强,则导致薄弱层转移至第二层,引起砖墙的破坏。

  鉴于以上受力特点,底层框架砖房或底层内框架砖房多数是底层倒塌。

  对于内框架砖房和底层框架砖房,顶层砖墙破坏也比较严重。

  (1)外纵墙是顶层破坏最严重的部位,空旷的内框架砖房横墙间距大(图1-11),楼盖的外甩力使得外纵墙在大梁底面或窗间墙上下端产生水平裂缝,砖砌体局部压碎、崩落,甚至倾斜、倒塌,呈现了出平面的弯曲破坏。中段最为严重,纵向窗间墙出现交叉裂缝。

(2)端横墙也是顶层震害较重的部位,端横墙的窗间墙在横向地震作用下,抗剪承载力不足,出现交叉裂缝。而在纵向地震作用下出现水平裂缝,当端屋盖与山墙连接不牢时,进而向外倾斜,重则连同端开间屋盖向外倒塌。

因此,底层框架抗震墙砖房的底层应设置为纵、横向的双框架体系,避免一个方向为框架、另一个方向为连续梁的体系。

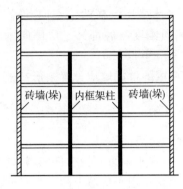

图 1-11 内框架结构顶层抽柱形成空旷房屋

6)多层砌体结构房屋的建筑布置和结构体系

(1)应优先采用横墙承重或纵横墙共同承重的结构体系。不应采用砌体墙和混凝土墙混合承重的结构体系。横墙平面内布置宜均匀、对称,沿平面内宜对齐,沿竖向应上下连续贯通,且应保持墙段截面相近。

(2)纵横向砌体抗震墙的布置应符合下列要求:

① 宜均匀对称,沿平面内宜对齐,沿竖向应上下连续,且纵横向墙体的数量不宜相差过大。

② 平面轮廓凹凸尺寸,不应超过典型尺寸的 50%;当超过典型尺寸的 25% 时,房屋转角处应采取加强措施。

③ 楼板局部大洞口的尺寸不宜超过楼板宽度的 30%,且不应在墙体两侧同时开洞。

④ 房屋错层的楼板高差超过 500mm 时,应按两层计算;错层部位的墙体应采取加强措施。

⑤ 同一轴线上的窗间墙宽度宜均匀;墙面洞口的面积,6、7 度时不宜大于墙面总面积的 55%,8、9 度时不宜大于 50%。

⑥ 在房屋宽度方向的中部应设置内纵墙,其累计长度不宜小于房屋总长度的 60%(高宽比大于 4 的墙段不计入)。

(3)楼梯间不宜设置在房屋的尽端或转角处。

(4)不应在房屋转角处设置转角窗。

(5)横墙较少、跨度较大的房屋,宜采用现浇钢筋混凝土楼、屋盖。

7)底部框架-抗震墙房屋的结构布置

(1)上部的砌体抗震墙与底部的框架梁或抗震墙应对齐或基本对齐。

(2)房屋的底部,应沿纵横两方向设置一定数量的抗震墙,并应均匀对称布置或基本均匀对称布置。6、7度且总层数不超过五层的底层框架-抗震墙房屋,应允许采用嵌砌于框架之间的约束普通砖砌体或小砌块砌体抗震墙,但应计入砌体墙对框架的附加轴力和附加剪力并进行底层的抗震验算,同一方向不应同时采用钢筋混凝土抗震墙和约束砌体抗震墙;其余情况,8度时应采用钢筋混凝土抗震墙,6、7度应采用钢筋混凝土抗震墙或配筋小砌块抗震墙。

(3)底层框架-抗震墙砌体房屋的纵横两个方向,第二层计入构造柱影响的侧向刚度与底层侧向刚度的比值,6、7度时不应大于2.5,8度时不应大于2.0,且均不应小于1.0。

(4)底部两层框架-抗震墙砌体房屋纵横两个方向,底层与底部第二层侧向刚度应接近,第三层计入构造柱影响的侧向刚度与底部第二层侧向刚度的比值,6、7度时不应大于2.0,8度时不应大于1.5,且均不应小于1.0。

(5)底部框架-抗震墙砌体房屋的抗震墙应设置条形基础、筏式基础或桩基。

1.2.3 砌体结构静力计算方案

1.2.3.1 砌体结构房屋受力特点

砌体结构房屋是由楼、屋盖等水平承重结构构件和墙、柱、基础等竖向承重构件构成的空间受力体系。各类构件共同承受作用于房屋上的各类竖向荷载以及水平荷载,房屋在荷载作用下的工作特性,随空间刚度的不同而异。而影响房屋结构空间刚度的因素很多,主要是设置横墙及其数量多少;横墙的厚度;楼盖、屋盖平面内的水平刚度大小等。

砌体结构房屋结构静力计算方案,就是根据其结构的空间工作性能划分的。

图1-12是三种单层砌体结构房屋在风荷载作用下的工作状态。图中(a)、(b)、(c)分别为无山墙及无横墙房屋、有山墙没有横墙房屋、有山墙及较多横墙房屋。

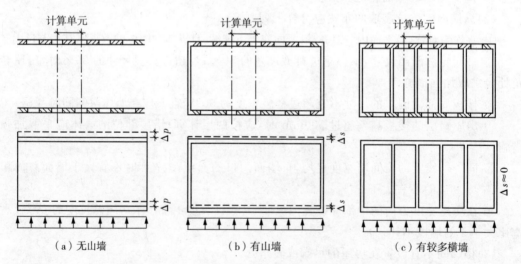

（a）无山墙　　　　　　（b）有山墙　　　　　　（c）有较多横墙

图1-12　具有不同空间作用的单层纵墙承重砌体结构房屋

在计算时,通常取一个开间为计算单元。在风荷载作用下,山墙如同悬臂梁一样工作,屋盖处水平位移无山墙时为Δp,有山墙没有横墙时为Δs,有山墙及较多横墙时$\Delta s \approx 0$。随着山墙从无到有、一直到设置较密的横墙,房屋空间刚度越来越大,水平位移越来越小直至为0。

1.2.3.2 影响砌体结构房屋空间刚度的因素

影响砌体结构房屋空间刚度的因素用空间性能影响系数 η 表示：

$$\eta = \frac{\Delta s}{\Delta p} \leqslant 1.0 \qquad\qquad (1-1)$$

式中：η——房屋的空间性能影响系数；

  Δp——无山墙时屋盖处水平位移；

  Δs——有山墙没有横墙时屋盖处水平位移。

η 值越大，表示空间刚度越差，空间工作性能越弱，反之亦然。从理论上讲，可以这样理解：η 值在 0 到 1.0 之间时为刚弹性方案房屋，η 值由小到大，结构空间刚度逐渐减弱；当 η 值逐渐增大到等于 1.0 时为弹性方案房屋；当 η 值逐渐减小到 0 时即为刚性方案房屋。

对于单层房屋影响 η 值的因素很多，如屋盖的水平刚度、横墙间距、房屋跨度、排架刚度和纵墙刚度等。试验研究表明，影响 η 值的主要因素是屋盖类型、横墙间距和纵墙刚度，见表 1-6 所示。

表 1-6　房屋各层的空间性能影响系数 η_i

屋盖或楼盖类别	横墙间距 s(m)						
	16	20	24	28	32	36	40
1					0.33	0.39	0.45
2		0.35	0.45	0.54	0.61	0.68	0.73
3	0.37	0.49	0.60	0.68	0.75	0.81	
屋盖或楼盖类别	横墙间距 s(m)						
	44	48	52	56	60	64	68	72
1	0.50	0.55	0.60	0.64	0.68	0.71	0.74	0.77
2	0.78	0.82	——	——	——	——	——	——
3	——	——	——	——	——	——	——	——

注：i 取 $1\sim n$，n 为房屋的层数。

表 1-6 中对 η 值的影响，虽然只用屋盖类别、横墙间距来反映，但其中已考虑了纵墙刚度的影响。

在实际工程中，屋盖和楼盖的构造有多种，设计规范中按屋盖或楼盖水平纵向体系的刚度作为分类依据，分为三种，第 1 种为刚性屋（楼）盖，第 2 种为中等刚度屋（楼）盖，第 3 种为柔性屋（楼）盖。按屋盖或楼盖整体性而论，以第 1 种为最强，第 3 种为最弱。

1.2.3.3 砌体结构房屋静力计算方案

工程实践中，砌体结构房屋的静力计算方案是按房屋空间刚度的大小确定的，可分为刚性方案、刚弹性方案和弹性方案。

1）刚性方案

若 Δs 很小，及 $\Delta s \approx 0$，说明这类房屋的空间刚度很强，此时可把屋盖梁看作纵向墙体上端的不动铰支座。在荷载作用下，墙柱内力可按上端有不动铰支座的竖向构件计算，如

图 1-13(a)所示,这类房屋为刚性方案。

2)刚弹性方案

若 Δs 介于上述两者之间,即 $0<\Delta s<\Delta p$,则称为刚弹性方案房屋。其受力状态介于刚性方案与弹性方案之间。计算简图可以取平面排架结构,但还考虑空间作用影响,为此,计算时在排架的顶上加上一弹性支座,引入一个小于 1 的空间性能影响系数 η(η 见表 1-6),如图 1-13(b)所示,图中 Δp 为不考虑空间作用的平面排架位移。

3)弹性方案

若 $\Delta s \approx \Delta p$,说明这类房屋的空间刚度很弱,虽然传力还是有空间作用,但墙顶的最大水平位移与平面结构体系很接近。在荷载作用下,墙体内力可不考虑空间作用而按平面排架结构计算,如图 1-13(c),图中 Δp 为柱顶位移,排架横梁代表屋盖,它的水平刚度很大,故近似取无穷大。这类房屋为弹性方案。

各类砌体房屋宜采用刚性方案。

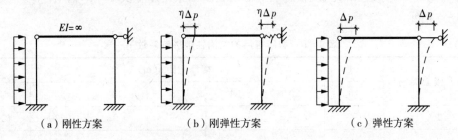

(a)刚性方案　　　　　(b)刚弹性方案　　　　　(c)弹性方案

图 1-13　三种静力计算方案

4)砌体结构房屋静力计算方案确定

房屋静力计算方案可按表 1-7 确定。

表 1-7　房屋的静力计算方案

	屋盖或楼盖类别	刚性方案	刚弹性方案	弹性方案
1	整体式、装配整体和装配式无檩体系钢筋混凝土屋盖或钢筋混凝土楼盖	$s<32$	$32 \leqslant s \leqslant 72$	$s>72$
2	装配式有檩体系钢筋混凝土屋盖、轻钢屋盖和有密铺望板的木屋盖或木楼盖	$s<20$	$20 \leqslant s \leqslant 48$	$s>48$
3	瓦材屋面的木屋盖和轻钢屋盖	$s<16$	$16 \leqslant s \leqslant 36$	$s>36$

注:① 表中 s 为房屋横墙间距,其长度单位为 m;

② 当屋盖、楼盖类别不同或横墙间距不同时,可按第 1.2.3.3 条第 6)款的规定确定房屋的静力计算方案;

③ 对无山墙或伸缩缝处无横墙的房屋,应按弹性方案考虑。

5)刚性和刚弹性方案房屋的横墙布置要求

刚性和刚弹性方案房屋的横墙应符合下列要求:

(1)横墙中开有洞口时,洞口的水平截面面积不应超过横墙截面面积的 50%;

(2)横墙的厚度不宜小于 180mm;

(3)单层房屋的横墙长度不宜小于其高度,多层房屋的横墙长度不宜小于 $H/2$(H 为横墙总高度)。

注:① 当横墙不能同时符合上述要求时,应对横墙的刚度进行验算。如其最大水平位移值 $u_{max} \leqslant H/4000$ 时,仍可视作刚性或刚弹性方案房屋的横墙;

② 凡符合注①刚度要求的一段横墙或其他结构构件(如框架等),也可视作刚性或刚弹性方案房屋的横墙。

6)上柔下刚多层房屋

需要注意的是,上述三种静力计算方案,是为了计算纵墙内力按纵墙承重方案确定的,此时,横墙为主要抗侧力构件。当要计算山墙内力或横墙承重方案中横墙内力时,纵墙便是主要抗侧力构件。此时,应以纵墙间距代替横墙间距作为划分静力计算方案的依据。

在实际工程中,有的房屋上下层不属于同一静力计算方案,即所谓的上柔下刚或上刚下柔多层砌体结构房屋。

上柔下刚房屋系指顶层不符合刚性方案要求,而下面各层由楼盖类别和横墙间距可确定为刚性方案的房屋。通常,顶层为礼堂,以下各层为办公室的多层砌体房屋,顶层为木屋盖,以下各层为钢筋混凝土楼盖的多层房屋有可能属于上柔下刚房屋。对于这类房屋,顶层可按单层计算,其空间性能影响系数,可根据屋盖类别按表 1-6 采用。

上刚下柔房屋系指底层不符合刚性方案要求,而上面各层符合刚性方案要求的房屋。一般的,底层设置俱乐部、食堂、商场等空旷房间而上面各层为办公室、宿舍、招待所等横墙密集的房间的砌体房屋,有可能属于上刚下柔房屋。这类房屋在构造处理不当或偶发事件中存在整体失效的可能性,应避免使用这种结构。可增加横墙等措施,使之成为符合刚性方案的结构。

1.2.4 墙、柱的允许高厚比

1.2.4.1 墙、柱的高厚比

砖墙、砖柱的计算高度与墙厚或矩形截面柱边长 h 的比值称为高厚比,用 β 表示。即 $\beta = H_0/h$

高厚比越大,构件越细长,其稳定性就越差,通过高厚比验算保证施工和使用阶段的墙、柱不出现过大的挠曲、轴线偏差和丧失稳定。根据长期的实践经验,要求砖墙、砖柱的高厚比 β 不超过允许高厚比[β]。

1.2.4.2 墙、柱的高厚比验算

1)墙、柱的高厚比验算公式

墙、柱的高厚比应按下式 1-2 验算:

$$\beta = \frac{H_0}{h} \leqslant \mu_1 \mu_2 [\beta] \tag{1-2}$$

式中:h——墙厚或矩形柱与 H_0 相对应的边长;

μ_1——自承重墙允许高厚比的修正系数;

μ_2——有门窗洞口墙允许高厚比的修正系数;

$[\beta]$——墙、柱的允许高厚比;

H_0——墙、柱的计算高度。

2)墙、柱的允许高厚比$[\beta]$及其影响因素

砖砌体墙、柱允许高厚比$[\beta]$与钢结构受压杆件的长细比限值$[\lambda]$具有相似的物理意义。影响墙、柱的允许高厚比的因素很多,很难用理论推导的公式加以确定,《砌体结构设计规范》(GB 50003)规定的$[\beta]$值主要根据房屋中墙、柱稳定性和刚度条件由经验确定,与墙、柱承载力的计算无关。工程实践表明,$[\beta]$值的大小与砌筑砂浆的强度等级和施工质量有关,《砌体结构设计规范》(GB 50003)规定的允许高厚比$[\beta]$应按表1-8采用;

表1-8 墙、柱的允许高厚比$[\beta]$值

砌体类型	砂浆强度等级	墙	柱
无筋砌体	M2.5	22	15
	M5.0 或 Mb5.0、Ms5.0	24	16
	≥M7.5 或 Mb7.5、Ms7.5	26	17
配筋砌块砌体	—	30	21

注:①毛石墙、柱允许高厚比应按表中数值降低20%;

②带有混凝土或砂浆面层的组合砖砌体构件的允许高厚比,可按表中数值提高20%,但不得大于28;

③验算施工阶段砂浆尚未硬化的新砌砌体高厚比时,允许高厚比对墙取14,对柱取11。

3)墙、柱的计算高度H_0

砌体结构房屋受压构件的计算高度H_0与房屋类别和构件支承条件有关。房屋类别是指在对砌体房屋进行静力计算时所采取的计算方案,主要是由屋盖或楼盖类别和横墙间距确定。受压构件(墙、柱)的计算高度,应根据房屋类别和构件支承条件等按表1-9采用。框架填充墙允许计算高度H_0见附录1-1。

表1-9 受压构件的计算高度H_0

房屋类别			柱		带壁柱墙或周边拉结的墙		
			排架方向	垂直排架方向	$s>2H$	$2H \geqslant s>H$	$s \leqslant H$
有吊车的单层房屋	变截面柱上段	弹性方案	$2.5H_u$	$1.25H_u$	$2.5H_u$		
		刚性、刚弹性方案	$2.0H_u$	$1.25H_u$	$2.0H_u$		
	变截面柱下段		$1.0H_l$	$0.8H_l$	$1.0H_l$		
无吊车的单层和多层房屋	单跨	弹性方案	$1.5H$	$1.0H$	$1.5H$		
		刚性、刚弹性方案	$1.2H$	$1.0H$	$1.2H$		
	多跨	弹性方案	$1.25H$	$1.0H$	$1.25H$		
		刚性、刚弹性方案	$1.10H$	$1.0H$	$1.1H$		
	刚性方案		$1.0H$	$1.0H$	$1.0H$	$0.4s+0.2H$	$0.6s$

注:表1-9中H_u为变截面柱的上段高度;H_l为变截面柱的下段高度;对于上端为自由端的构件,$H_0=2H$;独立砖柱,当无柱间支撑时,柱在垂直排架方向的H_0应按表中数值乘以1.25后采用;s——房屋横墙间距;自承重墙的计算高度应根据周边支承或拉接条件确定。

在表 1-9 中，H 为构件高度，即楼板或其他水平支点间的距离，应按下列规定采用：

① 在房屋底层，为楼板顶面到构件下端支点的距离。下端支点的位置，可取在基础顶面。当埋置较深且有刚性地坪时，可取室外地面下 500mm 处；

② 在房屋其他层次，为楼板或其他水平支点间的距离；

③ 对于无壁柱的山墙，可取层高加山墙尖高度的 1/2；对于带壁柱的山墙可取壁柱处的山墙高度。

④ 对有吊车的房屋，当荷载组合不考虑吊车作用时，变截面柱上段的计算高度可按表 1-9 规定采用；变截面柱下段的计算高度可按下列规定采用：

当 $\dfrac{H_u}{H} \leqslant \dfrac{1}{3}$ 时，取无吊车房屋的计算高度 H_0；

当 $\dfrac{1}{3} < \dfrac{H_u}{H} \leqslant \dfrac{1}{2}$ 时，取无吊车房屋的计算高度 H_0 乘以修正系数，修正系数 μ，μ 可按下式计算：

$$\mu = 1.3 - 0.3 \times \frac{I_u}{I_l} \tag{1-3}$$

式(1-3)中：I_u——变截面柱上段的惯性矩；

$\quad\quad\quad I_l$——变截面柱下段的惯性矩；

当 $H_u/H \geqslant 1/2$ 时，取无吊车房屋的计算高度 H_0。但在确定 β 值时，应采用上柱截面。（也适用于无吊车房屋的变截面柱。）

4）厚度 $h \leqslant 240$mm 的自承重墙允许高厚比修正系数 μ_1

厚度 $h \leqslant 240$mm 的自承重墙，允许高厚比修正系数 μ_1 应按下列规定采用：

(1)墙厚 $h = 240$mm 时，$\mu_1 = 1.2$；墙厚 $h = 90$mm $\mu_1 = 1.5$；240mm＞墙厚 h＞90mm μ_1 可按插入法取值。

(2)上端为自由端墙的允许高厚比，除按上述规定提高外，尚可提高 30%；

(3)对厚度小于 90mm 的墙，当双面用不低于 M10 的水泥砂浆抹面，包括抹面层的墙厚不小于 90mm 时，可按墙厚等于 90mm 验算高厚比。

5）有门窗洞口的墙允许高厚比修正系数 μ_2

对有门窗洞口的墙，允许高厚比修正系数 μ_2，应符合下列要求：

(1)允许高厚比修正系数 μ_2 应按下式计算：

$$\mu_2 = 1 - 0.4 \frac{b_s}{s} \tag{1-4}$$

式中 b_s——在宽度 s 范围内的门窗洞口总宽度(图 1-14)；

$\quad\quad s$——相邻窗间墙或壁柱之间的距离(图 1-14)。

(2)当按公式(1-4)算得 μ_2 的值小于 0.7 时，应采用 0.7。当洞口高度等于或小于墙高的 1/5 时，可取 μ_2 等于 1.0。

(3)当洞口高度等于或大于墙高的 4/5 时，可按独立墙段验算高厚比。

6）不带壁柱墙、柱的高厚比验算

不带壁柱的墙、柱截面为矩形，其高厚比应按公式(1-2)验算。

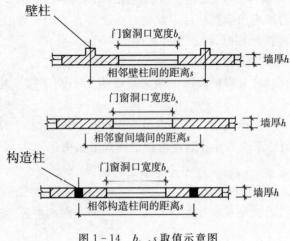

图 1-14 b_s、、s 取值示意图

验算墙、柱的高厚比应注意：

① 当与墙连接的相邻两墙间的距离 $s \leqslant \mu_1 \mu_2 [\beta] h$ 时，墙的高度可不受本条限制；

② 变截面柱的高厚比可按上、下截面分别验算。其计算高度按表 1-9 的规定采用。验算上柱的高厚比时，墙、柱的允许高厚比可按表 1-8 的数值乘以 1.3 后采用。

7）带壁柱墙的高厚比验算

带壁柱墙的高厚比，应从两个方面进行验算，一方面，验算包括壁柱在内的整片墙体的高厚比，这相当于验算墙体的整体稳定；另一方面验算壁柱间墙的高厚比，这相当于验算墙体的局部稳定。

（1）整片墙的高厚比验算

将壁柱视为墙体的一部分，整片墙的计算截面即为 T 形，故按式（1-2）验算高厚比时，按等惯性矩和等面积的原则，将 T 形截面换算成矩形截面，换算后墙体的折算厚度为 h_T，按式（1-5）计算。

$$\beta = \frac{H_0}{h_T} \leqslant \mu_1 \mu_2 [\beta] \tag{1-5}$$

h_T——带壁柱墙截面的折算厚度，$h_T = 3.5i$，其中，i 为带壁柱墙截面的回转半径，即 $i = \sqrt{I/A}$，I 为带壁柱墙截面的惯性矩；A 为带壁柱墙截面的面积；H_0 为带壁柱墙的计算高度。

确定带壁柱墙的计算高度 H_0 时，墙体的长度应取相邻横墙间的距离。在确定截面回转半径时，带壁柱墙计算截面的翼缘宽度 b_f（图 1-15）应按下列规定采用：多层房屋，当有门窗洞口时，可取窗间墙宽度；当无门窗洞口时，每侧翼墙宽度可取壁柱高度的 1/3；对单层房屋，可取壁柱宽加 2/3 墙高，但不大于窗间墙宽度和相邻壁柱间距离；计算带壁柱墙的条形基础时，可取相邻壁柱间的距离。

（2）壁柱间墙的高厚比验算

在验算壁柱间墙的高厚比时，仍按式（1-2）进行验算。计算 H_0 时，表 1-9 中的 s 应为相邻壁柱间的距离，且按刚性方案选用。

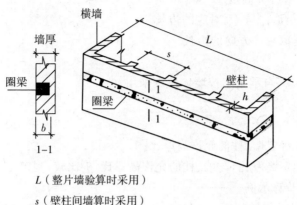

L（整片墙验算时采用）

s（壁柱间墙算时采用）

图 1-15　对带壁柱的墙

当高厚比验算不能满足式(1-2)的要求时,可以在墙设置钢筋混凝土圈梁,以增加墙体的刚度和稳定性。设有钢筋混凝土圈梁的带壁柱墙,当 $b/s \geqslant 1/30$ 时,圈梁可视作壁柱间墙的不动铰支点(b 为圈梁宽度)。即壁柱间墙体的计算高度可取圈梁间的距离或圈梁与其他横向水平支点间的距离。这是因为圈梁的水平刚度大,可抑制壁柱间墙的侧向变形。如不允许增加圈梁宽度,可按墙体平面外等刚度原则增加圈梁高度,以满足壁柱间墙不动铰支点的要求。

(3)带构造柱墙的高厚比验算

带构造柱墙的高厚比验算方法同带壁柱墙,即也须验算带构造柱墙的高厚比和构造柱间墙的高厚比。

当构造柱截面宽度不小于墙厚时,可按公式(1-2)验算带构造柱墙的高厚比,此时公式中 h 取墙厚;当确定带构造柱墙的计算高度时,s 应取相邻横墙间的距离;墙的允许高厚比 $[\beta]$ 可乘以提高系数 μ_c,μ_c 可按下式计算:

$$\mu_c = 1 + \gamma \frac{b_c}{L} \tag{1-6}$$

式中 γ ——系数。对细料石砌体,$\gamma=0$;对混凝土砌块、混凝土多孔砖、粗料石、毛料石及毛石砌体,$\gamma=1.0$;其他砌体,$\gamma=1.5$。

　　b_c ——构造柱沿墙长方向的宽度;

　　L ——构造柱的间距。

当 $b_c/L > 0.25$ 时取 $b_c/L=0.25$,当 $b_c/L < 0.05$ 时,取 $b_c/L=0$。

注:考虑构造柱有利作用的高厚比验算不适用于施工阶段。

7)墙、柱高厚比验算步骤

(1)确定计算高度 H_0。

① 确定墙柱等受压构件的实际高度 H

② 根据表 1-7 确定房屋类别

③ 根据表 1-9 查计算高度 H_0。

(2)确定墙厚或矩形柱与 H_0 对应的边长

矩形柱轴心受压取短边方向的边长

(3)确定 μ_1

承重墙取 $\mu_1=1.0$,自承重墙按墙体厚度采用。

(4)根据式(1-4)确定 μ_2

对于柱取 $\mu_2=1.0$

(5)根据表 1-8 确定墙、柱的允许高厚比 $[\beta]$

(6)计算墙、柱实际高厚比,与墙、柱的允许高厚比 $[\beta]$ 比较,判定是否合格。

8)墙、柱高厚比验算示例

例 1 某单层食堂,横墙间距 $s=26.4\text{m}$,为刚性方案,$H_0=H$,外纵墙承重且每 3.3m 开间有一个 $1500\text{mm}\times3600\text{mm}$ 的窗洞,墙高 $H=4.5\text{m}$,墙厚 240mm,砂浆采用 M2.5。试验算外纵墙的高厚比是否满足要求。

【解】

(1)墙体实际高度 $H=4.5\text{m}$。

(2)墙体计算高度 $H_0=H=4.5\text{m}$。

(3)墙厚 240mm。

(4)确定 $\mu_1=1.0$。

(5)确定 μ_2。

$s=3.3\text{m}$,外墙每开间有 1.5m 宽的窗洞,$b_s=1.5\text{m}$。

$$\mu_2=1-0.4\frac{b_s}{s}=1-0.4\times\frac{1.5}{3.3}=0.818$$

(6)采用 M2.5 砂浆,查表 1-8 允许高厚比 $[\beta]=22$。

(7)计算墙体实际高厚比

$$\beta=\frac{H_0}{h}=\frac{4500}{240}=18.75>\mu_1\mu_2[\beta]=1.0\times0.818\times22=18.0$$

不满足要求。

通过验算如高厚比不符合要求,可采取增加墙厚度、加大柱截面尺寸、设置壁柱、设置构造柱、设置圈梁、减小洞口尺寸及提高砌筑砂浆强度等级等措施加以解决。

例 2 某会议室平面图,如图 1-16 所示。壁柱高度 4.0m(从基础顶面开始计算)。墙体 MU10 烧结多孔砖,M5.0 混合砂浆砌筑,采用轻钢屋盖,验算墙体高厚比。

【解】(1)纵墙整片墙高厚比验算

① 确定计算高度 H_0。

横墙间距 $s=24\text{m}$,轻钢屋盖 $20\text{m}<s<48\text{m}$。

查表 1-7,属于刚弹性方案。

查表 1-9,$H_0=1.2H=1.2\times4=4.8\text{m}$。

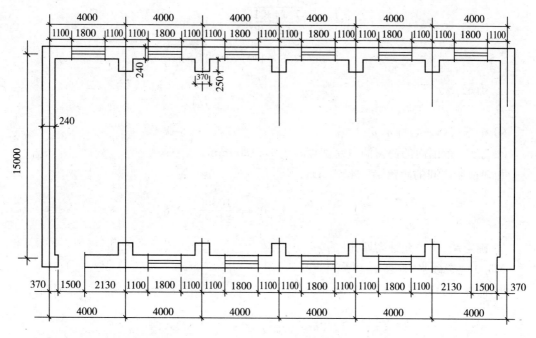

图 1-16 某会议室平面图

② 求壁柱截面的折算厚度

带壁柱墙的截面用窗间墙截面验算,如图 1-17 所示。

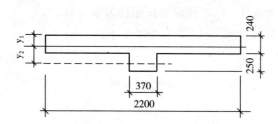

图 1-17 窗间墙截面

$$A = 240 \times 2200 + 370 \times 250 = 620500 \text{mm}^2$$

$$y_1 = \frac{240 \times 2200 \times 120 + 250 \times 370 \times (240 + \frac{250}{2})}{620500} = 156.5 \text{mm}$$

$$y_2 = (240 + 250) - 156.5 = 333.5 \text{mm}$$

$$I = \frac{1}{12} \times 2200 \times 240^3 + 2200 \times 240 \times (156.5 - 120)^2$$

$$+ \frac{1}{12} \times 370 \times 250^3 + 370 \times 250 \times (333.5 - 125)^2 = 7.74 \times 10^9 \text{mm}^4$$

$$i = \sqrt{\frac{I}{A}} = \sqrt{\frac{7.74 \times 10^9}{620500}} = 111.7 \text{mm}$$

$$h_T = 3.5i = 3.5 \times 111.7 = 391 \text{mm}$$

③ 确定 μ_1

承重墙取 $\mu_1 = 1.0$。

④ 根据式(1-4)确定 μ_2

在宽度 s 范围内的门窗洞口总宽度 $b_s = 6 \times 1800 \text{mm}$。

相邻横墙之间的距离 $s = 24000 \text{mm}$。

$$\mu_2 = 1 - 0.4 \frac{b_s}{s} = 1 - 0.4 \times \frac{10800}{24000} = 0.82$$

⑤ 确定墙、柱的允许高厚比 $[\beta]$

M5.0 混合砂浆,查表 1-8,$[\beta] = 24$。

⑥ 高厚比验算

$$\beta = \frac{H_0}{h_T} = \frac{4800}{391} = 12.28 < \mu_1 \mu_2 [\beta] = 1.0 \times 0.82 \times 24 = 19.68$$

满足要求。

(2)壁柱间墙高厚比验算

① 确定计算高度 H_0

壁柱间距 $s = 4 \text{m}$,查表 1-7,壁柱间墙按刚性方案计算。

$H = 4 \text{m}$,查表 1-9,$H_0 = 0.6H = 0.6 \times 4 = 2.4 \text{m}$。

② 墙厚

$$h = 240 \text{mm}$$

③ 确定 μ_1

承重墙取 $\mu_1 = 1.0$。

④ 根据式(1-4)确定 μ_2

在宽度 s 范围内的门窗洞口总宽度 $b_s = 1800 \text{mm}$。

相邻壁柱间的距离 $s = 4000 \text{mm}$。

$$\mu_2 = 1 - 0.4 \frac{b_s}{s} = 1 - 0.4 \frac{b_s}{s} = 1 - 0.4 \times \frac{1800}{4000} = 0.82$$

⑤ 确定墙、柱的允许高厚比 $[\beta]$

M5.0 混合砂浆,查表 1-8,$[\beta] = 24$

⑥ 高厚比验算

$$\beta = \frac{H_0}{h} = \frac{2400}{240} = 10.0 < \mu_1 \mu_2 [\beta] = 1.0 \times 0.82 \times 24 = 19.68$$

满足要求。

（3）山墙高厚比验算

① 确定计算高度 H_0。

墙间距 $s=15\text{m}$，轻钢屋盖 $s<20\text{m}$。

查表 1-7，属于刚性方案

$$s=15\text{m}>2H=2\times4.0=8.0\text{m}$$

查表 1-9，$H_0=1.0H=1.0\times4.0=4.0\text{m}$。

② 墙厚：$h=240\text{mm}$

③ 确定 μ_1 承重墙取 $\mu_1=1.0$

④ 根据式（1-4）确定 μ_2

无门窗洞口

$$\mu_2=1.0$$

⑤ 确定墙、柱的允许高厚比 $[\beta]$

M5.0 混合砂浆，查表 1-8，$[\beta]=24$。

⑥ 高厚比验算

$$\beta=\frac{H_0}{h}=\frac{4000}{240}=16.67<\mu_1\mu_2[\beta]=1.0\times1.0\times24=24$$

满足要求。

1.2.5 墙体细部构造

墙体的细部构造包括门窗过梁、窗台、勒脚、散水、明沟、变形缝、圈梁、构造柱等。

1.2.5.1 门窗过梁

门窗过梁设于门窗洞口上坪，它有效地支撑起洞口上部砌体及砌体所承担的楼板、屋盖，并把这部分荷载传递到过梁两端，再传给窗间墙体。过梁洞口上部范围内，规范规定一般不允许设置梁。

过梁按材料和施工方法不同，分为木过梁、砖拱过梁、钢筋砖过梁和钢筋混凝土过梁等，钢筋混凝土过梁又分为现浇过梁和预制过梁。由于木材价格贵，易腐蚀，耐久性差，只有少部分盛产木材的地区低层房屋、简单房屋采用，大多数房屋不采用木过梁。

1）砖拱过梁

砖拱过梁分为平拱、弧拱和半圆拱（图 1-18），是在门窗口上方过梁的位置将砖立砌，靠砖砌体本身承重的过梁形式（俗称砖券）。一般将砂浆灰缝做成上宽下窄，上宽不大于 15mm，下宽不小于 5mm。砖不低于 MU7.5，砖砌过梁截面计算高度内的砂浆不宜低于 M5（Mb5、Ms5），砖砌平拱过梁净跨不宜大于 1.2m，中部起拱高不小于 1%。砖砌平拱用竖砖砌筑部分的高度不应小于 240mm，拱脚应伸入墙内不小于 20mm。

2）钢筋砖过梁

钢筋砖过梁是在门窗洞口上方的砌体中，配置适量的钢筋，形成能够承受弯矩的加筋砖砌体。钢筋砖过梁用砖不低于 MU7.5，过梁截面计算高度内的砂浆不宜低于 M5（Mb5、Ms5）。一般在洞口上方先支木模，砖平砌，下设 3~4 根 $\phi6$ 钢筋要求伸入两端墙内不宜小

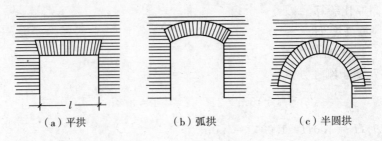

|（a）平拱|（b）弧拱|（c）半圆拱|

图 1-18　砖拱过梁

于 240mm，梁高砌 5～7 皮砖或大于等于 $L/4$，钢筋砖过梁净跨不宜大于 1.5m（如图 1-19），钢筋砖过梁底面砂浆层处的钢筋，其直径不应小于 5mm，间距不宜大于 120mm，砂浆层的厚度不宜小 30mm。

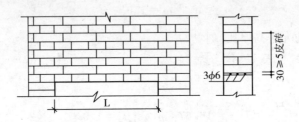

图 1-19　钢筋砖过梁构造示意

3）钢筋混凝土过梁

钢筋混凝土过梁有现浇和预制两种，梁高及配筋由计算确定。为了施工方便，梁高应与砖的皮数相适应，以方便墙体连续砌筑，故常见梁高为 60mm、120mm、180mm、240mm，即 60mm 的整倍数。梁宽一般同墙厚，梁两端支承在墙上的长度不少于 240mm，以保证足够的承压面积。

过梁常用断面形式有矩形和 L 形。为简化构造，节约材料，可将过梁与圈梁、悬挑雨篷、窗楣板或遮阳板等结合起来设计。如在南方炎热多雨地区，常从过梁上挑出 300～500mm 宽的窗楣板，既保护窗户不淋雨，又可遮挡部分直射太阳光（如图 1-20）。

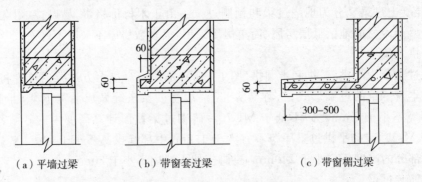

|（a）平墙过梁|（b）带窗套过梁|（c）带窗楣过梁|

图 1-20　钢筋混凝土过梁的形式

对有较大振动荷载或可能产生不均匀沉降的房屋，应采用钢筋混凝土过梁。当过梁的跨度不大于 1.5m 时，可采用钢筋砖过梁；不大于 1.2m 时，可采用砖砌平拱过梁。

当砌体房屋有抗震要求时，门窗洞口处不应采用砖过梁；其他材料的过梁支承长度，6～8度时不应小于240mm，9度时不应小于360mm。

1.2.5.2 窗台

国家颁布的《住宅设计规范》(GB 50096)对阳台和窗台的设计明确要求：窗外没有阳台或平台的外窗，窗台距楼面、地面的净高低于0.90m时，应设置防护设施。窗外有阳台或平台时可不受此限制。窗台的净高或防护栏杆的高度均应从可踏面起算，保证净高达到0.90m。住宅的阳台栏板或栏杆净高，六层及六层以下的不应低于1.05m；七层及七层以上的不应低于1.10m。封闭阳台的栏杆也应满足阳台栏杆净高要求。中高层、高层住宅及寒冷、严寒地区住宅的阳台宜采用实心挡板。

楼梯间、电梯厅等共用部分的外窗，窗外没有阳台或平台，且窗台距楼面、地面的净高小于0.90m时，应设置防护设施。

窗台的构造如图1-21所示。

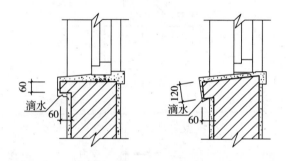

图1-21 窗台构造

1.2.5.3 墙脚

底层室内地面以下，基础以上的墙体常称为墙脚。墙脚包括墙身防潮层、勒脚、散水和明沟等。

1)墙身防潮层

墙身防潮层一般设置在室外地坪以上，室内地面标高±0.000以下60mm左右第一道砖墙水平灰缝位置。防潮层沿所有墙体连续设置不得间断，以阻断地面以下潮气向上侵入并腐蚀墙身主体，如图1-22、图1-23所示。

墙身水平防潮层的构造做法常用的有以下三种：

第一，防水砂浆防潮层，采用1：2水泥砂浆加水泥用量3％～5％防水剂，厚度为20mm～25mm或用防水砂浆砌三皮砖作防潮层。此种做法构造简单，但砂浆开裂或不饱满时影响防潮效果。

第二，细石混凝土防潮层，采用60mm厚的细石混凝土带，内配三根$\phi6$钢筋，能抵抗房屋不均匀沉降引起的防潮层断裂，其防潮性能好。

第三，油毡防潮层，先抹20mm厚水泥砂浆找平层，上铺一毡二油，此种做法防水效果好，但有油毡隔离，削弱了砖墙的整体性，不应在刚度要求高或地震区采用。

如果墙脚采用不透水的材料（如条石或混凝土等），或设有钢筋混凝土地圈梁时，可以不设防潮层。

在非抗震地区,用 20mm 水泥砂浆抹平,其上做卷材防潮层。在抗震地区,则应选择刚性防潮层,一种是 25mm 厚的水泥砂浆防潮层,所用水泥砂浆内掺一定比例的防水剂;另一种是细石混凝土防潮层,浇筑 60mm 厚与墙等宽的细石混凝土条带,内设构造钢筋。

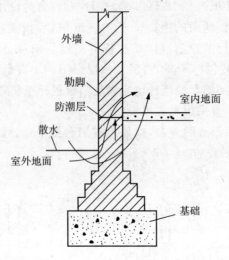

图 1-22　防潮层阻水示意图

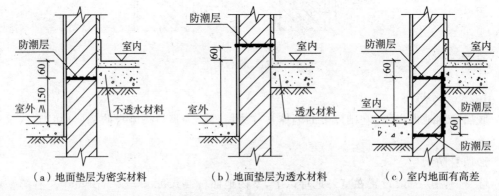

（a）地面垫层为密实材料　　　（b）地面垫层为透水材料　　　（c）室内地面有高差

图 1-23　墙身防潮层的位置

2）勒脚

勒脚是建筑物外墙的墙脚(图 1-24),即建筑物的外墙与室外地面或散水接触部分的墙体。勒脚的作用是为了防止雨水反溅到墙面或机械力等的影响,对墙面造成腐蚀破坏,从而保护墙面,保证室内干燥,提高建筑物的耐久性。另外勒脚还有美化建筑物的立面效果。所以要求墙脚坚固耐久和防潮。一般采用以下几种构造做法。

(1)抹灰:可采用 20mm 厚 1:3 水泥砂浆抹面、1:2 水泥白石子浆水刷石或斩假石抹面。此法多用于一般建筑。

(2)贴面:可采用天然石材或人工石材,如花岗石、水磨石板等。其耐久性、装饰效果好,用于高标准建筑。

(3)勒脚采用石材,如条石等。

勒脚的高度不低于 700mm。

3)散水与明沟

散水与明沟设置于建筑物的外墙四周(图 1-24)。

散水阻止下雨天室外雨水沿墙身、基础侵入地基,防止因积水渗入地基而造成建筑物的下沉,保护了地基基础结构安全。散水自身具有一定坡度,雨水流经时便形成有组织的排水将其向外导入明沟,沿明沟按一定坡度排泄,最终进入总排水管网。

散水的做法通常是在素土夯实上铺三合土、混凝土等材料,厚度 60mm~70mm。散水应设不小于 3‰的排水坡。散水宽度一般 0.6m~1.0m。散水与外墙交接处应设分格缝,分格缝用弹性材料嵌缝,防止外墙下沉时将散水拉裂。散水整体面层纵向距离每隔 6m~12m 做一道伸缩缝。

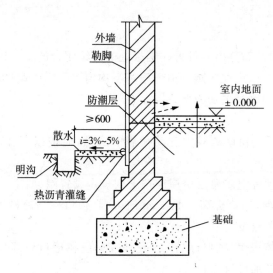

图 1-24　勒脚、散水与明沟

明沟的构造做法可用砖砌、石砌、混凝土现浇,沟底应做纵坡,坡度为 0.5‰~1‰,宽度为 220~350mm。

1.2.5.4　墙身的加固部件

1)壁柱和门垛

当墙体的窗间墙上出现集中荷载,而墙厚又不足以承担其荷载;或当墙体的长度和高度超过一定限度并影响到墙体稳定性时,常在墙身局部适当位置增设凸出墙面的壁柱以提高墙体刚度。

壁柱突出墙面的尺寸一般为 120mm×370mm、240mm×370mm、240mm×490mm 或根据结构计算确定。

当在较薄的墙体上开设门洞时,为便于门框的安置和保证墙体的稳定,须在门靠墙转角处或丁字接头墙体的一边设置门垛,门垛凸出墙面不少于 120mm,宽度同墙厚(如图 1-25)。

当梁跨度大于或等于下列数值时,其支承处宜加设壁柱,或采取其他加强措施:

(1)对 240mm 厚的砖墙为 6m;对 180mm 厚的砖墙为 4.8m;

(2)对砌块、料石墙为 4.8m。

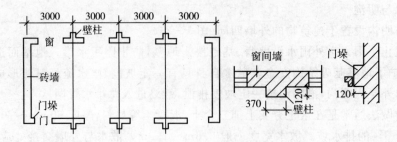
图 1-25 壁柱和门垛

山墙处的壁柱或构造柱宜砌至山墙顶部,且屋面构件应与山墙可靠拉结。

2)圈梁

(1)圈梁的作用

圈梁是沿外墙四周及部分内墙设置在楼板处的连续闭合的梁,可提高建筑物的空间刚度及整体性,增加墙体的稳定性。减少由于地基不均匀沉降而引起的墙身开裂。对于抗震设防地区,利用圈梁加固墙身更加必要。

(2)圈梁的设置

① 对于地基有不均匀沉降或较大震动荷载的房屋,应按以下②③④⑤的规定在砌体墙中设置现浇混凝土圈梁。

② 厂房、仓库、食堂等空旷单层房屋应按下列规定设置圈梁:

A. 砖砌体结构房屋,檐口标高为 5~8m 时,应在檐口标高处设置圈梁一道;檐口标高大于 8m 时,应增加设置数量。

B. 砌块及料石砌体房屋,檐口标高为 4~5m 时;应在檐口标高处设置圈梁一道;当檐口标高大于 5m 时,应增加设置数量。

C. 对有吊车或较大振动设备的单层工业房屋,除在檐口或窗顶标高处设置现浇钢筋混凝土圈梁外,尚应增加设置数量。

③ 住宅、办公楼等多层砌体结构民用房屋,且层数为 3~4 层时,应在檐口标高处设置圈梁一道;当层数超过 4 层时,除应在底层和檐口标高处各设置一道圈梁外,至少应在所有纵、横墙上隔层设置。多层砌体工业房屋,应每层设置现浇混凝土圈梁。设置墙梁的多层砌体结构房屋,应在托梁、墙梁顶面和檐口标高处设置现浇钢筋混凝土圈梁。

④ 建筑在软弱地基上的砌体房屋设置圈梁

建筑在软弱地基或不均匀地基上的砌体房屋,除按上述规定设置圈梁外,尚应符合现行国家标准《建筑地基基础设计规范》GB 50007 的有关规定。

⑤ 采用现浇钢筋混凝土楼(屋)盖的多层砌体结构房屋,当层数超过 5 层时,除在檐口标高处设置一道圈梁外,可隔层设置圈梁,并与楼(层)面板一起现浇。未设置圈梁的楼面板嵌入墙内的长度不应小于 120mm,并沿墙长配置不少于 2 根直径为 10mm 的纵向钢筋。

⑥《建筑抗震设计规范》GB 50011,对多层砖砌体房屋和多层小砌块房屋的现浇钢筋混凝土圈梁的设置做了以下规定:

A. 装配式钢筋混凝土楼、屋盖或木屋盖的多层砖房,横墙承重时应按表 1-10 的要求设置圈梁;纵墙承重时,抗震横墙上的圈梁间距应比表内要求适当加密。

砌体结构施工

表 1-10 多层砖砌体房屋现浇钢筋混凝土圈梁设置要求

墙类	烈度		
	6、7	8	9
外墙和内纵墙	屋盖处及每层楼盖处	屋盖处及每层楼盖处	屋盖处及每层楼盖处
内横墙	同上 屋盖处间距不应大于4.5m。 楼盖处间距不应大于7.2m。 构造柱对应部位	同上 各层所有横墙,且间距不应 大于4.5m。 构造柱对应部位	同上 各层所有横墙

B. 现浇或装配整体式钢筋混凝土楼、屋盖与墙体有可靠连接的房屋,应允许不另设圈梁,但楼板沿抗震墙体周边应加强配筋并应与相应的构造柱钢筋可靠连接。

C. 圈梁在表 1-10 要求的间距内无横墙时,应利用梁或板缝中配筋替代圈梁。

D. 多层小砌块房屋的现浇钢筋混凝土圈梁的位置同多层砖砌体房屋现浇钢筋混凝土圈梁,其层数6度时超过五层、7度时超过四层、8度时超过三层和9度时,在底层和顶层的窗台标高处,沿纵横墙应设置通长的水平现浇钢筋混凝土带;其截面高度不小于60mm,纵筋不少于2φ10,并应有分布拉结钢筋;其混凝土强度等级不应低于C20。

E. 水平现浇混凝土带亦可采用槽形砌块替代模板,其纵筋和拉结钢筋不变。

F. 圈梁宜与预制板设在同一标高处或紧靠板底。

(3)圈梁的构造

圈梁有钢筋砖圈梁和钢筋混凝土圈梁两种。

钢筋砖圈梁就是将前述的钢筋砖过梁沿外墙和部分内墙一周连通砌筑而成(如图1-26a所示)。钢筋混凝土圈梁是指砌体结构房屋中,在砌体内沿水平方向设置封闭的钢筋混凝土梁,钢筋混凝土圈梁的断面形式有矩形断面圈梁和缺口圈梁(如图1-26b、图1-26c所示)。钢筋混凝土圈梁的高度不小于120mm,宽度与墙厚相同。

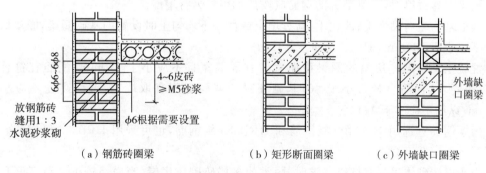

(a)钢筋砖圈梁   (b)矩形断面圈梁   (c)外墙缺口圈梁

图 1-26 圈梁构造

圈梁宜连续地设在同一水平面上,并形成封闭状;当圈梁被门窗洞口截断时,应在洞口上部增设相同截面的附加圈梁。附加圈梁与圈梁的搭接长度不应小于其中到中垂直间距的2倍,且不得小于1m(图1-27)。

纵横墙交接处的圈梁应可靠连接。刚弹性和弹性方案房屋,圈梁应与屋架、大梁等构件可靠连接。

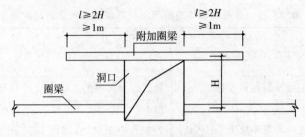

图 1-27　附加圈梁

钢筋混凝土圈梁的宽度宜与墙厚相同,当墙厚 $h \geqslant 240mm$ 时,其宽度不宜小于墙厚的 2/3。圈梁高度不应小于 120mm。配筋应符合表 1-11 的要求,绑扎接头的搭接长度按受拉钢筋考虑;

表 1-11　钢筋混凝土圈梁配筋

砌体类别	截面与配筋	烈度		
		6、7	8	9
多层砖砌体房屋	最小截面高度	120	120	120
	最小纵筋	4ϕ10	4ϕ12	4ϕ14
	最小箍筋	ϕ6@250	ϕ6@200	ϕ6@150
多层小砌块房屋	最小截面宽×高	190×200		
	最小纵筋	4ϕ12		
	最小箍筋	ϕ6@200		

注:① 表中斜体 ϕ 仅表示普通钢筋的公称直径,不代表钢筋的材料性能和力学性能;
　　② 圈梁纵向钢筋采用绑扎接头时,纵筋可在同一截面搭接,搭接长度 l_{lE} 可取 1.2l_a,且不应小于 300mm。

圈梁兼作过梁时,过梁部分的钢筋应按计算用量另行增配。

当地基为软弱黏性土、液化土、新近填土或严重不均匀土时设置的基础圈梁,圈梁截面高度不应小于 180mm,配筋不应少于 4ϕ12。

混凝土砌块砌体房屋的圈梁截面宽度宜取墙宽且不应小于 190mm,配筋宜符合表 1-11 的要求,箍筋直径不小于 ϕ6;基础圈梁的截面宽度宜取墙宽,截面高度不应小于 200mm,纵筋不应少于 4ϕ14。

圈梁钢筋宜选用 HRB400 级钢筋和 HRB335 级钢筋,也可采用 HPB235 级钢筋。圈梁混凝土不应低于 C20。

当多层砖砌体房屋有抗震要求时,丙类的多层砖砌体房屋,当横墙较少且总高度和层数接近或达到表 1-1 规定限值时,所有纵横墙均应在楼、屋盖标高处设置加强的现浇钢筋混凝土圈梁(简称加强圈梁),圈梁的截面高度不宜小于 150mm,上下纵筋各不应少于 3ϕ10,箍筋不小于 ϕ6,间距不大于 300mm。在底层和顶层的窗台标高处,宜设置沿纵横墙通长的水平现浇钢筋混凝土带;其截面高度不小于 60mm,宽度不小于墙厚,纵向钢筋不少于 2ϕ10,横向分布拉结钢筋直径不小于 ϕ6 且其间距不大于 200mm;

当多层砖小砌块房屋有抗震要求时,现浇钢筋混凝土圈梁宽度不应小于 190mm,配筋不应小于 4φ12,箍筋间距不应大于 200mm。

(4)房屋的楼、屋盖与圈梁墙的连接

① 板底圈梁连接节点做法

板底圈梁连接节点做法如附录 1-2 附图 1-2-1,附图 1-2-2,附图 1-2-3,附图 1-2-4 所示。

② 预制板与外墙或圈梁的拉结、底层、顶层窗洞口下标高处钢筋混凝土配筋带做法

预制板与外墙或圈梁的拉结、底层、顶层窗洞口下标高处钢筋混凝土配筋带,如附录 1-2 附图 1-2-5 所示。

③ 板侧圈梁节点做法

板侧圈梁节点,如附录 1-2 附图 1-2-6、附图 1-2-7 所示。

④ 板侧圈梁与板的连接做法

板侧圈梁与板的连接,如附录 1-2 附图 1-2-8 所示。

⑤ 高低圈梁节点做法

高低圈梁节点,如附录 1-2 附图 1-2-9、附图 1-2-10 所示。

⑥ 现浇板设圈梁与不设圈梁的构造如附录 1-2 附图 1-2-11 所示。

3)构造柱

为提高多层建筑砌体结构的抗震性能,规范要求应在房屋的砌体内适宜部位设置钢筋混凝土柱并与圈梁连接,共同加强建筑物的稳定性。这种钢筋混凝土柱通常就被称为构造柱。构造柱主要不是承担竖向荷载的,而是抗击剪力、抗震等横向荷载的。构造柱通常设置在楼梯间、电梯间四角,楼梯斜段上下端对应的墙体处;外墙四角和对应转角;错层部位横墙与外纵墙交接处;大房间内外墙交接处;较大洞口两侧。为提高砌体结构的承载能力或稳定性而又不增大截面尺寸,墙中的构造柱已不仅仅设置在房屋墙体转角、边缘部位,而按需要设置在墙体的中间部位。

(1)多层砖砌体房屋的构造柱的设置

① 各类砖砌体房屋的现浇钢筋混凝土构造柱(以下简称构造柱)的设置位置,应符合表 1-12 的规定。

表 1-12 砖砌体房屋构造柱设置部位

房屋层数				设置部位	
6 度	7 度	8 度	9 度		
≤5	≤4	≤3		楼梯间、电梯间四角,楼梯斜段上下端对应的墙体处;外墙四角和对应转角;错层部位横墙与外纵墙交接处;大房间内外墙交接处;较大洞口两侧	隔 12m 或单元横墙与外纵墙交接处;楼梯间对应的另一侧内横墙与外纵墙交接处;
6	5	4	2		隔开间横墙(轴线)与外墙交接处;山墙与内纵墙交接处
7	≥6	≥5	≥3		内墙(轴线)与外墙交接处;内墙的局部较小墙垛处;内纵墙与横墙(轴线)交接处

注:① 较大洞口,内墙指不小于 2.1m 的洞口;外墙在内外墙交接处已设置构造柱时应允许适当放宽,但洞侧墙体应加强。

② 当按本条第②~⑤款规定确定的层数超出表 1-12 范围,构造柱设置要求不应低于表中相应烈度的最高要求且宜适当提高。

② 外廊式和单面走廊式的房屋,应根据房屋增加一层后的层数,按表1-12的要求设置构造柱,且单面走廊两侧的纵墙均应按外墙处理。

③ 横墙较少的房屋,应根据房屋增加一层的层数,按表1-12的要求设置构造柱,当横墙较少的房屋为外廊式和单面走廊式时,应按第②款的要求设置钢筋混凝土构造柱;但6度不超过四层、7度不超过三层和8度不超过二层时,应按增加二层的层数对待。

④ 各层横墙很少的房屋,应按增加二层的层数设置构造柱。

⑤ 采用蒸压灰砂普通砖和蒸压粉煤灰普通砖的砌体房屋,当砌体的抗剪强度仅达到普通黏土砖砌体的70%时(普通砂浆砌筑),应根据增加一层的层数按第①~④款要求设置构造柱;但6度不超过四层、7度不超过三层和8度不超过二层时应按增加二层的层数对待;

⑥ 有错层的多层房屋,在错层部位应设置墙,与其他墙交接处应设置构造柱;在错层部位的错层楼板位置应设置现浇钢筋混凝土圈梁;当房屋层数不低于四层时,底部1/4楼层处错层部位墙中部的构造柱间距不宜大于2m。

⑦ 房屋高度和层数接近表1-1的限值时,纵、横墙内构造柱间距尚应符合下列要求:

A. 横墙内的构造柱间距不宜大于层高的二倍;下部1/3楼层的构造柱间距适当减小;

B. 当外纵墙开间大于3.9m时,应另设加强措施。内纵墙的构造柱间距不宜大于4.2m。

⑧ 丙类的多层砖砌体房屋,当横墙较少且总高度和层数接近或达到表1-1规定限值时,应采取下列加强措施:

A. 房屋的最大开间尺寸不宜大于6.6m。

B. 同一结构单元内横墙错位数量不宜超过横墙总数的1/3,且连续错位不宜多于两道;错位的墙体交接处均应增设构造柱,且楼、屋面板应采用现浇钢筋混凝土板。

C. 横墙和内纵墙上洞口的宽度不宜大于1.5m;外纵墙上洞口的宽度不宜大于2.1m或开间尺寸的一半;且内外墙上洞口位置不应影响内外纵墙与横墙的整体连接。

(2)多层砖砌体房屋的构造柱的构造规定

① 构造柱最小截面可采用240mm×180mm(墙厚190mm时为180mm×190mm);构造柱纵向钢筋宜采用4φ12,箍筋直径可采用6mm,间距不宜大于250mm(图1-28),且在柱上、下端适当加密(加密区高度见附录1-5附图1-5-1);6、7度超过六层、8度超过五层和9度时,构造柱纵向钢筋宜采用4φ14,箍筋间距不应大于200mm。

房屋四角的构造柱应适当加大截面及配筋。

② 构造柱与墙连接处应砌成马牙槎,并应沿墙高每隔500mm设2φ6水平拉结钢筋和φ4分布短筋平面内点焊组成的拉结钢片或φ4点焊钢筋网片,每边伸入墙内不宜小于1m。6、7度时底部1/3楼层,8度时底部1/2楼层,9度时全部楼层,上述拉结钢筋网片应沿墙体水平通长设置。当砖砌体墙为370mm厚时,拉结网片的水平钢筋也可根据当地习惯做法采用3φ6。

③ 构造柱与圈梁连接处,构造柱的纵筋应在圈梁纵筋内侧穿过,保证构造柱纵筋上下贯通。

④ 构造柱可不单独设置基础,但应伸入室外地面下500mm,或与埋深小于500mm的

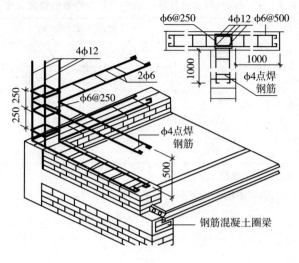

图 1-28 构造柱

基础圈梁相连(附录1-3附图1-3-1,附图1-3-2,附图1-3-3)。

⑤ 约束普通砖墙的构造柱,除应符合上述第(1)款(多层砖砌体房屋的构造柱的设置)要求外,还要满足以下要求。

墙肢两端及中部构造柱的间距不大于层高或3.0m,较大洞口两侧应设置构造柱;构造柱最小截面尺寸不宜小于240mm×240mm(墙厚190mm时为240mm×190mm),边柱和角柱的截面宜适当加大;构造柱配筋宜符合表1-13的要求。

表 1-13 增设构造柱的纵筋和箍筋设置要求

位置	纵向钢筋			箍筋		
	最大配筋率(%)	最小配筋率(%)	最小直径(mm)	加密区范围(mm)	加密区间距(mm)	最小直径(mm)
角柱	1.8	0.8	14	全高	100	6
边柱			14	上端700下端500		
中柱	1.4	0.6	12			

⑥ 丙类的多层砖砌体房屋,当横墙较少且总高度和层数接近或达到表1-1规定限值时,所有纵横墙交接处及横墙的中部,均应增设满足下列要求的构造柱:在纵、横墙内的柱距不宜大于3.0m,最小截面尺寸不宜小于240mm×240mm(墙厚190mm时为240mm×190mm),配筋宜符合表1-13的要求。

⑦ 同一结构单元的楼、屋面板应设置在同一标高处。

(3)钢筋的锚固和连接

① 构造柱、圈梁内纵筋及墙体水平配筋带钢筋的锚固长度 $la_E = la$,搭接长度 l_{lE} 见表1-14的注③。

表 1-14　圈梁、构造柱及墙体水平配筋带钢筋的锚固长度

钢筋种类	混凝土强度等级			
	C20	C25	C30	C35
	$d\leqslant25$	$d\leqslant25$	$d\leqslant25$	$d\leqslant25$
HPB300 热轧光面钢筋	$39d$	$34d$	$30d$	$28d$
HRB335 热轧带肋钢筋	$38d$	$33d$	$29d$	$27d$
HRB400 热轧带肋钢筋	—	$40d$	$35d$	$32d$

注：① 表中 d 为受力钢筋的公称直径；
　　② 任何情况下，受拉钢筋的锚固长度不应小于 200mm。
　　③ 构造柱纵筋可在同一截面搭接，搭接长度 l_{lE} 可取 $1.2l_a$。

② 构造柱、圈梁的箍筋做法如图 1-29 所示。

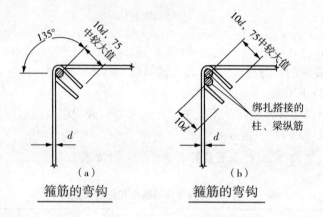

图 1-29　构造柱、圈梁的箍筋做法

（4）构造柱的材料要求

构造柱钢筋宜选用 HRB400 级钢筋和 HRB335 级钢筋，也可采用 HPB235 级钢筋。构造柱混凝土不应低于 C20。

（5）钢筋混凝土构造柱类别、最小截面和配筋见附录 1-4 附表 1-4-1 所示。

（6）构造柱的节点细部做法

① 多层砖砌体房屋构造柱的配筋及拉结筋构造如附录 1-5 附图 1-5-1、附图 1-5-2 所示。

② 多层砖砌体房屋的底层、顶层窗洞口标高处钢筋混凝土配筋带如附录 1-5 附图 1-5-3 所示。

③ 墙体钢筋网片与构造柱连接节点如附录 1-5 附图 1-5-4～附图 1-5-8 所示。

④ 圈梁与构造柱的连接。

圈梁与构造柱的连接如附录 1-5 附图 1-5-9、附图 1-5-10 所示。

4）芯柱

芯柱：在小砌块墙体的孔洞内浇灌混凝土形成的柱，有钢筋混凝土芯柱（在砌块内部空

腔中插入竖向钢筋并浇灌混凝土)和素混凝土芯柱(在砌块内部空腔中不插入竖向钢筋只浇灌混凝土)。

芯柱的作用:砌体中的芯柱作用与砌体中的构造柱作用不同,构造柱仅是构造需要设置的,按规范规定设置,不参加受力计算。而砌体中的芯柱与砌体共同承受荷载作用,在结构上要与砌体一道参与受力计算。

(1)混凝土砌块房屋钢筋混凝土芯柱设置

① 混凝土砌块房屋应按表1-15的要求设置钢筋混凝土芯柱。对外廊式和单面走廊式的房屋、横墙较少的房屋、各层横墙很少的房屋,尚应分别按"第1.2.5.4条3)构造柱第(1)②③④款关于增加层数的对应要求,按表1-12的要求设置芯柱。

表1-15　混凝土砌块房屋钢筋混凝土芯柱设置要求

房屋层数				设置部位	设置数量
6度	7度	8度	9度		
≤5	≤4	≤3		外墙四角和对应转角;楼、电梯间四角;楼梯斜段上下端对应的墙体处;大房间内外墙交接处;错层部位横墙与外纵墙交接处;隔12m或单元横墙与外纵墙交接处	外墙四角,灌实3个孔;内外墙交接处,灌实4个孔;楼梯斜段上下端对应的墙体处,灌实2个孔
6	5	4	1	同上隔开间横墙(轴线)与外纵墙交接处	
7	6	5	2	同上各内墙(轴线)与外纵墙交接处;内纵墙与横墙(轴线)交接处和洞口两侧	外墙转角,灌实5个孔;内外墙交接处,灌实4~5个孔;洞口两侧各灌实1个孔
	7	6	3	同上横墙内芯柱间距不宜大于2m	外墙转角,灌实7个孔;内外墙交接处,灌实5个孔;内墙交接处,灌实4~5个孔;洞口两侧各灌实1个孔

注:① 外墙转角、内外墙交接处、楼、电梯间四角等部位,应允许采用钢筋混凝土构造柱替代部分芯柱。

② 当按"第1.2.5.4条3)构造柱第(1)②③④款规定确定的层数超出表1-15范围,芯柱设置要求不应低于表中相应烈度的最高要求且宜适当提高。

② 混凝土砌块房屋钢筋混凝土芯柱,尚应满足下列要求。

A. 混凝土砌块砌体墙纵横墙交接处,墙段两端和较大洞口两侧宜设置不少于单孔的芯柱。

B. 有错层的多层房屋,错层部位应设置墙,墙中部的钢筋混凝土芯柱间距宜适当加密,在错层部位纵横墙交接处宜设置不少于4孔的芯柱;在错层部位的错层楼板位置尚应设置现浇钢筋混凝土圈梁。

C. 为提高墙体抗震受剪承载力而设置的芯柱,宜在墙体内均匀布置,最大间距不宜大于2.0m。当房屋层数或高度等于或接近表1-1中限值时,纵、横墙内芯柱间距尚应符合下列要求:

底部1/3楼层横墙中部的芯柱间距,6度时不宜大于2m;7、8度时不宜大于1.5m;9

度时不宜大于 1.0m；

当外纵墙开间大于 3.9m 时，应另设加强措施。

③ 梁支座处墙内宜设置芯柱，芯柱灌实孔数不少于 3 个。当 8、9 度房屋采用大跨梁或井字梁时，宜在梁支座处墙内设置构造柱；并应考虑梁端弯矩对墙体和构造柱的影响。

④ 楼梯间墙体构件除按规定设置构造柱或芯柱外，尚应通过墙体配筋增强其抗震能力，墙体应沿墙高每隔 400mm 水平通长设置 $\phi4$ 点焊拉结钢筋网片；楼梯间墙体中部的芯柱间距，6 度时不宜大于 2m；7、8 度时不宜大于 1.5m；9 度时不宜大于 1.0m；房屋层数或高度等于或接近表 1-1 中限值时，底部 1/3 楼层芯柱间距适当减小。

⑤ 多层小砌块房屋的芯柱有抗震要求时，应符合下列构造要求

A. 小砌块房屋芯柱截面不宜小于 120mm×120mm。

B. 芯柱的竖向插筋应贯通墙身且与圈梁连接；插筋不应小于 $1\phi12$，6、7 度时超过五层，8 度时超过四层和 9 度时，插筋不应小于 $1\phi14$。

C. 芯柱应伸入室外地面下 500mm 或与埋深小于 500mm 的基础圈梁相连。

D. 多层小砌块房屋墙体交接处或芯柱与墙体连接处应设置拉结钢筋网片，网片可采用直径 4mm 的钢筋点焊而成，沿墙高间距不大于 600mm，并应沿墙体水平通长设置。6、7 度时底部 1/3 楼层，8 度时底部 1/2 楼层，9 度时全部楼层，上述拉结钢筋网片沿墙高间距不大于 400mm。

(2) 钢筋混凝土芯柱的材料要求

钢筋混凝土芯柱钢筋宜选用 HRB400 级钢筋和 HRB335 级钢筋，也可采用 HPB235 级钢筋。钢筋混凝土芯柱的灌孔混凝土等级不应低于 CB20。

1.2.5.5 变形缝

为了防止因气温变化、地基不均匀沉降以及地震等因素使建筑物发生裂缝或导致破坏，设计时预先在变形敏感部位将建筑物断开，分成若干个相对独立的单元，且预留的缝隙能保证建筑物有足够的变形空间，设置的这种构造缝称为变形缝。

变形缝是伸缩缝（温度缝）、沉降缝和抗震缝的总称。

1) 伸缩缝（或温度缝）

伸缩缝是在长度或宽度较大的建筑物中，为避免由于温度变化引起材料的热胀冷缩导致构件开裂，而沿建筑物的竖向将基础以上部分（墙体、楼板层、屋顶等构件）全部断开的垂直缝隙。将建筑物分离成几个独立的部分。基础可不断开。伸缩缝的宽度一般为 20~40mm。

伸缩缝的间距按表 1-16 采用。

伸缩缝应设在因温度和收缩变形可能引起应力集中、砌体产生裂缝可能性最大的地方。

表 1-16　砌体房屋伸缩缝的最大间距　　　　　　单位：m

屋盖或楼盖类别		间距
整体式或装配整体式钢筋混凝土结构	有保温层或隔热层的屋盖，楼盖	50
	无保温层或隔热层的屋盖	40
装配式无檩体系钢筋混凝土结构	有保温层或隔热层的屋盖，楼盖	60
	无保温层或隔热层的屋盖	50

屋盖或楼盖类别		间距
装配式有檩体系钢筋混凝土结构	有保温层或隔热层的屋盖	75
	无保温层或隔热层的屋盖	60
瓦材屋盖、木屋盖或楼盖、轻钢屋盖		100

注：① 对烧结普通砖、烧结多孔砖、配筋砌块砌体房屋，取表中数值；对石砌体、蒸压灰砂普通砖、蒸压粉煤灰普通砖、混凝土砌块、混凝土普通砖和混凝土多孔砖房屋，取表中数值乘以 0.8 的系数。当墙体有可靠外保温措施时，其间距可取表中数值。

② 在钢筋混凝土屋面上挂瓦的屋盖应按钢筋混凝土屋盖采用。

③ 层高大于 5m 的烧结普通砖、烧结多孔砖、配筋砌块砌体结构单层房屋，其伸缩缝间距可按表中数值乘以 1.3。

④ 温差较大且变化频繁地区和严寒地区不采暖的房屋及构筑物墙体的伸缩缝的最大间距，应按表中数值予以适当减少。

⑤ 墙体的伸缩缝应与结构的其他变形缝相重合，缝宽度应满足各种变形缝的变形要求；在进行立面处理时，必须保证缝隙的伸缩作用。

2）沉降缝

为减少地基不均匀沉降对建筑物造成危害，在建筑物某些部位设置从基础到屋面全部断开的垂直缝称为沉降缝。

（1）沉降缝设置规定

建筑物的下列部位，宜设置沉降缝。

① 建筑平面的转折部位；

② 高度差异或荷载差异处；

③ 长高比过大的砌体承重结构或钢筋混凝土框架结构的适当部位；

④ 地基土的压缩性有显著差异处；

⑤ 建筑结构或基础类型不同处；

⑥ 分期建造房屋的交界处。

（2）沉降缝的缝宽

沉降缝应有足够的宽度，缝宽可按表 1－17 选用。

表 1－17 房屋沉降缝的宽度

房屋层数	沉降缝宽度（mm）
二～三	50～80
四～五	80～120
五层以上	不小于 120

3）防震缝

防震缝是为了防止建筑物的各部分在地震时相互撞击造成变形和破坏而设置的垂直缝。防震缝应将建筑物分成若干体型简单、结构刚度均匀的独立单元。

（1）作法：从基础顶面断开（基础可不断开），并贯穿建筑物全高，缝的两侧应有墙，将建筑物分为若干体型简单、结构刚度均匀的独立单元。

（2）防震缝的设置规定

① 对于多层砌体房屋和底部框架砌体房屋

对于多层砌体房屋和底部框架砌体房屋，有下列情况之一时，宜设置防震缝，缝两侧均应设置墙体，缝宽应根据烈度和房屋高度确定，可采用70mm～100mm：

房屋立面高差在6m以上；

房屋有错层，且楼板高差大于层高的1/4；

各部分结构刚度、质量截然不同。

② 对于单层砖柱厂房，防震缝的设置应符合下列规定：

轻型屋盖厂房，可不设防震缝；

钢筋混凝土屋盖厂房与贴建的建（构）筑物宜设防震缝，防震缝的宽度可采用50mm～70mm，防震缝处应设置双柱或双墙。

4）变形缝的构造

变形缝的构造如图1-30所示。

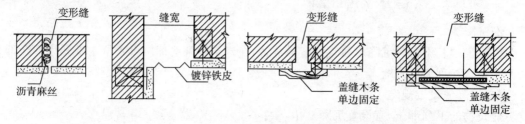

图1-30 变形缝构造图

5）三缝合一

有很多建筑物对这三种接缝进行了综合考虑，即所谓的"三缝合一"。

缝宽按照抗震缝宽度处理；基础按沉降缝断开。

1.2.6 减轻墙体开裂的主要措施

（1）建造在软土或有软弱下卧层地基上的多层砌体结构房屋，应选择整体性能好的基础，在基础顶面沿纵、横向内外墙布置应具有足够刚度的贯通钢筋混凝土地梁。

（2）为避免由于温度变化引起墙体开裂，除了按表1-16的规定设置伸缩缝外，对于房屋顶层墙体，可根据情况采取下列措施：

① 屋面应设置保温、隔热层；

② 屋面保温（隔热）层或屋面刚性面层及砂浆找平层应设置分隔缝，分隔缝间距不宜大于6m，其缝宽不小于30mm，并与女儿墙隔开；

③ 采用装配式有檩体系钢筋混凝土屋盖和瓦材屋盖；

④ 顶层屋面板下设置现浇钢筋混凝土圈梁，并沿内外墙拉通，房屋两端圈梁下的墙体内宜设置水平钢筋；

⑤ 顶层墙体有门窗等洞口时，在过梁上的水平灰缝内设置2～3道焊接钢筋网片或2根直径6mm钢筋，焊接钢筋网片或钢筋应伸入洞口两端墙内不小于600mm；

⑥ 顶层及女儿墙砂浆强度等级不低于M7.5（Mb7.5、Ms7.5）；

⑦ 女儿墙应设置构造柱，构造柱间距不宜大于4m，构造柱应伸至女儿墙顶并与现浇

钢筋混凝土压顶现浇在一起。

⑧ 现浇钢筋混凝土檐口应设置分割缝,并用柔性嵌缝材料填实,屋面保温层应覆盖全部檐口。

(3)对于房屋底层墙体为防止或减轻裂缝,可根据情况采取下列措施:

① 增大基础圈梁的刚度;

② 在底层的窗台下墙体灰缝内设置 3 道焊接钢筋网片或 $2\phi6$ 钢筋,并伸入两边窗间墙内不小于 600mm;

(4)在每层门、窗过梁上方的水平灰缝内及窗台下第一和第二道水平灰缝内,宜设置焊接钢筋网片或 $2\phi6$ 钢筋,焊接钢筋网片或钢筋应伸入两边窗间墙内不小于 600mm。当墙长大于 5m 时,宜在每层墙高度中部设置 2～3 道焊接钢筋网片或 $3\phi6$ 的通长水平钢筋,竖向间距为 500mm。

(5)房屋两端和底层第一、第二开间门窗洞处,可采取下列措施:

① 在门窗洞口两边的墙体的水平灰缝中,设置长度不小于 900mm、竖向间距为 400mm 的 $2\phi4$ 焊接钢筋网片;

② 在顶层和底层设置通长钢筋混凝土窗台梁,窗台梁的高度宜为块材高度的模数,梁内纵筋不少于 4 根,直径不小于 10mm,箍筋直径不小于 6mm,间距不大于 200mm(见附录 1-2 附图 1-2-5 节点③及剖面 2-2),混凝土强度等级不低于 C20。

③ 在混凝土砌块房屋门窗洞口两侧不小于一个孔洞中设置直径不小于 12mm 的竖向钢筋,竖向钢筋应在楼层圈梁或基础内锚固,孔洞用不低于 Cb20 混凝土灌实。

(6)填充墙砌体与梁、柱或混凝土墙体结合的界面处(包括内、外墙),宜在粉刷前设置细钢丝网片,网片宽 400mm,并沿界面缝两侧各延伸 200mm,或采取其他有效的防裂、盖缝措施。

(7)当房屋刚度较大时,可在窗台下或窗台角处墙体内设置竖向控制缝。在墙体高度或厚度突然变化处也宜设置竖向控制缝。竖向控制缝的宽度不宜小于 25mm,缝内填以压缩性能好的填充材料,且外部用密封材料密封,并采用不吸水的、闭孔发泡聚乙烯实心圆棒(背衬)作为密封膏的隔离物(图 1-31)。

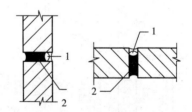

图 1-31 控制缝构造
1—不吸水的、闭孔发泡聚乙烯实心圆棒;
2—柔软、可压缩性的填充物

(8)保温墙体的女儿墙应采取保温措施。

(9)非烧结块材砌体房屋的墙体应根据块体材料类型采取下列措施:

① 应根据所用块体材料,在窗肚墙水平灰缝内设置一定量钢筋;

② 在承重外墙底层窗台板下,应配置通长水平钢筋或设置现浇混凝土配筋带;

③ 混凝土小型空心砌块房屋的门窗洞口,其两侧不少于一个孔洞中应配置钢筋并用灌孔混凝土灌芯,钢筋应在基础梁或楼层圈梁中锚固;

④ 墙长大于 8m 的非烧结块材框架填充墙,应设置控制缝或增设钢筋混凝土构造柱,其间距不应大于 4m;

⑤ 承重墙体局部开洞处及不利墙垛保温应采取加强措施。

附录 1-1 常用砌体自承重墙允许计算高度

附表 1-1-1 常用砌体自承重墙允许计算高度 H_0

单位:mm

材料	块材规格(长×宽×高)(mm)	墙体厚度(mm)	无门窗洞口(mm)	b_s/s(有门窗洞口)					
				0.3	0.4	0.5	0.6	0.7	0.8
轻集料混凝土小型空心砌块 普通混凝土小型砌块	390×90×190	90	3200	2800	2700	2500	2400	2300	2200
	390×140×190	140	4500	3900	3800	3600	3400	3200	3100
	390×190×190	190	5400	4800	4500	4300	4100	3900	3800
	240×115×90(P型)	120	4100	3600	3400	3300	3100	2900	2900
		240	6900	6000	5800	5500	5200	4900	4800
烧结多孔砖	190×90×90(M型)	90	3200	2800	2700	2500	2400	2300	2200
	190×140×90(M型)	140	4700	4100	3900	3700	3500	3300	3200
	190×190×90(M型)	190	5900	5200	4900	4700	4500	4200	4100
烧结空心砖	240×115×90	120	3100	2700	2600	2400	2300	2200	2100
	190×190×115	190	4900	4300	4100	3900	3700	3500	3400
	240×180×115	180	4600	4100	3900	3700	3500	3300	3200
蒸压加气混凝土砌块	600×125×200(250,300)	125	3200	2800	2700	2600	2400	2300	2200
	600×150×200(250,300)	150	3900	3400	3200	3100	2900	2800	2700
	600×200×200(250,300)	200	5200	4500	4300	4100	3900	3700	3600
	600×250×200(250,300)	250	6500	5700	5400	5200	4900	4600	4500

注:1. 本表的允许计算高度是根据构造要求的墙体允许高厚比$[\beta]$计算所得,未考虑带带构造柱和带壁柱情况的墙,砌筑砂浆强度等级为 M5(Mb5,Ms5),计算公式:$[H_0]=\mu_1\mu_2[\beta]h_0$。

2. 表中:s——相邻横墙或混凝土主体结构构件(柱或墙)之间的距离;
b_s——在宽度 s 范围内的门窗洞口总宽度;
μ_1——自承重墙允许高厚比的修正系数,按《砌体结构设计规范》GB 50003—2011,《混凝土小型空心砌块建筑技术规程》JGJ/T 14—2011,《蒸压加气混凝土建筑应用技术规程》JGJ/T 17—2008 取值。
μ_2——有门窗洞口墙允许高厚比的修正系数,$\mu_2=1-0.4\dfrac{b_s}{s}$。

3. 当洞口高度不大于墙高的 1/5 时,按无门窗洞口取值。

4. 确定填充墙的计算高度尚应根据周边支承或拉接条件确定。

5. 当 s 不大于 $\mu_1\mu_2[\beta]h$ 时,墙的高厚比可不受本条限制。

附录1-2 圈梁节点构造

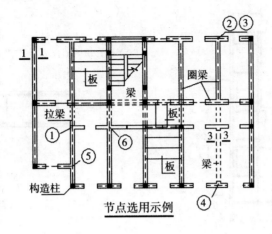

节点选用示例

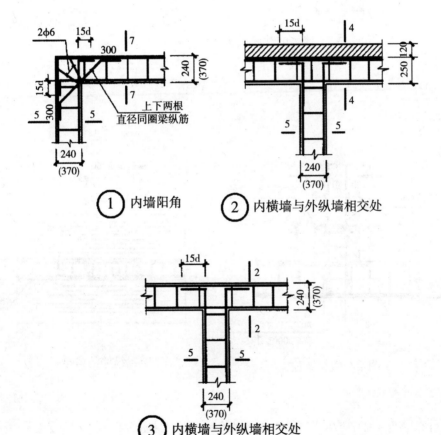

① 内墙阳角　　② 内横墙与外纵墙相交处

③ 内横墙与外纵墙相交处

注:① 圈梁剖面图如附图1-2-3,附图1-2-4所示。

② 节点做法如附图1-2-1,附图1-2-2所示。

附图1-2-1 无构造柱时板底圈梁连接节点(一)

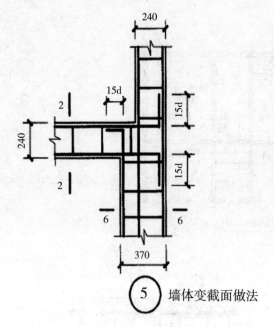

⑤ 墙体变截面做法

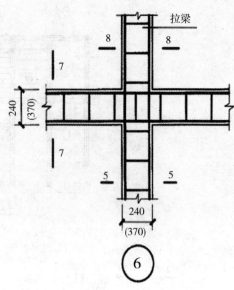

⑥

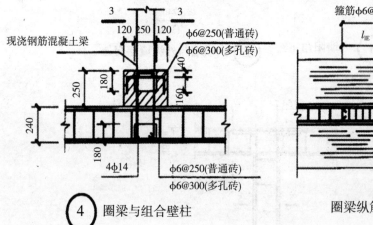

④ 圈梁与组合壁柱

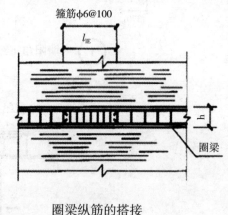

圈梁纵筋的搭接

注:① 圈梁高度及配筋见表1-11所列,圈梁兼作过梁时按工程设计。

② 圈梁纵向钢筋搭接区箍筋均为 φ6@100。

③ 圈梁剖面如附图1-2-3、附图1-2-4所示。

④ 组合壁柱的配筋尚需计算确定。

附图1-2-2 无构造柱时板底圈梁连接节点(二)

砌体结构施工

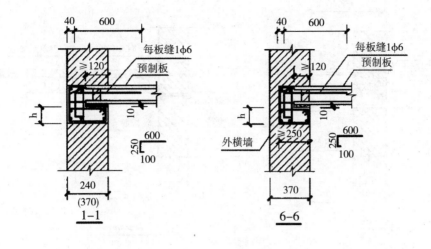

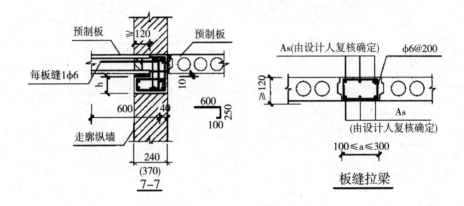

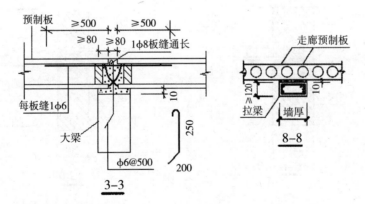

注：① 图中 h 为圈梁高度。

　② 圈梁高度及配筋见表 1-11 所列，圈梁兼作过梁时按工程设计。

　③ 房屋端部大房间的楼盖，6 度时房屋的屋盖和 7～9 度时房屋的楼、屋盖，当圈梁设在板底时，钢筋混凝土预制板应相互拉结，并应与梁、墙或圈梁拉结。

附图 1-2-3　板底圈梁与板的连接(一)

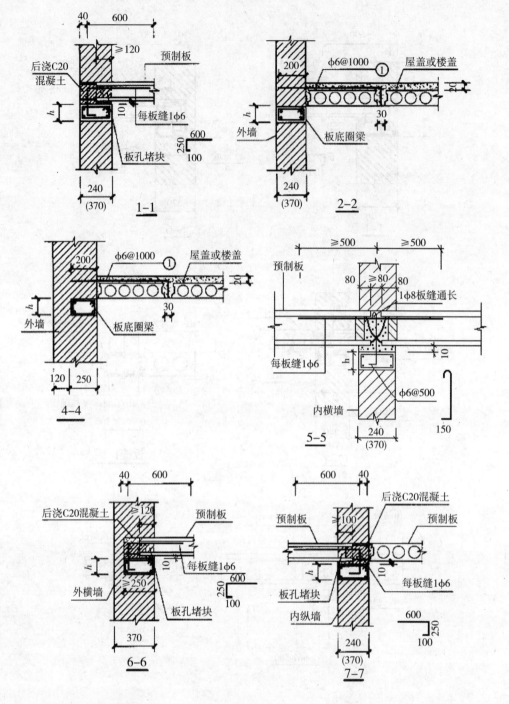

注：① 图中 h 为圈梁高度。

② 圈梁高度及配筋见表 1-11 所列，圈梁兼作过梁时按工程设计。

③ 房屋端部大房间的楼盖，6 度时房屋的屋盖和 7~9 度时房屋的楼、屋盖，当圈梁设在板底
时，钢筋混凝土预制板应相互拉结，并应与梁、墙或圈梁拉结。

附图 1-2-4 板底圈梁与板的连接（二）

砌体结构施工

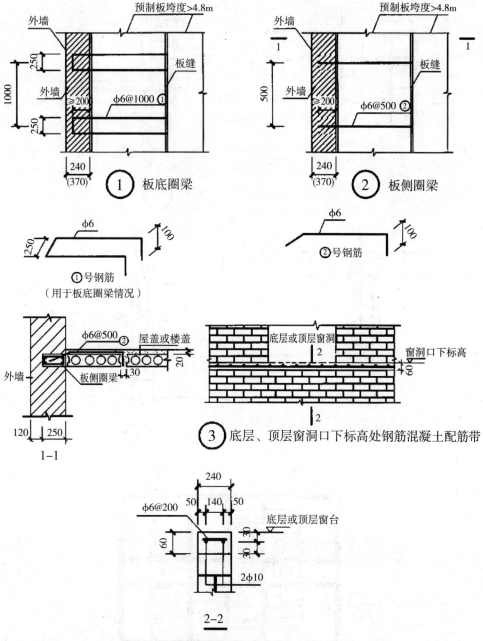

注：① 本页用于预制板跨度大于4.8m并与外墙平行时,靠外墙的预制板侧与外墙或圈梁的拉结。

② 拉结钢筋弯钩的板缝加宽为30mm,并采用大于等于C30细石混凝土或大于等于M7.5砌筑砂浆填灌实。

③ 板底圈梁剖面如附图1-2-4剖面2-2所示。

④ 节点③钢筋混凝土带用于横墙较少且层数接近表1-1规定的限值时的多层砖砌体房屋的底层和顶层窗台标高处。

附图1-2-5 预制板与外墙或圈梁的拉结、底层、顶层窗洞口下标高处钢筋混凝土配筋带

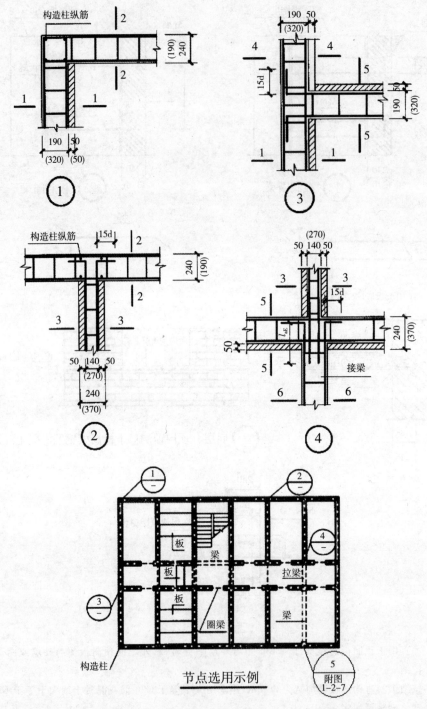

节点选用示例

注：① 圈梁用于硬架支模时截面见剖面详图,配筋见表1-11所列,圈梁兼过梁时按工程设计。

② 本页节点均用于硬架支模。

③ 剖面1-1~6-6如附图1-2-8所示。

④ 节点①190mm墙体构造柱做法见附图1-5-5节点3a。

附图1-2-6 板侧圈梁节点(一)

砌体结构施工

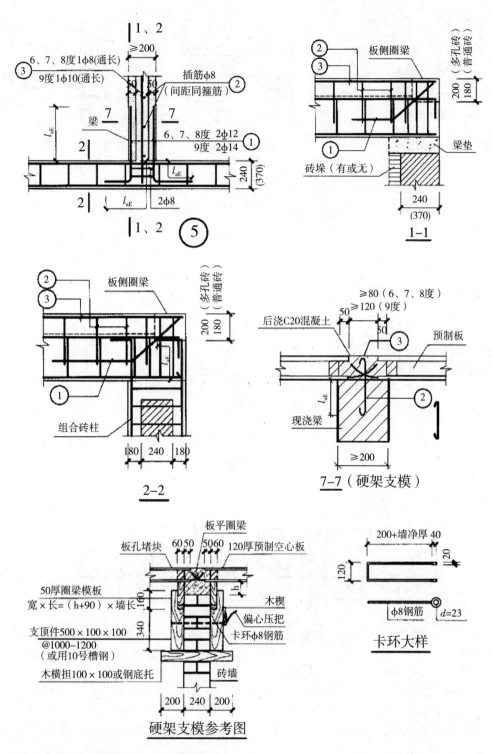

注：① 本图应与附图1-2-6配合使用。

② 圈梁高度用于硬架支模时见剖面图,配筋见表1-11,圈梁兼过梁时按工程设计。

附图1-2-7 板侧圈梁节点(二)

1 砌体结构工程基础知识

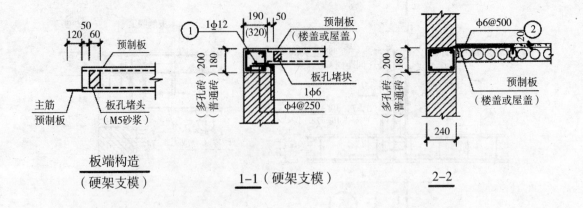

板端构造
（硬架支模）

1—1（硬架支模）

2—2

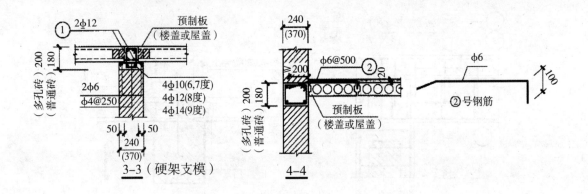

3—3（硬架支模）

4—4

②号钢筋

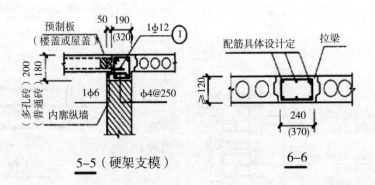

5—5（硬架支模）

6—6

注：1. 本图应与附图1－2－6配合使用。

2. 圈梁配筋见表1－11所列，圈梁兼作过梁时按工程设计。

3. 本图剖面1－1、3－3、5－5用于硬架支模。

4. ①号筋为通常筋，两端锚入外纵墙圈梁内500mm，并与板端钢筋隔根点焊，每块板至少点焊4根。

5. ②号筋用于房屋端部大房间的6度屋盖处和7～9度楼盖和屋盖处。

附图1－2－8　板侧圈梁与板的连接（三）

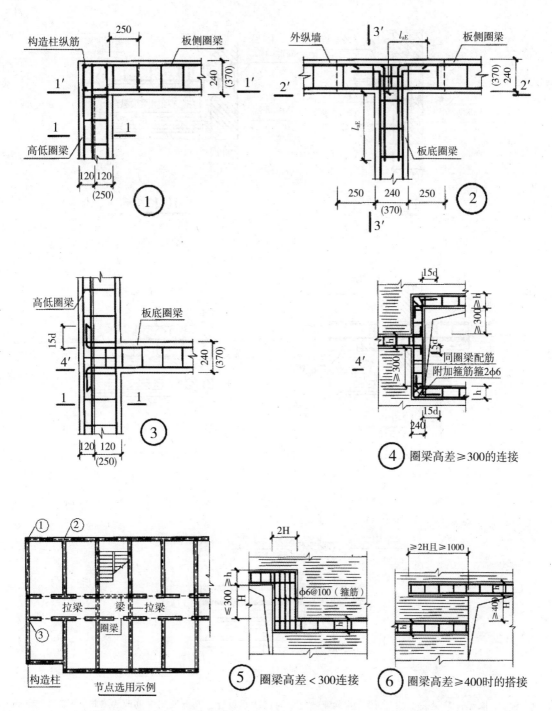

注:1. 圈梁配筋见表 1-11 所列,圈梁兼做过梁时按工程设计。

2. 剖面详图如附图 1-2-10 所示。

附图 1-2-9 高低圈梁节点(一)

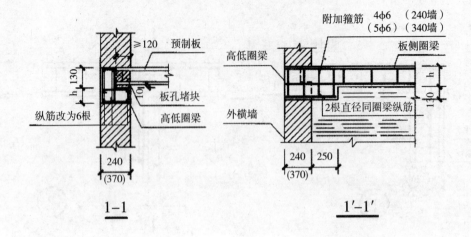

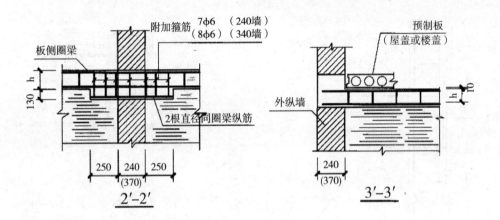

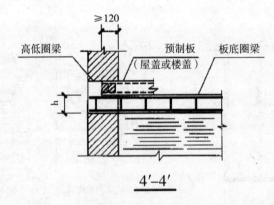

注：1. 圈梁配筋见表 1-11 所列，圈梁兼做过梁时按工程设计。高低圈梁纵筋改为 6 根，纵筋直径及箍筋见总说明。

2. h 为圈梁高度。

附图 1-2-10 高低圈梁节点(二)

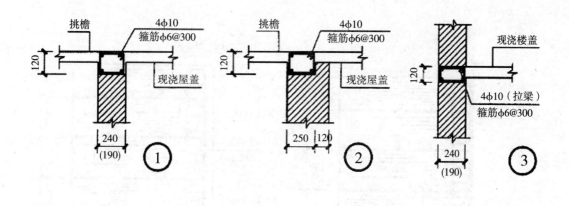

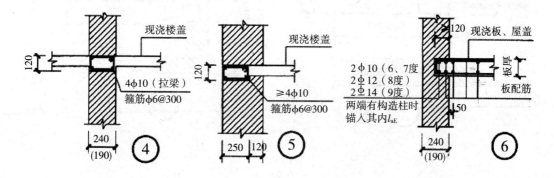

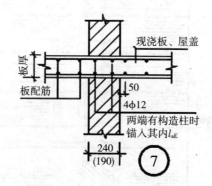

注：① 节点⑥⑦用于不设圈梁时，其余各图均为设圈梁情况。

　　② 圈梁兼作过梁时按工程设计。

　　③ 建筑工程设防分类为丙类多层砌体房屋，当横墙较少且总高度和层数接近或达到表1-1

　　　　规定的限值时，加强圈梁尚应满足：圈梁高度不小于150mm，上下纵筋各不应小于3φ10。

附图1-2-11　现浇板设圈梁与不设圈梁的构造

引自《建筑物抗震构造详图(多层砌体房屋和底部框架砌体房屋)》11G329-2

1　砌体结构工程基础知识

附录 1-3　构造柱底部连接做法

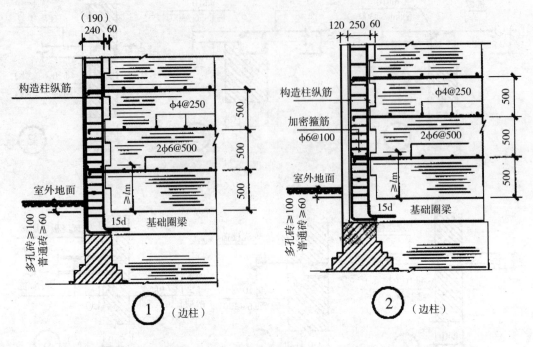

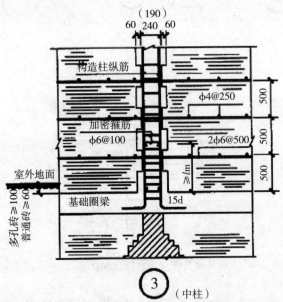

注:① 本图适用于构造柱锚固于埋深小于 500mm 的基础圈梁的情况。

② φ6@500 水平筋与 φ4@250 分布短筋平面内应点焊组成钢筋网片。

③ 构造柱纵筋的搭接长度,见表 1-14 所列。

附图 1-3-1　构造柱根部与基础圈梁连接做法

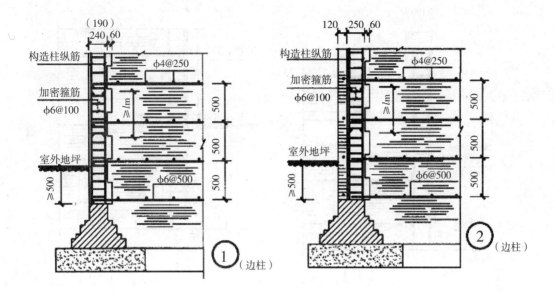

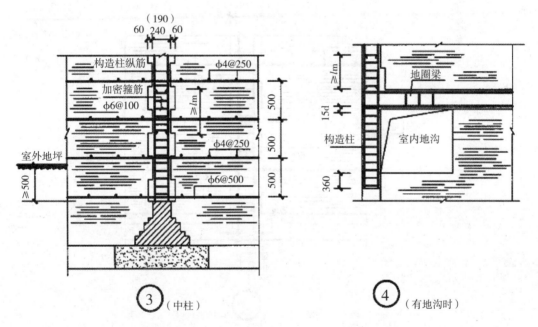

注:① 本图适用于未设置基础圈梁的砖砌体房屋。

② φ6@500 水平筋与 φ4@250 分布短筋平面内应点焊组成钢筋网片。

③ 本图适用于构造柱锚伸入室外地面下 500mm 的情况。

④ 有管道穿过时,该处的马牙槎上移或取消。

⑤ 构造柱纵筋的搭接长度,见表 1-14 所列。

附图 1-3-2 构造柱伸至室外地面 500 做法

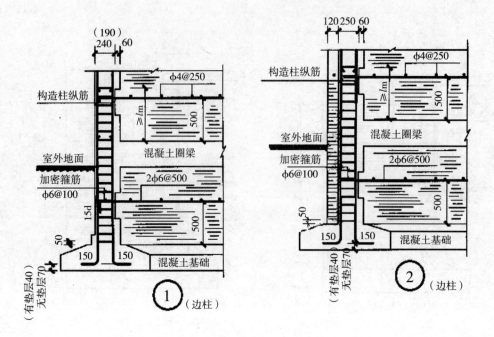

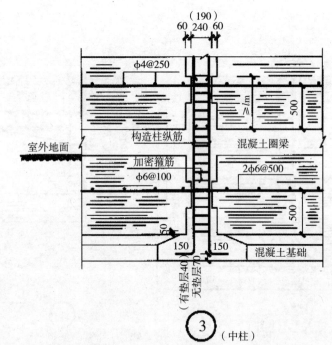

注：① 本图适用于混凝土基础砖砌体房屋。

② φ6@500 水平筋与 φ4@250 分布短筋平面内应点焊组成钢筋网片。

③ 高宽比值较大的楼房，构造柱的竖筋宜锚入基础内。

④ 构造柱纵筋的搭接长度，见表 1-14 所列。

附图 1-3-3　构造柱根部锚入基础做法

引自《建筑物抗震构造详图（多层砌体房屋和底部框架砌体房屋）》11G329-2。

砌体结构施工

附录 1-4 钢筋混凝土构造柱类别、最小截面和配筋

附表 1-4-1 钢筋混凝土构造柱类别、最小截面和配筋

类别	适用范围	适用部位	最小截面	纵向钢筋	箍筋直径	箍筋间距 加密区/非加密区	加密区范围
A	6、7度6层以下，8度5层以下的烧结普通砖、烧结多孔砖砌体	一般部位	180×240（砖砌体）180×190（小砌块砌体）	4φ12	φ6	100/250	节点上、下端500mm和1/6层高的大值
Aj	6、7度5层以下，8度4层以下的蒸压粉煤灰砂砖及混凝土小型空心砌块	砌体房屋四角 小砌块房屋外墙转角	240×240（砖砌体）180×190（小砌块砌体）	4φ14	φ6	100/200	节点上、下端500mm和1/6层高的大值
B	6、7度大于6层，8度大于5层及9度地区的烧结普通砖、烧结多孔砖	一般部位	180×240（砖砌体）180×190（小砌块砌体）	4φ14	φ6	100/200	节点上、下端500mm和1/6层高的大值
Bj	6、7度大于5层，8度大于4层及9度地区的蒸压灰砂砖、蒸压粉煤灰砖及混凝土砌块	砌体房屋四角 小砌块房屋外墙转角	240×240（砖砌体）180×190（小砌块砌体）	4φ16	φ6	100/150	节点上、下端500mm和1/6层高的大值
C	抗震设防分类为丙类，多层砖砌体房屋和多层小砌块房屋在横墙较小时，且房屋总高度和层高数接近达到或达到说明总表1限值时的中部构造柱	上部墙体中设置的中部构造柱	240×240（砖砌体）240×190（小砌块砌体）	4φ14	φ6	100/200	节点上端700mm 节点下端500mm和1/6层高的大值
Cb	C类边柱、底部框架-抗震墙砌体房屋的上部墙体的构造柱，不包括过渡层构造柱	C类小砌块房屋外墙转角构造柱	240×240（砖砌体）240×190（小砌块砌体）	4φ14	φ6	100/200	全高
Cj	C类砖砌体房屋的上部墙体的构造柱	C类砖墙-抗震墙砌体房屋中四角的构造柱	240×240（砖砌体）240×190（小砌块砌体）	4φ16	φ6	100/100	全高

注：1. 表中斜体 φ 仅表示各类普通钢筋的直径，不代表钢筋的材料性能和力学性能。

2. 底部框架-抗震墙砌体房屋过渡层墙体内的纵向构造柱配筋，6、7度时不宜少于 4φ16，8度时不宜少于 4φ18，其余同 C 类。

3. 蒸压灰砂砖、蒸压粉煤灰砖砌体房屋是指砌体的抗剪强度仅达到普通粘土砖砌体的 70%。

4. 构造柱与墙或墙连接处应砌成马牙槎。

附录 1-5　构造柱节点构造

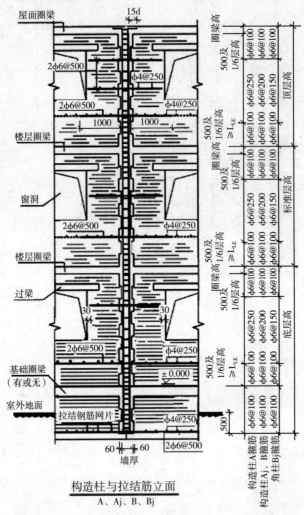

构造柱与拉结筋立面
A、Aj、B、Bj

注：① A、Aj、B、Bj 类构造柱适用范围见附录 1-4 附表 1-4-1 所列。
　　② 若具体工程已给出了构造柱的截面尺寸和配筋，则以具体给出为准。
　　③ 构造柱与墙连接处应砌成马牙槎，沿墙高每隔 500mm，设 2φ6 水平钢筋和 φ4 分布短钢筋平面内点焊组成的拉结网片，每边伸入墙内不小于 1m，6、7 度时底部 1/3 楼层，9 度时全部楼层，顶层楼梯间，突出屋顶的楼、电梯间上述钢筋网片应沿墙体水平通长设置；6、7 度时长度大于 7.2m 的大房间，以及 8、9 度时外墙转角处及内外墙交接处也应沿墙体水平通长设置，图中粗虚线为通长钢筋。
　　④ 马牙槎高度多孔砖不大于 300mm，普通砖不大于 250mm。
　　⑤ 构造柱纵筋的搭接长度，见表 1-14。

构造柱截面配筋表（一）

类别	截面	GZ1 （240×240）	GZ2 （240×300）	GZ3 （240×370）	GZ4 （190×190）
A	纵筋	4 Φ 12	4 Φ 12	6 Φ 12	4 Φ 12
	纵筋（加密区/非加密区）	φ6@100/250	φ6@100/250	φ6@100/250	φ6@100/250
Aj	纵筋	4 Φ 14	4 Φ 14	6 Φ 14	4 Φ 14
	纵筋（加密区/非加密区）	φ6@100/250	φ6@100/250	φ6@100/250	φ6@100/250

砌体结构施工

类别	截面	GZ1 （240×240）	GZ2 （240×300）	GZ3 （240×370）	GZ4 （190×190）
B	纵筋	4Φ14	4Φ14	6Φ14	4Φ14
	纵筋（加密区/非加密区）	φ6@100/250	φ6@100/250	φ6@100/250	φ6@100/250
Bj	纵筋	4Φ16	4Φ16	6Φ16	4Φ16
	纵筋（加密区/非加密区）	φ6@100/250	φ6@100/250	φ6@100/250	φ6@100/250

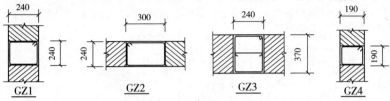

附图 1-5-1　多层砖砌体房屋构造柱的配筋及拉结筋构造（一）

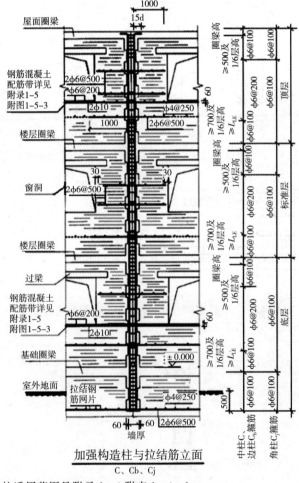

加强构造柱与拉结筋立面
C、Cb、Cj

注：① C、Cb、Cj 类构造柱适用范围见附录 1-4 附表 1-4-1。

②　房屋高度和层数接近表 1-1 的限值时，纵、横内构造柱（加强构造柱）的间距尚应符合下列要求：横墙内的构造柱间距不宜大于层高的 2 倍；下部 1/3 楼层的构造柱间距适当减小。当外纵墙的开间大于 3.9m 时，应另设加强措施，内纵墙的构造柱间距不宜大于 4.2m。

1. 构造柱搭接长度,见表1-14所列。

构造柱截面配筋表(一)

类别	截面	GZ5 (240×240)	GZ6 (240×300)	GZ7 (240×370)	GZ8 (240×190)
C	纵筋	4 Φ 14	4 Φ 14	6 Φ 12	4 Φ 14
	纵筋(加密区/非加密区)	φ6@100/200	φ6@100/200	φ6@100/200	φ6@100/200
Cb	纵筋	4 Φ 14	4 Φ 14	6 Φ 14	4 Φ 14
	纵筋(加密区/非加密区)	φ6@100/200	φ6@100/200	φ6@100/200	φ6@100/200
Cj	纵筋	4 Φ 16	4 Φ 16	6 Φ 14	4 Φ 16
	纵筋(加密区/非加密区)	φ6@100	φ6@100	φ6@100	φ6@100

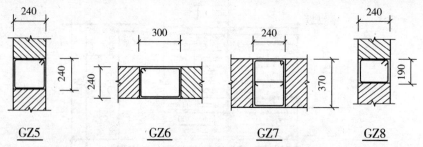

GZ5　　　　GZ6　　　　GZ7　　　　GZ8

附图1-5-2　多层砖砌体房屋构造柱的配筋及拉结筋构造(二)

③ 底层、顶层窗洞口下标高处钢筋混凝土配筋带

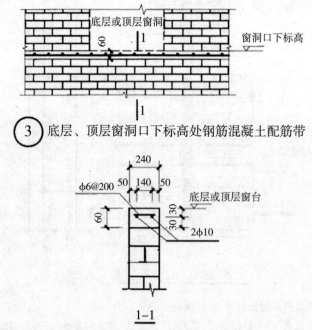

1—1

注:节点③钢筋混凝土带用于横墙较少且层数接近表1-1规定的限值时的多层砖砌体房屋
　　的底层和顶层窗台标高处。

附图1-5-3　多层砖砌体房屋的底层、顶层窗洞口标高处钢筋混凝土配筋带

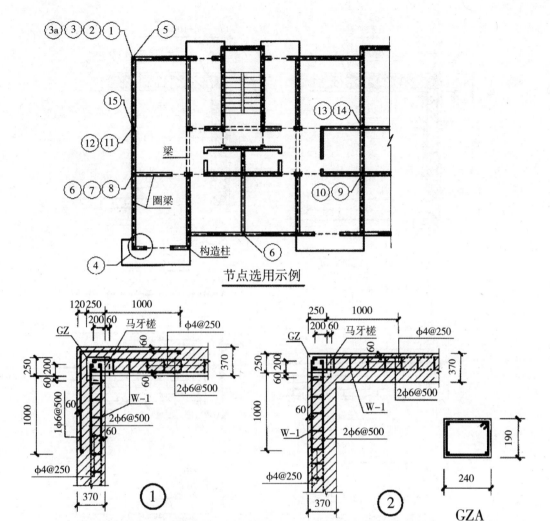

节点选用示例

①

②

GZA

注：① 构造柱与墙连接处应砌成马牙槎,沿墙高每隔500mm 设2φ6 水平筋与 φ4 分布短筋平面
　　 内应点焊组成的钢筋网片,每边伸入墙内不宜小于1m,6、7 度时底部 1/3 楼层,8 度时底
　　 部 1/2 楼层和9 度时全部楼层,上述拉结钢筋网片应沿墙体水平通长设置,图中虚线表示
　　 通长钢筋。

② 6、7 度时长度大于 7.2m 的大房间,以及 8、9 度时外墙转角处及内外墙交接处也应沿墙体
　　 内设置通长钢筋网片。

③ 当采用 HRB335、HRB400 级钢筋时,可不设 180°弯钩。

④ 构造柱最小配筋见附录1-4附表1-4-1。当具体工程另有标注时以工程设计为准。

⑤ 本图仅示意了 2φ6 拉结筋和 φ4 分布短筋平面内点焊组成的钢筋网片,实际工程中也可采
　　 用 φ4 点焊钢筋网片。

⑥ GZA 用于丙类的多层砖砌体房屋,当横墙较少且总高度和层数接近或达到表1-1规定的
　　 限值时 190mm 墙体。

⑦ W1 如附图1-5-5所示。

附图1-5-4　墙体钢筋网片与构造柱连接节点(一)

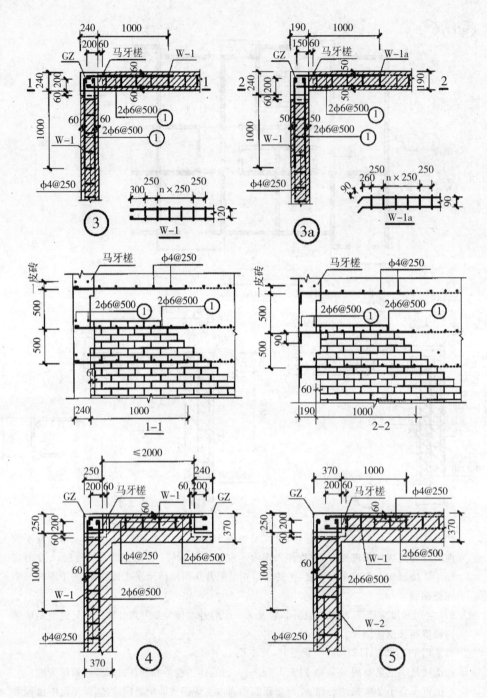

注:① 仅示意了 2φ6 水平钢筋和 φ4 分布短筋平面内点焊组成的拉结网片,实际工程中可根据需
要采用 3φ6 水平钢筋和 φ4 分布短筋平面内点焊组成的拉结网片。

② 其余说明如附图 1-5-4 所示。

③ W2 如附图 1-5-8 所示。

附图 1-5-5 墙体钢筋网片与构造柱连接节点(二)

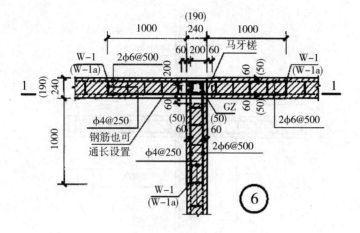

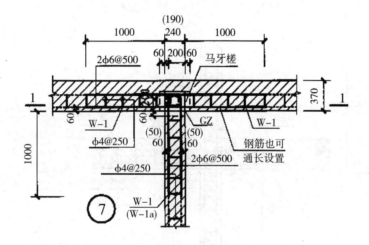

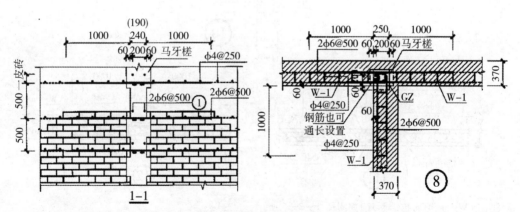

注:① 丙类的多层砖砌体房屋,当横墙较少且总高度和层数接近或达到表1-1规定的限值时,
190mm墙体构造柱做法见附图1-5-4中GZA。

② 说明如附图1-5-4、附图1-5-5所示。

附图1-5-6 墙体钢筋网片与构造柱连接节点(三)

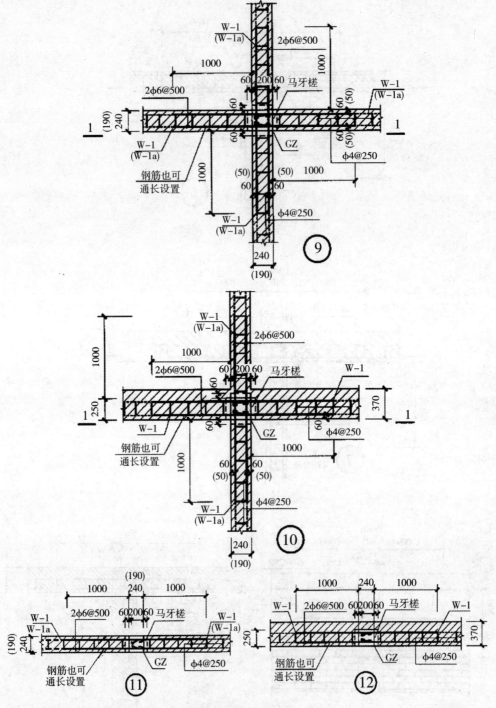

注：① W—1（钢筋拉结网片）如附图1-5-5所示。

② 1—1剖面详图如附图1-5-6所示。

③ 其他说明如附图1-5-4、1-5-5所示。

④ 图中只标注了一个方向拉结网片的锚固，另一方向锚固方法相同。

附图1-5-7　墙体钢筋网片与构造柱连接节点（四）

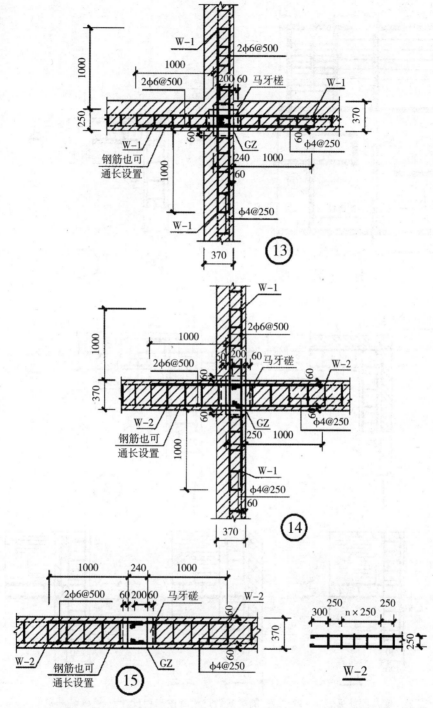

注:① W—1(钢筋拉结网片)如附图1-5-5所示。

　② 其他说明如附图1-5-4、图1-5-5所示。

　③ 图中只标注了一个方向拉结网片的锚固,另一方向锚固方法相同。

附图1-5-8　墙体钢筋网片与构造柱连接节点(五)

1　砌体结构工程基础知识

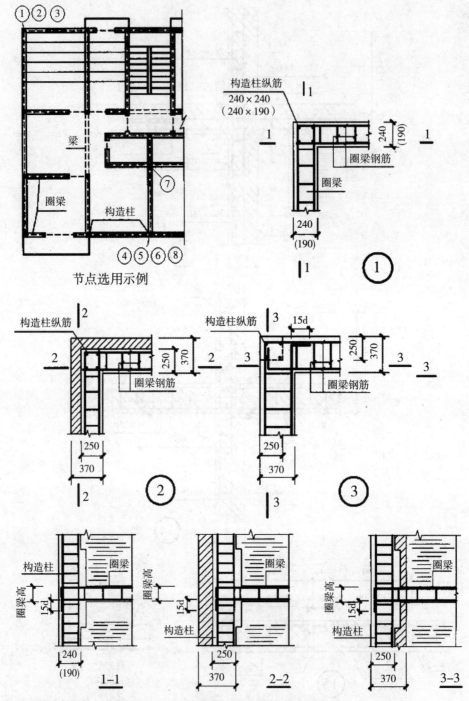

节点选用示例

注：① 圈梁高度及配筋见表 1-11 所列，圈梁兼做过梁时按工程设计。

② 构造柱的配筋如附图 1-5-1、附图 1-5-2 所列。

③ 亦适用于现浇板中的圈梁与构造柱及拉梁与构造柱的连接。

④ 节点①190mm 墙体构造柱做法见附图 1-5-5 节点㉟。

图 1-5-9 圈梁与构造柱连接节点(一)

砌体结构施工

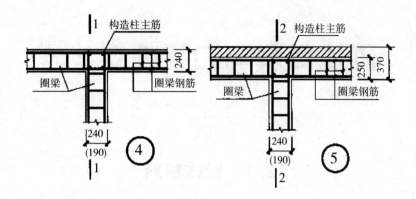

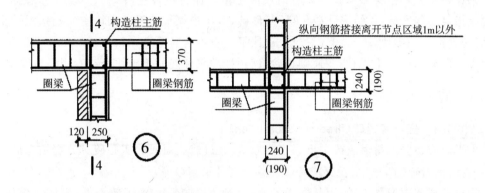

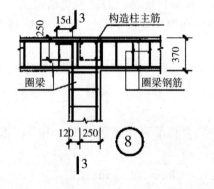

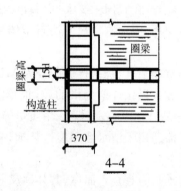

注：① 圈梁高度及配筋见表 1－11 所列,圈梁兼做过梁时按工程设计。

② 亦适用于现浇板中的圈梁与构造柱及拉梁与构造柱的连接。

③ 构造柱主筋从圈梁纵筋内侧穿过。

④ 构造柱剖面 1－1、2－2、3－3 如附图 1－5－9 所示。

图 1－5－10 圈梁与构造柱连接节点(二)

引自《建筑物抗震构造详图(多层砌体房屋和底部框架砌体房屋)》11G329－2。

2 砌体材料与力学性能

2.1 砌体材料

砌体材料主要指块体和砂浆。所谓块体是指砌体所用各种砖、石、小砌块的总称。砖主要是指烧结普通砖、烧结多孔砖、蒸压灰砂砖、蒸压粉煤灰砖等。砌块主要是指混凝土砌块、轻骨料混凝土砌块、轻质加气混凝土砌块等。石主要有毛石和料石。

砌筑砂浆的种类主要有：普通砌筑砂浆、预拌砂浆和混凝土砌块(砖)专用砌筑砂浆。

2.1.1 砖

2.1.1.1 烧结普通砖(fired common brick)

由煤矸石、页岩、粉煤灰或黏土为主要原料，经过焙烧而成的实心砖。分烧结煤矸石砖(M)、烧结页岩砖(Y)、烧结粉煤灰砖(F)、烧结黏土砖(N)等。

烧结普通砖中的黏土砖，因其毁田取土，能耗大、块体小、施工效率低，砌体自重大，抗震性差等缺点，在我国主要大、中城市及地区已被禁止使用。需重视烧结多孔砖、烧结空心砖的推广应用，因地制宜地发展新型墙体材料，利用工业废料生产粉煤灰砖、煤矸石砖、页岩砖等。

根据抗压强度，烧结普通砖分为 MU30、MU25、MU20、MU15、MU10 五个强度等级。

强度和抗风化性能合格的砖，根据尺寸偏差、外观质量，泛霜和石灰爆裂分为优等品(A)、一等品(B)、合格品(C)三个质量等级。

优等品适用于清水墙和墙体装饰，一等品、合格品可用于混水墙。中等泛霜的砖不能用于潮湿部位。

砖的外形为直角六面体，其公称尺寸为：长 240mm、宽 115mm、高 53mm。

砖根据它的表面大小不同，分大面(240mm×115mm)、条面(240mm×53mm)和丁面(115mm×53mm)。

在砌筑时有时要砍砖，按尺寸不同分为"七分头"(也称七分找)、"半砖"、"二寸条"、"二寸头"(也称二分找)，如图 2-1 所示。

砖的产品标记按产品名称、规格、品种、强度等级、质量等级和标准编号顺序编写。

标记示例：规格 240mm×115mm×53mm，强度等级 MU15，一等品的黏土砖，其标记为：

烧结普通砖 N MU15 B GB/T 5101

烧结普通砖的技术要求有：尺寸偏差、外观质量、强度、抗风化性能、泛霜、石灰爆裂。

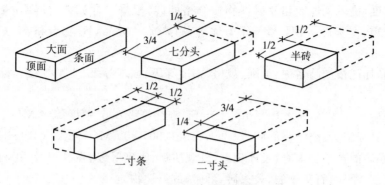

图 2-1 烧结普通砖

烧结普通砖技术要求和产品标志、包装、运输参见《烧结普通砖》GB 5101。

2.1.1.2 烧结多孔砖(fired perforated brick)

以煤矸石、页岩、粉煤灰或黏土为主要原料,经焙烧而成、孔洞率大于等于 28%,按主要原料砖分为黏土砖和黏土砌块(N)、页岩砖和页岩砌块(Y)、煤矸石砖和煤矸石砌块(M)和粉煤灰砖和煤粉灰砌块(F)、淤泥砖和淤泥砌块(U)、固体废弃物砌砖和固体废弃物砌块(G)。

多孔砖大面有孔,孔多而小,孔洞垂直于大面(即受压面),主要用于承重部位的砖(图2-2)。

烧结多孔砖的规格尺寸(长度、宽度、高度):290、240、190、180、140、115、90(mm)。

根据抗压强度,烧结多孔砖分为 MU30、MU25、MU20、MU15、MU10 五个强度等级。

根据砖的密度,分为 1000、1100、1200、1300 四个密度等级。

砖的产品标记按产品名称、品种、规格、强度等级、密度等级和标准编号顺序编写。

标记示例:规格 290mm×140mm×90mm、强度等级 MU25、密度 1200 级的黏土烧结多孔砖,其标记为:

烧结多孔砖 N 290×140×90 MU25 1200 GB 13544-2011

烧结多孔砖的技术要求有:尺寸偏差、外观质量、密度等级、强度等级、孔型孔结构及孔洞率、抗风化性能、泛霜、石灰爆裂、放射性核素限量。

烧结多孔砖技术要求和产品标志、包装、运输参见《烧结多孔砖和多孔砌块》GB13544。

2.1.1.3 烧结空心砖

简称空心砖,是指以页岩,煤矸石或粉煤灰为主要原料,经焙烧而成的具有竖向孔洞(孔洞率不小于 40%)的砖。按主要原料分为黏土砖(N)、页岩砖(Y)、煤矸石砖(M)、粉煤灰砖(F)。其外形尺寸,长度为 390,290,240,190,180(175),140mm,宽度为 190,180(175),140,115mm,高度为 180(175),140,115,90。由两两相对的丁面、大面及条面组成直角六面体(图 2-3)。

用烧结多孔砖和烧结空心砖代替烧结普通砖,可使建筑物自重减轻 30% 左右,节约黏土 20%~30%,节省燃料 10%~20%,墙体施工功效提高 40%,并改善砖的隔热隔声性能。

根据抗压强度,烧结空心砖分为 MU10.0、MU7.5、MU5.0、MU3.5 四个强度等级。

体积密度分为 800 级、900 级、1000 级、1100 级。

强度、密度、抗风化性能和放射性物质合格的砖,根据尺寸偏差、外观质量、孔洞排列及其结构、泛霜、石灰爆裂、吸水率分为优等品(A)、一等品(B)和合格品(C)三个质量等级。

砖的产品标记按产品名称、类别、规格、密度等级、强度等级、质量等级和标准编号顺序编写。

示例:规格尺寸 290mm×190mm×90mm、密度等级 800、强度等级 MU7.5、优等品的页岩空心砖,其标记为:烧结空心砖 Y(290×190×90) 800 MU7.5A GB13545

烧结空心砖的技术要求有:尺寸偏差、外观质量、密度等级、强度等级、孔洞排列及其结构、抗风化性能、泛霜、石灰爆裂、欠火砖、酥砖、放射性物质。

烧结空心砖和空心砌块技术要求和产品标志、包装、运输参见《烧结空心砖和空心砌块》GB 13545。

图 2-2　烧结多孔砖　　　　　　　　图 2-3　烧结空心砖

2.1.1.4　蒸压灰砂砖(autoclaved sand-lime brick)

以石灰等钙质材料和砂等硅质材料为主要原料,经坯料制备、压制排气成型、高压蒸汽养护而成的实心砖。

蒸压灰砂砖的抗冻性、耐蚀性、抗压强度等多项性能都优于实心黏土砖。砖的规格尺寸与普通实心黏土砖完全一致,为 240mm×115mm×53mm,所以用蒸压灰砂砖可以直接代替实心黏土砖。

根据抗压强度和抗折强度分为:MU25、MU20、MU15、MU10 四个强度等级。

根据尺寸偏差和外观质量、强度及抗冻性分为优等品(A)、一等品(B)、合格品(C)。

MU15、MU20、MU25 的砖可用于基础及其他建筑;MU10 的砖仅可用于防潮层以上的建筑。

蒸压灰砂砖不得用于长期受热 200℃ 以上,受急冷急热和有酸性介质侵蚀的建筑部位。

蒸压灰砂砖技术要求和产品标志、包装、运输参见《蒸压灰砂砖》GB 11945。

2.1.1.5　蒸压粉煤灰砖(autoclaved flyash-lime brick)

以粉煤灰、生石灰为主要原料,可掺加适量石膏等外加剂和其他集料,经坯料制备、压制成型、高压蒸汽养护而成的砖,产品代号 AFB。

蒸压粉煤灰砖的尺寸与普通实心黏土砖完全一致,为 240mm×115mm×53mm,所以用蒸压粉煤灰砖可以直接代替实心黏土砖。

蒸压粉煤灰砖的强度等级分为 MU30、MU25、MU20、MU15、MU10 五级。

粉煤灰砖技术要求和产品标志、包装、运输参见《粉煤灰砖》JC239。

2.1.1.6 混凝土砖(concrete brick)

分为混凝土实心砖和混凝土空心砖。

图 2-4 混凝土实心砖

① 混凝土实心砖(solid concrete brick)是以水泥、骨料,以及根据需要加入的掺合料、外加剂等,经加水搅拌、成型、养护制成的混凝土实心砖。混凝土实心砖的主要规格尺寸为:240mm×115mm×53mm(图 2-4)。其他规格由供需双方协商确定。根据抗压强度,混凝土实心砖分为 MU40、MU35、MU30、MU25、MU20、MU15 六个等级。

按混凝土自身的密度分为 A 级(≥2 100kg/m³)、B 级(1681kg/m³~2099kg/m³)和 C 级(≤1680kg/m³)三个密度等级。

代号和标记:

(1)混凝土实心砖的代号为 SCB。

(2)产品按下列顺序进行标记:代号、规格尺寸、强度等级、密度等级和标准编号。

标记示例:

规格为 240mm×115mm×53mm、抗压强度等级 MU25、密度等级 B 级、合格的混凝土砖;

SCB 240mm×115mm×53mm MU25 B GB/T 21144-2007

混凝土实心砖的技术要求有:尺寸偏差、外观质量、密度等级、强度等级、最大吸水率、干燥收缩率和相对含水率、抗冻性、碳化系数和软化系数、放射性核素限量。

混凝土实心砖技术要求和产品标志、堆放和运输见参《混凝土实心砖》GB/T 21144。

② 混凝土多孔砖

以水泥为胶结材料,以砂、石等为主要集料,加水搅拌、成型、养护制成的一种多排小孔的混凝土砖。

混凝土多孔砖的外形为直角六面体,长度为 360、290、240、190、140(mm),宽度为 240、190、115、90(mm),高度为 115、90(mm)。最小外壁厚不应小于 18mm,最小肋厚不应小于 15mm。

根据抗压强度,混凝土多孔砖分为 MU15、MU20、MU25 三个等级。

混凝土多孔砖技术要求和产品标志、包装、运输参见《承重混凝土多孔砖》GB 25779。

2.1.2 砌块

2.1.2.1 普通混凝土小型空心砌块(normal concrete small block)

以水泥、矿物掺合料、砂、石、水等为原材料,经搅拌、振动成型、养护等工艺制成的小型砌块,包括空心砌块和实心砌块。

图 2-5　主块型砌块

主块型砌块:块体的外形宜为直角六面体,长度尺寸为 400mm 减砌筑时竖灰缝厚度,砌块高度尺寸为 200mm 减砌筑时水平灰缝厚度,条面封闭完好(图 2-5)。

辅助砌块:与主块型砌块配套使用的、特殊形状与尺寸的砌块,分为空心和实心两种,包括各种异形砌块,如圈梁砌块、一端开口的砌块、七分头块、半块等。

免浆砌块:砌块砌筑(垒砌)成墙片过程中,无须使用砌筑砂浆,块与块之间主要靠榫槽结构相连的砌块。

常用块型的规格尺寸:长度,390mm;宽度,90mm、120mm、140mm、190mm、240mm、290;mm 高度 90mm、140mm、190mm。其他规格尺寸可由供需双方协商。采用薄灰缝砌筑的块型,相关尺寸可作相应调整。

砌块按空心率分为空心砌块(空心率不小于 25％,代号 H)和实心砌块(空心率小于 25％,代号 S)。

砌块按使用时砌筑墙体的结构和受力情况,分为承重结构砌块(代号:L。简称承重砌块)、非承重结构砌块(代号:N。简称非承重砌块)。

常用的辅助砌块代号分别为:半块——50,七分头——70,圈梁块——U,清扫空块——W。

砌块按下列顺序标记,砌块种类、规格尺寸、强度等级(MU)、标准代号。

标记示例:

(1)规格尺寸 390mm×190mm×190mm、强度等级 MU15.0、承重结构用实心砌块,其标记为:

LS 390×190×190 MU15.0GB/T 8239－2014。

(2)规格尺寸 395mm×190mm×194mm、强度等级 MU5.0、非承重结构用空心砌块,其标记为:

NH 395×190×194 MU5.0GB/T 8239－2014。

(3)规格尺寸 190mm×190mm×190mm、强度等级 MU15.0、承重结构用的半块砌块,其标记为:

LH50 190×190×190 MU15.0GB/T 8239－2014。

普通混凝土小型砌块的技术要求有:尺寸偏差、外观质量、空心率、外壁和肋厚、强度等级、吸水率、抗冻性、碳化系数、软化系数、放射性核素限量。

普通混凝土小型砌块的规格、种类、等级和标记,原材料、技术要求、试验方法及堆放和运输要求参见《普通混凝土小型砌块》GB/T 8239。

2.1.2.2 轻集料混凝土小型空心砌块

轻集料混凝土是指用轻粗集料、轻砂(或普通砂)、水泥和水等原料配制而成的干表观密度不大于1950kg/m³ 的混凝土。

用轻集料混凝土制成的小型空心砌块叫轻集料混凝土小型空心砌块。

按轻集料种类分为:人造轻集料(页岩陶粒、黏土陶粒、粉煤灰陶粒、大颗粒膨胀珍珠岩)、天然轻集料(浮石、火山渣)、工业废料轻集料(自然煤矸石、煤渣)等配制的混凝土小砌块。按用途分为:保温型、承重保温型、承重型轻集料小砌块。按砌块孔的排列分为:实心、单排孔、多排孔小砌块。

按砌孔的排数分类为:单排孔、双排孔、三排孔和四排孔等。

按砌块密度等级分为700、800、900、1000、1200、1300、1400七级。

根据砌块强度等级分为 MU2.5、MU3.5、MU5.0、MU7.5、MU10.0 五级。

轻集料混凝土小型空心砌块(LB)按代码、类别(孔的排数)、密度等级、强度等级,标准编号的顺序进行标记。

示例:符合 GB/T 15229,双排孔,800 密度等级,3.5 强度等的轻集料混凝土小型空心砌块标记为:

$$\text{LB 2 800 MU3.5 GB/T15229}-2011$$

标记中各要素的含义如下:

LB——轻集料混凝土小型空心砌块;

2——双排孔;

800——密度等级为800;

MU3.5——强度等级为 MU3.5。

轻集料混凝土小型空心砌块的技术要求有:尺寸偏差和外观质量、强度等级、吸水率、干缩率和相对含水率、碳化系数和软化系数、抗冻性、放射性核素限量。

轻集料混凝土小型空心砌块技术要求和产品标志、堆放和运输参见《轻集料混凝土小型空心砌块》GB/T 15229。

注意:

① 粉煤灰砌块和矿渣砌块有释放放射元素氡的可能性,不是一种理想的绿色建材。

② 混凝土砌块的导热系数较大,砌块的连接不好做,容易渗漏,开裂(粉煤灰砌块的抗裂,抗渗性能较好)。

③ 需用专用的混凝土砌块砂浆砌筑。强度等级与普通砂浆相同,但专用砂浆和普通砂浆相比,多了一些外加剂,如减水剂、缓凝剂、促凝剂,还有颜料等。

④ 墙体不应采用非蒸压硅酸盐砖(砌块)及非蒸压加气混凝土制品。设计地面以下有防潮要求,不得采用空心砖或多孔砖,而应采用实心砖(黏土实心砖或水泥实心砖,页岩实心砖),当地可能习惯不一样。

---

2 砌体材料与力学性能

地震区不得采用蒸压类空心砖或多孔砖。

烧结普通砖的盐析现象:如图2-6所示,砖在使用过程中的盐析现象称为泛霜。由于砖内含有硫酸钠等可溶性盐,这些可溶性盐受潮吸水溶解后,随水分蒸发向砖表面迁移,并在过饱和下结晶析出,产生膨胀,从而使砖表面结构疏松,导致砖的强度降低。泛霜还会导致砖面与砂浆抹面层剥离。

图2-6　烧结普通砖的盐析泛霜现象

因此,《烧结普通砖》(GB 5101)技术要求中规定优等品无泛霜,一等品不允许出现中等泛霜;合格品不允许出现严重泛霜。

根据《砌体结构设计规范》(GB 5003),设计使用年限为50年时,砌体材料的耐久性应符合下列规定。

(1)地面以下或防潮层以下的砌体、潮湿房间的墙或环境类别2的砌体,所用材料的最低强度等级应符合表2-1的要求。

表2-1　地面以下或防潮层以下的砌体、潮湿房间的墙所用材料的最低强度等级

潮湿程度	烧结普通砖	混凝土普通砖、蒸压普通砖	混凝土砌块	石材	水泥砂浆
稍潮湿的	MU15	MU20	MU7.5	MU30	M5
很潮湿的	MU20	MU20	MU10	MU30	M7.5
含水饱和的	MU20	MU25	MU15	MU40	M10

注:① 在冻胀地区,地面以下或防潮层以下的砌体,不宜采用多孔砖,如采用时,其孔洞应用不低于M10水泥砂浆预先灌实。当采用混凝土实心砌块砌体时,其孔应采用强度等级不低于Cb20的混凝土预先灌实。

② 对安全等级为一级或设计使用年限大于50年的房屋,表中材料强度等级应至少提高一级。

③ 混凝土砌块的强度等级不应低于MU15,灌孔混凝土的强度等级不应低于Cb30,砂浆的强度等级不应低于Mb10。

④ 应根据环境条件对砌体材料的抗冻指标、耐酸、耐碱性能提出要求,或符合有关规范的要求。

(2)处于环境类别3~5等有侵蚀性介质的砌体材料应符合下列要求。

① 不应采用蒸压灰砂砖、蒸压粉煤灰砖。

② 应采用实心砖,砖的强度等级不应低于MU20,水泥砂浆的强度等级不应低于M10。

根据《墙体材料应用统一技术规范》GB 50574的规定,块体材料的外形尺寸除应符合建筑模数要求外,尚应符合下列规定:

① 非烧结含孔块材的孔洞率、壁及肋厚度等应符合表2-2的要求。

② 承重烧结多孔砖的孔洞率应大于35%。

③ 承重单排孔混凝土小型空心砌块的孔型,应保证其砌筑时上下皮砌块的孔与孔相对;多孔砖及自承重单排孔小砌块的孔型宜采用半盲孔。

④ 薄灰缝砌体结构的块体材料,其块型外观几何尺寸误差不应超过±1.0mm。

⑤ 蒸压加气混凝土砌块长度尺寸应为负误差,其值不应大于5.0mm。

⑥ 蒸压加气混凝土砌块不应有未切割面,其切割面不应有切割附着屑。

表2-2　非烧结含孔块材的孔洞率、壁及肋厚度要求

块体材料类型及用途		孔洞率(%)	最小外壁厚(mm)	最小肋厚(mm)	其他要求
含孔砖	用于承重墙	≤35	15	15	孔的长度与宽度比应小于2
	用于自承重墙	——	10	10	——
砌块	用于承重墙	≤47	30	25	孔的圆角半径不应小于20mm
	用于自承重墙	——	15	15	——

注:① 承重墙的混凝土多孔砖的孔洞应垂直于铺浆面。当孔的长度与宽度比不小于2时,外壁的厚度不应小于18mm;当孔的长度与宽度比小于2时,外壁的厚度不应小于15mm。

② 承重含孔块材,长度方向的中部不得设孔,中肋厚度不宜小于20mm。

块体材料强度等级应符合下列规定:

① 产品标准除应给出抗压强度等级外,尚应给出其变异系数的限值;

② 承重砖的折压比不应小于表2-3的要求;

③ 蒸压加气混凝土劈压比不应小于表2-4的要求;

④ 块体材料的最低强度等级应符合表2-5的要求。

表2-3　承重砖的折压比

砖种类	高度 mm	砖强度等级				
		MU30	MU25	MU20	MU15	MU10
		折压比				
蒸压普通砖	53	0.16	0.18	0.20	0.25	—
多孔砖	90	0.21	0.23	0.24	0.27	0.32

注:① 蒸压普通砖包括蒸压灰砂实心砖和蒸压粉煤灰实心砖;

② 多孔砖包括烧结多孔砖和混凝土砖。

表 2-4 蒸压加气混凝土的劈压比

强度等级	A3.5	A5.0	A7.5
劈压比	0.16	0.12	0.10

注:蒸压加气混凝土劈压比为试件劈拉强度平均值与其抗压强度等级之比。

表 2-5 块体材料的最低强度等级

块体材料用途及类型		最低强度等级	备注
承重墙	烧结普通砖、烧结多孔砖	MU10	用于外墙及潮湿环境的内墙时,强度应提高一个等级
	蒸压普通砖、混凝土砖	MU15	
	普通、轻集料混凝土空心砌块	MU7.5	以粉煤灰做掺合料时,粉煤灰的品质、取代水泥最大限量应符合《用于水泥和混凝土中的粉煤灰》GB/T1596、《粉煤灰混凝土应用技术规程》GBJ146 和《粉煤灰在混凝土和砂浆中应用技术规程》JGJ28 的有关规定
	蒸压加气混凝土砌块	A5.0	
承重墙	轻集料混凝土空心砌块	MU3.5	用于外墙及潮湿环境的内墙时,强度等级不应低于 MU5.0。全烧结陶粒保温砌块不应低于 MU2.5,密度不应大于 800kg/m³
	蒸压加气混凝土砌块	A2.5	用于外墙时,强度等级不应低于 A3.5
	烧结空心砖和空心砌块、石膏砌块	MU3.5	用于外墙及潮湿环境的内墙时,强度等级不应低于 MU5.0

注:① 防潮层以下应采用实心砖或预先将孔灌实的多孔砖(空心砌块);
② 水平孔块体材料不得用于承重砌体。

块体材料物理性能应符合下列要求:
① 材料标准应给出吸水率和干燥收缩率限值;
② 碳化系数不应小于 0.85;
③ 软化系数不应小于 0.85;
④ 抗冻性能应符合表 2-6 的规定;
⑤ 线膨胀系数不宜大于 $1.0×10^{-5}/℃$。

表 2-6 块体材料抗冻性能

适用条件	抗冻指标	质量损失(%)	强度损失(%)
夏热冬暖地区	F15	≤5	≤25
夏热冬冷地区	F25		
寒冷地区	F35		
严寒地区	F50		

注:F15、F25、F35、F50 分别指冻融循环 15 次、25 次、35 次、50 次。

2.1.3 石

石材按其加工后的外形规则程度,可分为毛石和料石。

2.1.3.1 毛石

形状不规则,中部厚度不应小于 200mm。

2.1.3.2 料石

料石(dressed stone,也称条石)是由人工或机械开拆出的较规则的六面体石块,用来砌筑建筑物用的石料。按其加工后的外形规则程度可分为:毛料石、粗料石、半细料石和细料石四种。按形状可分为:条石、方石及拱石。

1)料石的类别

(1)细料石:通过细加工,外表规则,叠砌面凹入深度不应大于 10mm,截面的宽度、高度不宜小于 200mm,且不宜小于长度的 1/4。

(2)粗料石:规格尺寸同上,但叠砌面凹入深度不应大于 20mm。

(3)毛料石:外形大致方正,一般不加工或仅稍加修整,高度不应小于 200mm,叠砌面凹入深度不应大于 25mm。

2)石材的强度等级

石材的强度等级,可用边长为 70mm 的立方体试块的抗压强度表示。抗压强度取三个试件破坏强度的平均值。试件也可采用表 2-7 所列边长尺寸的立方体,但应对其试验结果乘以相应的换算系数后方可作为石材的强度等级。

表 2-7　石材强度等级的换算系数

立方体边长(mm)	200	150	100	70	50
换算系数	1.43	1.28	1.14	1	0.86

石砌体中的石材应选用无明显风化的天然石材。

2.1.4 砌筑砂浆

砌筑砂浆是由无机胶凝材料(水泥、石灰、石膏、黏土等)、细骨料(砂)、水以及根据需要掺入的掺合料和外加剂等,按照一定的比例混合后搅拌而成的一种黏结材料。

砂浆的作用是将单块的块体黏结为砌体,提高砌体的强度和稳定性;抹平块体表面,使块体在砌体中受力比较均匀;填充块体之间的缝隙,提高了砌体的保温、隔热、隔音、防潮、防冻等性能。

2.1.4.1 普通砌筑砂浆

普通砌筑砂浆主要由水泥、砂、矿物掺和料、水经砂浆搅拌机搅拌混合而成。用于黏结各种砖、石块、砌块、混凝土构件。

1)分类

常用的砂浆有水泥砂浆、混合砂浆、石灰砂浆和黏土砂浆。

(1)水泥砂浆

由水泥、砂加水拌和而成,属水硬性材料,强度高,但可塑性和保水性较差,适应砌筑潮湿环境下的砌体,如地下室、砖基础等。

（2）石灰砂浆

石灰＋砂＋水组成的拌合物。石灰砂浆是由石灰膏和砂子按一定比例搅拌而成的砂浆,石灰砂浆完全靠石灰的气硬而获得强度,遇水强度即降低,石灰砂浆仅用于强度要求低、干燥环境。

（3）混合砂浆

由水泥、石灰膏、砂加水拌和而成。既有较高的强度,也有良好的可塑性和保水性,故广泛应用于地上干燥环境的砌体中。

（4）黏土砂浆

黏土砂浆是由黏土加砂加水拌和而成或由黏土加水拌合而成,强度很低,仅适于土坯墙的砌筑,多用于临时建筑。

（5）其他砂浆

① 防水砂浆。在水泥砂浆中加入3％～5％的防水剂制成防水砂浆。它应用于需要防水的砌体(例如地下室、砖砌水池和化粪池等),也广泛用于房屋的防潮层。

② 嵌缝砂浆。一般使用水泥砂浆,也有用石灰砂浆的。其主要特点是砂子必须采用细砂或特细砂,以利于勾缝。

③ 聚合物砂浆。它是一种掺入一定量高分子聚合物的砂浆,一般用于有特殊要求的砌筑物。

2）砂浆强度等级

砌筑砂浆的强度用强度等级来表示。砂浆强度等级是以边长为70.7mm的立方体试块,在标准养护条件(温度20±2℃、相对湿度为90％以上)下,用标准试验方法测得28d龄期的抗压强度值(单位为MPa)确定。

抗压强度是划分砂浆等级的主要依据。

3）砌筑砂浆的选用

（1）烧结普通砖、烧结多孔砖、蒸压灰砂普通砖和蒸压粉煤灰普通砖采用的普通砂浆强度等级为M15、M10、M7.5、M5和M2.5;蒸压灰砂普通砖和蒸压粉煤灰普通砖采用的专用砂浆强度等级为Ms15、Ms10、Ms7.5、Ms5.0;

（2）混凝土普通砖、混凝土多孔砖、单排孔混凝土砌块和煤矸石混凝土砌块砌体采用的砂浆强度等级为Mb20、Mb15、Mb10、Mb7.5和Mb5;

（3）双排孔或多排孔轻集料混凝土砌块砌体的砂浆强度等级为Mb10、Mb7.5和Mb5;

（4）毛料石、毛石砌体采用的砂浆强度等级为M7.5、M5和M2.5。

4）实验室测定砌筑砂浆的抗压强度

（1）试样的制备

① 在试验室制备砂浆试样时,所用材料应提前24h运入室内。拌合时,试验室的温度应保持在20±5℃。当需要模拟施工条件下所用的砂浆时,所用原材料的温度宜与施工现场保持一致。

② 试验所用原材料应与现场使用材料一致。砂应通过4.75mm筛。

③ 试验室拌制砂浆时,材料用量应以质量计。水泥、外加剂、掺合料等的称量精度应

为±0.5%,细骨料的称量精度应为±1%。

④ 在试验室搅拌砂浆时应采用机械搅拌,搅拌机应符合现行行业标准《试验用砂浆搅拌机》JG/T3033 的规定,搅拌的用量宜为搅拌机容量的 30%~70%,搅拌时间不应少于120s。掺有掺合料和外加剂的砂浆,其搅拌时间不应少于180s。

(2)试验记录

试验记录应包括下列内容:

① 取样日期和时间;

② 工程名称、部位;

③ 砂浆品种、砂浆技术要求;

④ 试验依据;

⑤ 取样方法;

⑥ 试样编号;

⑦ 试样数量;

⑧ 环境温度;

⑨ 试验室温度、湿度;

⑩ 原材料品种、规格、产地及性能指标。

⑪ 砂浆配合比和每盘砂浆的材料用量;

⑫ 仪器设备名称、编号及有效期;

⑬ 试验单位、地点;

⑭ 取样人员、试验人员、复核人员。

(3)立方体抗压强度试验方法

① 立方体抗压强度试验仪器设备

A. 试模:应为 70.7mm×70.7mm×70.7mm 的带底试模(图 2-7),应符合现行行业标准《混凝土试模》JG 237 的规定选择,应具有足够的刚度并拆装方便。试模的内表面应机械加工,其不平度应为每 100mm 不超过 0.05mm,组装后各相邻面的不垂直度不应超过±0.5°。

B. 钢制捣棒:直径为 10mm,长度为 350mm,端部磨圆。

C. 压力试验机:精度应为 1%,试件破坏荷载应不小于压力机量程的 20%,且不应大于全量程的 80%。

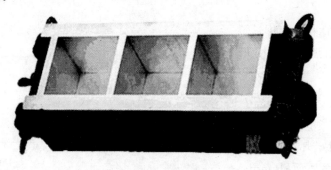

图 2-7 试模砂浆

D. 垫板:试验机上、下压板及试件之间可垫以钢垫板,垫板的尺寸应大于试件的承压面,其不平度应为每100mm不超过0.02mm。

E. 振动台:空载中台面的垂直振幅应为0.5±0.05mm,空载频率应为50±3Hz,空载台面振幅均匀度不应大于10%,一次试验应至少能固定3个试模。

② 立方体抗压强度试件的制作及养护步骤

A. 应采用立方体试件,每组试件应为3个。

B. 应采用黄油等密封材料涂抹试模的外接缝,试模内应涂刷薄层机油或隔离剂。应将拌制好的砂浆一次性装满砂浆试模,成型方法应根据稠度而确定。当稠度大于等于50mm时,宜采用人工插捣成型,当稠度小于50mm时,宜采用振动台振实成型。

人工插捣:应采用捣棒均匀地由边缘向中心按螺旋方式插捣25次,插捣过程中当砂浆沉落低于试模口时,应随时添加砂浆,可用油灰刀插捣数次,并用手将试模一边抬高5～10mm各振动5次,砂浆应高出试模顶面6～8mm。

机械振动:将砂浆一次装满试模,放置到振动台上,振动时试模不得跳动,振动5～10s或持续到表面泛浆为止,不得过振。

应待表面水分稍干后,再将高出试模部分的砂浆沿试模顶面刮去并抹平。

试件制作后应在室温为(20±5)℃的环境下静置(24±2)h,当气温较低时,可适当延长时间,但不应超过两昼夜,然后对试件进行编号、拆模。试件拆模后应立即放入温度为(20±2)℃,相对湿度为90%以上的标准养护室中养护。养护期间,试件彼此间隔不小于10mm,混合砂浆试件上面应覆盖,以防有水滴在试件上。

从搅拌加水开始计时,标准养护龄期应为28d,也可根据相关标准要求增加7d或14d。

③ 立方体试件抗压强度试验步骤

A. 试件从养护地点取出后应及时进行试验。试验前应将试件表面擦拭干净,测量尺寸,并检查其外观,并应计算试件的承压面积。当实测尺寸与公称尺寸之差不超过1mm时,可按照公称尺寸进行计算。

B. 将试件安放在试验机的下压板(或下垫板)上,试件的承压面应与成型时的顶面垂直,试件中心应与试验机下压板(或下垫板)中心对准。开动试验机,当上压板与试件(或上垫板)接近时,调整球座,使接触面均衡受压。承压试验应连续而均匀地加荷,加荷速度应为每秒钟0.25kN～1.5kN(砂浆强度不大于5MPa时,宜取下限,砂浆强度大于5MPa时,宜取上限),当试件接近破坏而开始迅速变形时,停止调整试验机油门,直至试件破坏,然后记录破坏荷载。

④ 砂浆立方体抗压强度计算

砂浆立方体抗压强度应按下式计算:

$$f_{m,cu} = K \frac{N_u}{A} \tag{2-1}$$

式中:$f_{m,cu}$——砂浆立方体试件抗压强度(MPa);

N_u——试件破坏荷载(N);

A——试件承压面积(mm²);

K——换算系数,取1.35。

⑤ 立方体抗压强度试验的试验结果确定

立方体抗压强度试验的试验结果应按下列要求确定：

A. 应以三个试件测值的算术平均值作为该组试件的砂浆立方体抗压强度平均值 f_1（精确至 0.1MPa）。

B. 当三个测值的最大值或最小值中如有一个与中间值的差值超过中间值的 15% 时，则把最大值及最小值一并舍除，取中间值作为该组试件的抗压强度值；

C. 如有两个测值与中间值的差值均超过中间值的 15% 时，则该组试件的试验结果无效。

5)新拌砂浆的和易性

新拌砂浆的和易性是指新拌砂浆是否易于施工并能保证质量的综合性质。和易性好的砂浆能比较容易地在砖石表面上铺砌成均匀的薄层，能很好地黏结。新拌砂浆的和易性包括流动性和保水性两个方面内容。

(1)流动性(稠度)

砂浆的流动性是指在自重和外力作用下流动的性能。流动性用砂浆稠度仪(图2-8)来测定,并用"沉入度"(或稠度值)mm表示。沉入度值愈大,砂浆流动性愈大,愈容易流动。在选用砂浆的稠度时,应根据砌体材料的种类,施工条件,气候条件等因素来决定。

① 稠度试验步骤

A. 用少量润滑油轻擦滑杆,再将滑杆上多余的油用吸油纸擦净,使滑杆能自由滑动。

B. 用湿布擦净盛浆容器和试锥表面,将砂浆拌合物一次装入容器,使砂浆表面低于容器口约 10mm 左右。用捣棒自容器中心向边缘均匀地插捣 25 次,然后轻轻地将容器摇动或敲击 5~6 下,使砂浆表面平整,然后将容器置于稠度测定仪的底座上。

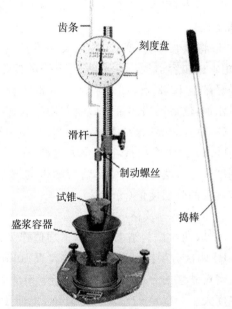

图 2-8　砂浆稠度测定仪

C. 拧松制动螺丝,向下移动滑杆,当试锥尖端与砂浆表面刚接触时,拧紧制动螺丝,使齿条侧杆下端刚接触滑杆上端,读出刻度盘上的读数(精确至 1mm)。

D. 拧松制动螺丝,同时计时间,10s 时立即拧紧螺丝,将齿条测杆下端接触滑杆上端,从刻度盘上读出下沉深度(精确至 1mm),二次读数的差值即为砂浆的稠度值。

E. 盛装容器内的砂浆,只允许测定一次稠度,重复测定时,应重新取样测定。

② 稠度试验结果确定

稠度试验结果应按下列要求确定：

A. 取两次试验结果的算术平均值,精确至 1mm;

B. 如两次试验值之差大于 10mm,应重新取样测定。

工地上可采用简易测定砂浆稠度的方法,将单个圆锥体的尖端与砂浆表面相接触,然后放手让圆锥体自由沉入砂浆中,取出圆锥体用尺直接量出沉入的垂直深度(以 mm 计),即为砂浆的稠度。

(2)保水性

砂浆的保水性是指砂浆能够保持水分的性能,保水性好的砂浆无论是运输,还是静置铺设在底面上,水都不会很快从砂浆中分离出来,仍保持着必要的稠度。在砂浆中保持一定数量的水分,不但易于操作,而且还可以使水泥正常水化,保证了砌体强度。

保水性常用分层度(mm)表示。将搅拌均匀的砂浆,先测其沉入量,然后装入分层度测定仪(图 2-9),静置 30 分钟后,取底部 1/3 砂浆再测沉入量,先后两次沉入量的差值称为分层度。

① 分层度试验方法

A. 首先将砂浆拌合物按砂浆稠度试验方法测定稠度。

B. 将砂浆拌合物一次装入分层度筒内,待装满后,用木槌在容器周围距离大致相等的四个不同部位轻轻敲击 1~2 下,如砂浆沉落到低于筒口,则应随时添加,然后刮去多余的砂浆并用抹刀抹平。

C. 静置 30min 后,去掉上节 200mm 砂浆,剩余的 100mm 砂浆倒出放在拌合锅内拌 2min,再按砂浆稠度试验方法测其稠度。前后测得的稠度之差即为该砂浆的分层度值(mm)。

图 2-9　分层度筒

② 结果处理及精度要求

A. 取两次试验结果的算术平均值作为该砂浆的分层度值。

B. 两次分层度试验值之差如大于 10mm,应重新取样测定。

砌筑砂浆的分层度不得大于 30mm。保水性良好的砂浆,其分层度应为 10~20mm。分层度大于 20mm 的砂浆容易离析,不便于施工;但分层度小于 10mm 者,硬化后易产生干缩开缝。

(3)保水性试验

考虑到我国目前砂浆品种日益增多,有些新品种砂浆用分层度试验来衡量砂浆各组分的稳定性或保持水分的能力已不适宜,《建筑砂浆基本性能试验方法标准》(JGJ/T 70—2009)参考国外标准,增加了新的测定方法——保水性试验。以判定砂浆拌合物在运输及停放时内部组分的稳定性。该方法适宜于测定大部分预拌砂浆保水性能。

① 保水性试验步骤

称量试模质量 m_1 和 8 片中速定性滤纸质量 m_2;

砂浆装入试模,并用抹刀插捣数次,用抹刀刮去多余的砂浆;

砌体结构工程施工

称量试模与砂浆总质量 m_3；

用 2 片医用棉纱覆盖在砂浆表面，再在棉纱表面放上 8 片滤纸，上部用不透水片盖在滤纸表面，以 2kg 的重物把上部不透水片压住；

静止 2min 后移走重物及上部不透水片，取出滤纸。迅速称量滤纸质量 m_4；

按配比及加水量计算含水率，当无法计算时，按规定测定砂浆的含水率；

保水率计算公式

$$W=\left[1-\frac{m_4-m_2}{\alpha\times(m_3-m_1)}\right]\times100\%\qquad(2-2)$$

式中：W——保水率(%)；

m_1——干燥试模质量；

m_2——8 片滤纸吸水前的质量；

m_3——试模、砂浆总质量；

m_4——8 片滤纸吸水后的质量；

α——砂浆含水率(%)。

② 试验结果处理

取两次试验结果的算术平均值，精确至 0.1%。

当两个测定值之差超过 2% 时，试验结果无效。

2.1.4.2 专用砌筑砂浆

随着国家节能减排、墙材革新工作的大力推进，传统的黏土砖砌体正在被混凝土空心砌块、混凝土砖、蒸压灰砂砖、蒸压粉煤灰砖及蒸压加气混凝土等砌块砌体所取代。由于这些新型墙体材料具有诸多不同于普通黏土砖的特殊性，其砌体结构也必须采用与自身性能相适应的砂浆进行砌筑和抹灰，以确保新型砌体结构的质量与安全。

《墙体材料应用统一技术规范》GB 50574—2010 规定，砌筑蒸压砖、蒸压加气混凝土砌块、混凝土小型空心砌块、石膏砌块墙体时，宜采用专用砌筑砂浆。

1)混凝土小型空心砌块专用砌筑砂浆

混凝土小型空心砌块的特点是块体的铺浆面开有不小于 40% 的孔洞，使得砌筑铺浆面所剩无几，用传统的混合砂浆砌筑，其黏结强度、沿灰缝的抗剪强度会大打折扣，会影响砌体的强度及整体性。又由于砌块的高度尺寸为 190mm，是普通黏土砖(高度为 53mm)的 3.6 倍，传统的砌筑砂浆保水性、黏结性均较差，无法保证 190mm 高度的竖向砌筑面灰缝饱满，经现场查看发现墙体竖缝处普遍存在内外贯穿的透缝，这必将成为墙体渗、裂、漏的重要诱因，灰缝的不饱满，可大大降低墙体的整体刚度、削弱墙体的抗震性能。为确保混凝土小型空心砌块合理、安全地推广和应用，有效解决砌块建筑的"渗、裂、漏"质量通病，必须使用适应小砌块特性的专用砂浆。

混凝土小型空心砌块砌筑砂浆用 Mb 标记，按抗压强度分为 Mb5、Mb7.5、Mb10、Mb15.0、Mb20.0 和 Mb25.0 六个等级。

按抗渗性分为普通型(P)和防水型(F)。

砂浆用砂应符合《普通混凝土用砂、石质量及检验方法标准》(JGJ 52)的规定，宜采用中砂，且不得含有粒径大于 5mm 的颗粒。

混凝土小型空心砌块砌筑砂浆的物理力学性能应符合表2-8的规定。

表 2-8 混凝土小型空心砌块砌筑砂浆的物理力学性能

项　目	指　标					
强度等级	Mb5	Mb7.5	Mb10	Mb15	Mb20	Mb25
抗压强度(MPa)	≥5.0	≥7.5	≥10.0	≥15.0	≥20.0	≥25.0
稠度(mm)	50～80					
保水性(%)	≥88					
密度(kg/m³)	≥1800					
凝结时间(h)	4～8					
砌块砌体抗剪强度(MPa)	≥0.16	≥0.19	≥0.22	≥0.22	≥0.22	≥0.22

混凝土小型空心砌块砌筑砂浆的抗冻性应符合表2-6的规定。

防水型砌筑砂浆的抗渗压力应不小于0.60MPa。放射性应符合《建筑材料放射性核素限量》GB 6566的规定。

砌筑砂浆的实验室检验:砂浆配合比确定后,在使用前应进行实验室检验,检验项目包括颜色、抗压强度、密度、稠度、保水性、凝结时间、抗渗性、砌块砌体抗剪强度、抗冻性,各项指标符合技术要求后方可正式使用。

砌筑砂浆施工现场检验:取样应在施工现场进行,每50m³砂浆为一批,检验项目为抗压强度,试验结果满足《砌体结构工程施工质量验收规范》GB 50203—2011的规定判定为合格。

2)蒸压加气混凝土专用砌筑砂浆

由于蒸压加气混凝土制品表面吸水速度快,尤其制品在经钢丝切割时,被切割破裂的制品形成屑(渣)黏附于表面,普通砌筑砂浆抹在制品表面时,砂浆中的水分极易被吸水快的制品表面(砌筑面)和黏附于制品表面的渣屑所"抢夺",严重影响了砂浆水化凝结,从而可降低灰缝黏结强度,即降低了砌体沿通缝抗剪切强度。震害调查及墙体构性试验表明墙体的阶梯形交叉裂缝均为砌体沿通缝抗剪不足所致,这已成为各方人士抵制应用蒸压加气混凝土制品的重要原因。

因此开发、研制出工作性(保水性、流动性、黏稠性、吸附性)好且制取方便、价格合理的蒸压加气混凝土专用砂浆,将是加气混凝土砌块建筑推广中的关键材料与技术。

3)蒸压灰砂砖、蒸压粉煤灰砖专用砌筑砂浆

由于蒸压灰砂砖、蒸压粉煤灰砖是半干压法生产的,制砖的钢模十分光亮,在高压力成型时会使砖质地密实、表面光滑,吸水率也较小,这种光滑的表面影响了砖与砖的砌筑与粘接,使墙体的抗剪强度较普通黏土砖低1/3,从而影响了蒸压灰砂砖、蒸压粉煤灰砖应用。为了提高砌体的抗剪强度,在砌墙时使用工作性好、黏结力高、取材方便、经济合理的专用砂浆。

2.1.5　石灰

石灰是一种传统的气硬性胶凝材料。原料来源广、生产工艺简单、成本低,并具有某些

优异性能,至今仍为土木工程广泛使用。

1)石灰的原材料

石灰最主要的原材料是含碳酸钙($CaCO_3$)的石灰石、白云石和白垩(图2-10)。原材料的品种和产地不同,对石灰性质影响较大,一般要求原材料中黏土杂质含量小于8%。

2)石灰的生产

石灰的生产,实际上就是将石灰石在高温下煅烧,使碳酸钙分解成为 CaO 和 CO_2,CO_2 以气体逸出。反应式:$CaCO_3 \longequal CaO + CO_2$

生产所得的 CaO 称为生石灰,是一种白色或灰色的块状物质(图2-11)。

生石灰的特性:遇水快速产生水化反应,体积膨胀,并放出大量热。煅烧良好的生石灰能在几秒钟内与水反应完毕,体积膨胀两倍左右。

按生石灰的加工情况分为建筑生石灰和建筑生石灰粉(图2-12)。按生石灰的化学成分分为钙质石灰和镁质石灰。

图2-10 石灰石

图2-11 生石灰(块状)

图2-12 生石灰(钙质石灰)

(1)钙质石灰:主要由氧化钙或氢氧化钙组成,而不添加任何水硬性的或火山灰质的材料(其中:MgO 含量小于等于5%)。

(2)镁质石灰:主要由氧化钙和氧化镁(MgO 大于5%)或氢氧化钙和氢氧化镁组成,而不添加任何水硬性的或火山灰质的材料。

根据化学成分的含量每类分成各个等级见表2-9所列。

表2-9 建筑生石灰的分类

类别	名称	代号
钙质石灰	钙质石灰90	CL90
	钙质石灰85	CL85
	钙质石灰75	CL75
镁质石灰	镁质石灰85	ML85
	镁质石灰80	ML80

生石灰的识别标志由产品名称、加工情况和产品依据标准编号组成。生石灰块在代号后加 Q,生石灰粉在代号后加 QP。

示例:符合 JC/T 479—2013 的钙质生石灰粉90标记为:

$$CL \quad 90-QP \ JC/T \ 479—2013$$

说明:CL——钙质石灰;

    90——(CaO+MgO)百分含量;

    QP——粉状;

    JC/T 479—2013——产品依据标准。

3)欠火石灰与过火石灰

当煅烧温度过低或时间不足时,由于$CaCO_3$不能完全分解,亦即生石灰中含有石灰石。这类石灰称为欠火石灰。欠火石灰的特点是产浆量低,即石灰利用率下降。原因是$CaCO_3$不溶于水,也无胶结能力,在熟化成为石灰膏时作为残渣被废弃,所以有效利用率下降。

当煅烧温度过高或时间过长时,部分块状石灰的表层会被煅烧成十分致密的釉状物,这类石灰称为过火石灰。过火石灰的特点为颜色较深,密度较大,与水反应熟化的速度较慢,往往要在石灰固化后才开始水化熟化,从而产生局部体积膨胀,影响工程质量。由于过火石灰在生产中是很难避免的,所以石灰膏在使用前必须经过"陈伏"。

4)石灰的熟化

生石灰(CaO)加水反应生成熟石灰($Ca(OH)_2$)的过程称为熟化。反应式如下:

$$CaO + H_2O = Ca(OH)_2$$

熟化过程的特点:

(1)速度快。煅烧良好的CaO与水接触时几秒钟内即反应完毕。

(2)体积膨胀。CaO与水反应生成$Ca(OH)_2$时,体积增大1.5~2.0倍。

(3)放出大量的热。1摩尔CaO熟化生成1摩尔$Ca(OH)_2$约产生64.9kJ热量。

5)石灰膏

当熟化时加入大量的水,则生成浆状石灰膏。CaO熟化生成$Ca(OH)_2$的理论需水量只要32.1%,实际熟化过程均加入过量的水。一方面考虑熟化时放热引起水分蒸发损失,另一方面是确保CaO充分熟化。工地上常在化灰池中进行石灰膏的生产,即将块状生石灰用水冲淋,通过筛网,滤去欠火石灰和杂质,流入化灰池沉淀而得。石灰膏面层必须蓄水保养,其目的是隔断与空气直接接触,防止干硬固化和碳化固结,以免影响正常使用和效果。

6)消石灰粉

当熟化时加入适量(60%~80%)的水,则生成粉状熟石灰。这一过程通常称为消化,其产品称为消石灰粉。工地上可通过人工分层喷淋消化,但通常是在工厂集中生产消石灰粉,作为产品销售。

7)石灰的"陈伏"

前面已经提到煅烧温度过高或时间过长,将产生过火石灰,这在石灰煅烧中是十分难免的。由于过火石灰的表面包覆着一层玻璃釉状物,熟化很慢,若在石灰使用并硬化后再继续熟化,则产生的体积膨胀将引起局部鼓泡、隆起和开裂。为消除上述过火石灰的危害,石灰膏使用前应在化灰池中存放2周以上,使过火石灰充分熟化,这个过程称为"陈伏"。"陈伏"期间,石灰表面应保有一层水分,与空气隔绝,以免碳化。现场生产的消石灰粉一般也需要"陈伏"。

但若将生石灰磨细后形成生石灰粉使用,则不需要"陈伏"。这是因为粉磨过程使过火石灰表面积大大增加,与水熟化反应速度加快,几乎可以同步熟化,而且又均匀分散在生石灰粉中,不致引起过火石灰的种种危害。

8)石灰的凝结硬化

石灰在空气中的凝结硬化主要包括结晶和碳化两个过程。

结晶作用指的是石灰浆中多余水分蒸发或被砌体吸收,使 $Ca(OH)_2$ 以晶体形态析出,石灰浆体逐渐失去塑性,并凝结硬化产生强度的过程。

碳化作用指的是空气中的 CO_2 遇水生成弱碳酸,再与 $Ca(OH)_2$ 发生化学反应生成 $CaCO_3$ 晶体的过程。生成的 $CaCO_3$ 自身强度较高,且填充孔隙使石灰固化体更加致密,强度进一步提高。其反应式如下:

$$Ca(OH)_2 + CO_2 + nH_2O \rule[0.5ex]{2em}{0.4pt} CaCO_3 + (n+1)H_2O$$

石灰凝结硬化过程的特点:

速度慢:水分从内部迁移到表层被蒸发或被吸收的过程本身较慢,若表层 $Ca(OH)_2$ 被碳化,生成的 $CaCO_3$ 在石灰表面形成更加致密的膜层,使水分子和 CO_2 的进出更加困难。因此,石灰的凝结硬化过程极其缓慢,通常需要几周的时间。加快硬化速度的简易方法有加强通风和提高空气中 CO_2 的浓度。

体积收缩大,容易产生收缩裂缝。

9)石灰的特性

石灰与其他胶凝材料相比有如下特性:

(1)保水性好

熟石灰粉或石灰膏与水拌和后保持水分不泌出的能力较强,即保水性好。氢氧化钙颗粒极细(直径约为 $1\mu m$),其表面吸附一层较厚的水膜,由于颗粒数量多,总表面积大,可吸附大量的水,这是保水性较好的主要原因。利用这一性质,将它掺入水泥砂浆中,配合成混合砂浆,克服了水泥砂浆保水性差的缺点。

(2)凝结硬化慢,强度低

由于空气中二氧化碳的含量低,而且碳化后形成的碳酸钙硬壳阻止二氧化碳向内部渗透,也妨碍水分向外蒸发,结果使 $CaCO_3$ 和 $Ca(OH)_2$ 结晶体生成量少且缓慢,已硬化的石灰强度很低,以 $1:3$ 配成的石灰砂浆,28d强度通常只有 $0.2\sim0.5MPa$。石灰不宜在潮湿环境下使用,也不宜用于重要建筑物基础。

(3)耐水性差

由于石灰浆体硬化慢,强度低,尚未硬化的石灰浆体,处于潮湿环境中,石灰水分不蒸发出去,硬化停止,已硬化的石灰,由于 $Ca(OH)_2$ 易溶于水,因而耐水性差。储存生石灰,不但要防潮,而且不宜储存过久。

(4)体积收缩大

石灰浆体凝结硬化过程中,蒸发出大量水分,由于毛细管失水收缩会引起体积紧缩,此收缩变形会使制品开裂,因此石灰不宜单独使用。由于体积收缩大,容易产生收缩裂缝。民用建筑内墙抹灰采用石灰砂浆时,通常加入麻刀。

2.1.6 水泥

水泥属于水硬性胶凝材料,水硬性胶凝材料是指不仅能在空气中,而且在水中能更好地凝结硬化并保持和发展强度的材料。

水泥是建筑业的基本材料,使用广,用量大,素有"建筑业的粮食"之称。它广泛地应用于国民经济各部门的基本建设之中。

水泥的生产和使用在世界上已有 150 多年的历史。目前,世界上水泥的品种已高达 200 多种。

新中国成立后,我国水泥产量快速上升,1985 年我国水泥产量已跃居世界第一位,品种亦达 70 多种。

目前我国水泥品种虽然很多,但大量使用的是硅酸盐水泥、普通硅酸盐水泥、矿渣硅酸盐水泥、火山灰质硅酸盐水泥、粉煤灰硅酸盐水泥和复合硅酸盐水泥,即所谓六大品种水泥。《通用硅酸盐水泥》GB175 标准中的"通用水泥",即指以上六大品种水泥。

2.1.6.1 硅酸盐水泥

凡是由硅酸盐水泥熟料、0～5％石灰石或粒化高炉矿渣、适量石膏磨细制成的水硬性胶凝材料,称为硅酸盐水泥(即国外通称的波特兰水泥)。硅酸盐水泥分两种类型,不掺混合材料的称 I 型硅酸盐水泥,代号 P. I。在硅酸盐水泥粉磨时掺加不超过水泥质量5％的石灰石或粒化高炉矿渣混合材料的称 II 型硅酸盐水泥,代号 P. II。

1)硅酸盐水泥的生产

生产硅酸盐水泥的原料主要是石灰质原料和黏土质原料。石灰质原料提供氧化钙。它可以采用石灰石、白垩(e)、石灰质凝灰岩等。黏土质原料主要提供 SiO_2、Al_2O_3 及少量的 Fe_2O_3,可以采用黏土、页岩等。有时还需加入辅助原料、如铁矿石等。

首先将几种原材料按适当比例混合后在磨机中磨细,制成生料,然后将生料入窑进行煅烧。将煅烧获得的黑色球状物即为熟料,熟料与少量石膏混合磨细即成水泥(两磨一烧)。煅烧是制成水泥的主要过程,熟料中矿物的组成都是在这一过程中形成的。煅烧时,首先生料脱水和分解出 CaO、SiO_2、Al_2O_3、Fe_2O_3,然后,在更高的温度下,CaO 与 SiO_2、Al_2O_3、Fe_2O_3 相结合,形成新的化合物,称为水泥熟料矿物。

硅酸盐水泥熟料主要矿物组成:

硅酸三钙 $3CaOSiO_2$,简写为 C3S,含量 37％～60％;

硅酸二钙 $2CaOSiO_2$,简写为 C2S,含量 15％～37％;

铝酸三钙 $3CaOAl_2O_3$,简写为 C3A,含量 7％～15％;

铁铝酸四钙 $4CaOAl_2O_3Fe_2O_3$,简写为 C4AF,含量 10％～18％。

2)硅酸盐水泥的水化反应与凝结硬化

水泥加水拌和后,最初形成具有可塑性又有流动性的浆体,经过一定时间,水泥浆体逐渐变稠失去塑性,这一过程称为凝结。随时间继续增长水泥产生强度且逐渐提高,并变成坚硬的石状物体——水泥石,这一过程称为硬化。水泥凝结与硬化是一个连续的复杂的物理化学变化过程,这些变化决定了水泥一系列的技术性能。表 2-10 是各种熟料矿物单独与水作用时表现出的特征。

表2-10　水泥中的各种熟料矿物单独与水作用时表现出的特征

名　称	硅酸三钙	硅酸二钙	铝酸三钙	铁铝酸四钙
凝结硬化速度	快	慢	最快	快
28d水化放热量	多	少	最多	中
强度	高	早期低、后期高	低	低

水泥的水化反应后,如果忽略一些次要的和少量的成分,则硅酸盐水泥与水作用后,生成的主要水化产物有水化硅酸钙和水化铁酸钙凝胶、氢氧化钙、水化铝酸钙和水化硫铝酸钙晶体。在完全水化的水泥石中,水化硅酸钙约占70%,氢氧化钙约占20%,钙矾石和单硫型水化硫铝酸钙约占7%。

3)影响水泥凝结硬化的主要因素

水泥的凝结硬化过程除受本身的矿物组成影响外,尚受以下因素的影响。

(1)细度

细度即磨细程度,水泥颗粒越细,总表面积越大,与水接触的面积也越大,则水化速度越快,凝结硬化也越快。

(2)石膏掺量

水泥中掺入石膏,可调节水泥凝结硬化的速度。在磨细水泥熟料时,若不掺入少量石膏,则所获得的水泥浆可在很短时间内迅速凝结。这是由于铝酸钙所电离出的三价铝离子,而高价离子会促进胶体凝聚。当掺入少量石膏后,石膏将与铝酸三钙作用,生成难溶的水化硫铝酸钙晶体(钙矾石),减少了溶液中的铝离子,延缓了水泥浆体的凝结速度,但石膏掺量不能过多,过多的石膏不仅缓凝作用不大,还会引起水泥安定性不良。合理的石膏掺量,主要决定于水泥中铝酸三钙的含量及石膏中三氧化硫的含量。一般掺量约占水泥重量的3%~5%,具体掺量需通过试验确定。

(3)养护时间(龄期)

随着时间的延续,水泥的水化程度在不断增大,水化产物也不断增加。因此,水泥石强度的发展是随龄期而增长的。一般在28d内强度发展最快,28d后显著减慢。但只要在温暖与潮湿的环境中,水泥强度的增长可延续几年,甚至几十年。

(4)温度和湿度

温度对水泥的凝结硬化有着明显的影响。提高温度可加速水化反应,通常提高温度可加速硅酸盐水泥的早期水化,使早期强度能较快发展,但后期强度反而可能有所降低。在较低温度下硬化时,虽然硬化缓慢,但水化产物较致密,所以可获得较高的最终强度。当温度降至负温时,水化反应停止。由于水分结冰,会导致水泥石冻裂,破坏其结构。温度的影响主要表现在水泥水化的早期阶段,对后期影响不大。

水泥的水化反应及凝结硬化过程必须在水分充足的条件下进行。环境湿度大,水分不易蒸发,水泥的水化及凝结硬化就能够保持足够的化学用水。如果环境干燥,水泥浆中的水分蒸发过快,当水分蒸发完后,水化作用将无法进行,硬化即行停止,强度不再增长,甚至还会在制品表面产生干缩裂缝。

因此,使用水泥时必须注意养护,使水泥在适宜的温度及湿度环境中进行硬化,从而不断增长其强度。

4)硅酸盐水泥的技术性质与应用

水泥在建筑工程上主要用以配制砂浆和混凝土,对水泥的各项性能有着明确的规定和要求。

(1)化学指标

通用硅酸盐水泥化学指标应符合表 2-11 的规定。

表 2-11　通用硅酸盐水泥化学指标

品　种	代号	不溶物 (质量分数)	烧失量 (质量分数)	三氧化硫 (质量分数)	氧化镁 (质量分数)	氯离子 (质量分数)
硅酸盐水泥	P·I	≤0.75	≤3.0	≤3.5	≤5.0[a]	≤0.06[c]
	P·II	≤1.50	≤3.5			
普通硅酸盐水泥	P·O	—	≤5.0			
矿渣硅酸盐水泥	P·S·A			≤4.0	≤6.0[b]	
	P·S·B				—	
火山灰质硅酸盐水泥	P·P			≤3.5	≤6.0[b]	
粉煤灰硅酸盐水泥	P·F					
复合硅酸盐水泥	P·C					

a. 如果水泥压蒸试验合格,则水泥中氧化镁的含量(质量分数)允许放宽至 6.0%。

b. 如果水泥中氧化镁的含量(质量分数)大于 6.0% 时,需进行水泥压蒸安定性试验合格。

c. 当有更低要求时,该指标由买卖双方确定。

(2)碱含量(选择性指标)

水泥中碱含量按 $Na_2O+0.658K_2O$ 计算值表示。若使用活性骨料,用户要求提供低碱水泥时,水泥中的碱含量应不大于 0.60% 或由买卖双方协商确定。

一般水泥在使用时都是与砂、石一起使用,若砂中含有活性的 SiO_2,则会与水泥中的碱产生反应,导致构件破坏。

(3)物理指标

① 凝结时间

水泥的凝结时间分初凝时间和终凝时间。初凝时间为自水泥加水拌和时起,到水泥浆(标准稠度)开始失去可塑性为止所需的时间。终凝时间为自水泥加水拌和时起,至水泥浆完全失去可塑性并开始产生强度所需的时间。

水泥的凝结时间在施工中具有重要意义。初凝的时间不宜过快,以便有足够的时间对混凝土进行搅拌、运输和浇注。当施工完毕之后,则要求混凝土尽快硬化,产生强度,以利下一步施工工作的进行,缩短工期。为此,水泥终凝时间又不宜过迟。

水泥凝结时间的测定,是以标准稠度的水泥净浆,在规定温度和湿度条件下,用凝结时间测定仪进行。

硅酸盐水泥初凝时间不小于 45min,终凝时间不大于 390min。

实际上,硅酸盐水泥的初凝时间一般为 1~3h,终凝时间为 5~8h。

② 体积安定性

水泥的体积安定性是指水泥在凝结硬化过程中,体积变化的均匀性。如水泥硬化后产生不均匀的体积变化,即为体积安定性不良。使用安定性不良的水泥,会使构件产生膨胀性裂缝,降低工程质量,甚至引起严重事故。

引起体积安定性不良的原因是水泥中含有过多的游离氧化钙和游离氧化镁以及水泥粉磨时所掺入石膏超量。熟料中的游离氧化钙和游离氧化镁是在高温下生成的,属过烧石灰,水化很慢,在水泥已经凝结硬化后才进行水化,这时产生体积膨胀,破坏已经硬化的水泥石结构,出现龟裂、弯曲、松脆、崩溃等现象。

当水泥熟料中石膏掺量过多时,在水泥硬化后,其三氧化硫离子还会继续与固态的水化铝酸钙反应生成水化硫铝酸钙,体积膨胀引起水泥石开裂。

水泥的体积安定性用试饼法测定。沸煮法检验必须合格。

③ 强度

强度是选用水泥的主要技术指标。由于水泥在硬化过程中强度是逐渐增长的,所以常以不同龄期强度表明水泥强度的增长速率。

目前我国测定水泥强度的试验按照《水泥胶砂强度检验方法(ISO 法)》GB/T 17671 进行。该法是将水泥、标准砂及水按规定比例拌制成塑性水泥胶砂,并按规定方法制成 4cm×4cm×16cm 的试件,在标准温度(20°±1℃)的水中养护,测定其抗折及抗压强度。根据 3d、28d 的抗折强度及抗压强度将硅酸盐水泥分为 42.5、42.5R、52.5、52.5R、62.5、62.5R 六个强度等级,冠以"R"的为早强型。不同品种不同强度等级的通用硅酸盐水泥,其不同各龄期的强度应符合表 2-12 的规定。如有一项指标低于表中数值,则应降低强度等级使用。

表 2-12 不同各龄期的水泥强度   单位:MPa

品　种	强度等级	抗压强度		抗折强度	
		3d	28d	3d	28d
硅酸盐水泥	42.5	≥17.0	≥42.5	≥3.5	≥6.5
	42.5R	≥22.0		≥4.0	
	52.5	≥23.0	≥52.5	≥4.0	≥7.0
	52.5R	≥27.0		≥5.0	
	62.5	≥28.0	≥62.5	≥5.0	≥8.0
	62.5R	≥32.0		≥5.5	
普通硅酸盐水泥	42.5	≥17.0	≥42.5	≥3.5	≥6.5
	42.5R	≥22.0		≥4.0	
	52.5	≥23.0	≥52.5	≥4.0	≥7.0
	52.5R	≥27.0		≥5.0	

品　种	强度等级	抗压强度		抗折强度	
		3d	28d	3d	28d
矿渣硅酸盐水泥 火山灰硅酸盐水泥 粉煤灰硅酸盐水泥 复合硅酸盐水泥	32.5	≥10.0	≥32.5	≥2.5	≥5.5
	32.5R	≥15.0		≥3.5	
	42.5	≥15.0	≥42.5	≥3.5	≥6.5
	42.5R	≥19.0		≥4.0	
	52.5	≥21.0	≥52.5	≥4.0	≥7.0
	52.5R	≥23.0		≥4.5	

水泥的强度主要取决于熟料的矿物成分和细度。

④ 细度

细度是指水泥颗粒的粗细程度。如前所述,水泥颗粒的粗细对水泥的性质有很大的影响。颗粒越细水泥的表面积就越大,因而水化较快也较充分,水泥的早期强度和后期强度都较高。但磨制持细的水泥将消耗较多的粉密能量,成本增高,而且在空气中硬化时收缩也较大。

水泥的细度既可用筛余量表示,也可用比表面积来表示。比表面积即单位重量水泥颗粒的总表面积(cm^2/kg)。比表面积越大,表明水泥颗粒越细。

硅酸盐水泥细度以比表面积表示,其比表面积不小于 $300m^2/kg$。

(4)标准稠度需水量

标准稠度需水量是指水泥拌制成特定的塑性状态(标准稠度)时所需的用水量(以占水泥重量的百分数表示),也称需水量。由于用水量多少对水泥的一些技术性质(如凝结时间)有很大影响,所以测定这些性质必须采用标准稠度需水量,这样测定的结果才有可比性。

硅酸盐水泥的标准稠度需水量与矿物组成及细度有关,一般在 24%～30% 之间。

(5)水化热

水泥在水化过程中所放出的热量,称为水泥的水化热。大部分的水化热是在水化初期(7d 内)放出的,以后则逐步减少。水泥放热量的大小及速度,首先取决于水泥熟料的矿物组成和细度。冬季施工时,水化热有利于水泥的正常凝结硬化。对大体积混凝土工程,如大型基础、大坝、桥墩等,水化热大是不利的。因积聚在内部的水化热不易散出,常使内部温度高达 50℃～60℃。由于混凝土表面散热很快,内外温差引起的应力,可使混凝土产生裂缝。因此对大体积混凝土工程,应采用水化热较低的水泥。

(6)密度与容重

在计算组成混凝土的各项材料用量和储运水泥时,往往需要知道水泥的密度和容重。硅酸盐水泥的密度为 $3.0～3.15g/cm^3$,通常采用 $3.1g/cm^3$。容重除与矿物组成及粉磨细度有关外,主要取决于水泥的紧密程度。

(7)硅酸盐水泥的腐蚀

硅酸盐水泥硬化后,在通常的使用条件下有较高的耐久性。有些 100～150 年以前建造的水泥混凝土建筑,至今仍无丝毫损坏的迹象。长龄期试验结果表明,30~50年后,水泥混凝土的抗压强度比28d时会提高30%左右,有的甚至还高。但是,在某些介质中,水泥石中的各种水化产物会与介质发生各种物理化学作用,导致混凝土强度降低,甚至遇到破坏。

① 水泥石腐蚀的原因

水泥石腐蚀的原因很多,下面仅就几种典型介质对水泥石的腐蚀加以介绍。

A. 软水侵蚀(溶出性侵蚀)

软水是指暂时硬度较小的水。暂时硬度是以每升水中重碳酸盐含量来计算,当含量为10mg(按CaO计)时,称为1度。暂时硬度低的水称为软水,如雨水、雪水、工厂冷凝水及含重碳酸盐少的河水和湖水等。

水泥是水硬性胶凝材料,有足够的抗水能力。但当水泥石长期与软水相接触时,其中一些水化物将按照溶解度的大小,依次逐渐被水溶解。在各种水化物中,氢氧化钙的溶解度最大,所以首先被溶解。如在静水及无水压的情况下,由于周围的水迅速被溶出的氢氧化钙所饱和,溶出作用很快终止,所以溶出仅限于表面,影响不大。但在流动水中,特别是在有水压作用而且水泥石的渗透性又较大的情况下,水流不断将氢氧化钙溶出并带走,降低了周围氢氧化钙的浓度。随氢氧化钙浓度的降低,其他水化产物,如水化硅酸钙、水化铝酸钙等,亦将发生分解,使水泥石结构遭到破坏,强度不断降低,最后引起整个建筑物的毁坏。

有人发现,当氢氧化钙溶出5%时,强度下降7%,溶出24%时,强度下降29%。

当环境水的水质较硬,即水中重碳酸盐含量较高时,可与水泥石中的氢氧化钙起作用生成几乎不溶于水的碳酸钙。

生成的碳酸钙积聚在水泥石的孔隙内,形成密实的保护层,阻止介质水的渗入。所以,水的暂时硬度越高,对水泥腐蚀越小,反之,水质越软,腐蚀性越大。对密实性高的混凝土来说,溶出性侵蚀一般是发展很慢的。

B. 硫酸盐腐蚀

在一般的河水和湖水中,硫酸盐含量不多。但在海水、盐沼水、地下水及某些工业污水中常含有钠、钾、铵等硫酸盐,它们对水泥石有侵蚀作用。

C. 镁盐腐蚀

在海水及地下水中常含有大量镁盐,主要是硫酸镁及氯化镁。它们与水泥石中的氢氧化钙起置换作用,生成的氢氧化镁松软而无胶结能力,氯化钙易溶于水,二水石膏则引起上述的硫酸盐破坏作用。

D. 碳酸性腐蚀

在大多数的天然水中通常总有一些游离的二氧化碳及其盐类,这种水对水泥没有侵蚀作用,但若游离的二氧化碳过多时,将会起破坏作用。

E. 一般酸性腐蚀

在工业废水、地下水、沼泽水中常含有无机酸和有机酸。各种酸类对水泥石有不同程度的腐蚀作用。它们与水泥石中的氢氧化钙作用后生成的化合物,或溶于水,或体积膨胀,而导致破坏。

上述各类型侵蚀作用,可以概括为下列三种破坏形式:

溶解浸析：主要是介质将水泥石中某些组分逐渐溶解带走，造成溶失性破坏。

离子交换：侵蚀性介质与水泥石的组分发生离子交换反应，生成容易溶解或是没有胶结能力的产物，破坏了原有的结构。

形成膨胀组分：在侵蚀性介质的作用下，所形成的盐类结晶长大时体积增加，产生有害的内应力，导致膨胀性破坏。

② 水泥石腐蚀的防止

根据以上腐蚀原因的分析，可采取下列防止措施：

A. 合理选用水泥品种

根据侵蚀环境特点，合理选用水泥品种；

B. 提高水泥石的密实程度

尽量提高水泥石的密实度，是阻止侵蚀介质深入内部的有力措施。水泥石越密实，抗渗能力越强，环境的侵蚀介质也越难进入。许多工程因水泥混凝土不够密实而过早破坏。而在有些场合，即使所用的水泥品种不甚理想，但由于高度密实，也能使腐蚀减轻。值得提出的是，提高水泥石的密实性对于抵抗软水侵蚀具有更为明显的效果。

C. 加做保护层

当侵蚀作用较强，采用上述措施也难以防止腐蚀时，可在水泥制品的表面加做一层耐腐蚀性高，且不透水的保护层。一般可用耐酸石料、耐酸陶瓷、玻璃、塑料、沥青等。

5) 硅酸盐水泥的特性与应用

(1) 硅酸盐水泥的特性

① 强度等级高、强度发展快；

② 抗冻性好；

③ 耐腐蚀性差；

④ 耐热性较差；

⑤ 水化热高。

(2) 硅酸盐水泥的适用范围

① 高强混凝土；

② 预应力混凝土；

③ 快硬早强结构；

④ 抗冻混凝土。

2.1.6.2 普通硅酸盐水泥

凡由硅酸盐水泥熟料、5％～20％混合材料、适量石膏磨细制成的水硬性胶凝材料，称为普通硅酸盐水泥(简称普通水泥)，代号 P.O。普通水泥中混合材料掺加量按重量百分比计。掺加活性混合材料时，不得超过 20％。

普通硅酸盐水泥的强度等级分为 42.5、42.5R、52.5、52.5R 四个等级。

普通硅酸盐水泥初凝不小于 45min，终凝不大于 600min。

普通硅酸盐水泥细度以比表面积表示，其比表面积不小于 300m²/kg。

1) 普通硅酸盐水泥的特征

(1) 早期强度较高；

（2）抗冻性较好；

（3）水热化较大；

（4）耐腐蚀性较好；

（5）耐热性较差。

2）普通硅酸盐水泥的适用范围

（1）一般混凝土；

（2）预应力混凝土；

（3）地下与水中结构；

（4）抗冻混凝土。

3）不适用范围

（1）大体积混凝土；

（2）受腐蚀的混凝土；

（3）耐热混凝土，高温养护混凝土。

2.1.6.3 矿渣硅酸盐水泥

凡由硅酸盐水泥熟料和粒化高炉矿渣、适量石膏磨细制成的水硬性胶凝材料称为矿渣硅酸盐水泥（简称矿渣水泥），代号 P.S。矿渣硅酸盐水泥分两种类型，组分中"熟料＋石膏"含量≥50％，<80％，掺入>20％，≤50％的粒化高炉矿渣，代号 P.S.A。组分中"熟料＋石膏"含量≥30％，<50％，掺入>50％，≤70％的粒化高炉矿渣，代号 P.S.B。

矿渣硅酸盐水泥是我国产量最大的水泥品种，分六个强度等级：32.5、32.5R、42.5、42.5R、52.5、52.5R。

矿渣硅酸盐水泥初凝不小于 45min，终凝不大于 600min。

矿渣硅酸盐水泥的细度以筛余表示，其 $80\mu m$ 方孔筛筛余不大于 10％或 $45\mu m$ 方孔筛不大于 30％。

1）矿渣硅酸盐水泥的特征

（1）早期强度低，但后期强度增长快；

（2）强度发展对温、湿度较敏感；

（3）水热化低；

（4）耐软水、海水、硫酸盐腐蚀性好；

（5）耐热性较好；

（6）抗冻性抗渗性较差。

2）矿渣硅酸盐水泥的适用范围

（1）一般耐热混凝土；

（2）大体积混凝土；

（3）蒸汽养护构件；

（4）一般混凝土构件；

（5）一般耐软水、海水、盐酸腐蚀要求的混凝土。

3）不适用范围

（1）早期强度较高的混凝土；

（2）严寒地区及处在水位升降范围内的混凝土；

（3）抗渗性要求高的混凝土。

2.1.6.4　火山灰质硅酸盐水泥

凡由硅酸盐水泥熟料和火山灰质混合材料，适量石膏磨细制成的水硬性胶凝材料称为火山灰质硅酸盐水泥，简称火山灰水泥，代号 P.P。

火山灰质硅酸盐水泥组分中"熟料＋石膏"含量≥60％，<80％，掺入的火山灰质混合材料>20％，≤40％。

火山灰质硅酸盐水泥的强度等级分为 32.5、32.5R、42.5、42.5R、52.5、52.5R 六个等级。

火山灰质硅酸盐水泥初凝不小于 45min，终凝不大于 600min。

火山灰质硅酸盐水泥的细度以筛余表示，其 $80\mu m$ 方孔筛筛余不大于 10％或 $45\mu m$ 方孔筛不大于 30％。

1）火山灰质硅酸盐水泥的特征

（1）抗渗性较好，耐热性不及矿渣水泥，干缩大，耐磨性差；

（2）其他同矿渣水泥。

2）火山灰质硅酸盐水泥的适用范围

（1）水中、地下、大体积混凝土、抗渗混凝土；

（2）其他同矿渣水泥。

3）不适用范围

（1）干燥环境及处在水位变化范围内的混凝土；

（2）有耐磨要求的混凝土；

（3）其他同矿渣水泥。

2.1.6.5　粉煤灰硅酸盐水泥

凡由硅酸盐水泥熟料和粉煤灰，适量石膏磨细制成的水硬性胶凝材料称为粉煤灰硅酸盐水泥，简称为粉煤灰水泥，代号 P.F。

粉煤灰硅酸盐水泥组分中"熟料＋石膏"含量≥60％，<80％，掺入的粉煤灰>20％，≤40％。

粉煤灰硅酸盐水泥的强度等级分为 32.5、32.5R、42.5、42.5R、52.5、52.5R 六个等级。

粉煤灰硅酸盐水泥初凝不小于 45min，终凝不大于 600min。

粉煤灰硅酸盐水泥的细度以筛余表示，其 $80\mu m$ 方孔筛筛余不大于 10％或 $45\mu m$ 方孔筛不大于 30％。

1）粉煤灰硅酸盐水泥的特征

（1）干缩性较小，抗裂性较好；

（2）其他同矿渣水泥。

2）粉煤灰硅酸盐水泥的适用范围

（1）地上、地下与水中大体积混凝土；

（2）其他同矿渣水泥。

3）不适用范围

（1）抗碳化要求的混凝土；

(2)其他同火山灰水泥；

(3)有抗渗要求的混凝土。

2.1.6.6　复合硅酸盐水泥

由硅酸盐水泥熟料、两种或两种以上规定的混合材料、适量石膏磨细制成的水硬性胶凝材料，简称复合水泥。代号 P·C。它是一种新型通用水泥，其性能优于单掺混合材料的水泥性能。

复合硅酸盐水泥组分中"熟料＋石膏"含量≥50％，＜80％，掺入的混合材料＞20％，≤50％。

复合硅酸盐水泥的强度等级分为 32.5、32.5R、42.5、42.5R、52.5、52.5R 六个等级。

复合硅酸盐水泥初凝不小于 45min，终凝不大于 600min。

复合硅酸盐水泥的细度以筛余表示，其 $80\mu m$ 方孔筛筛余不大于 10％或 $45\mu m$ 方孔筛不大于 30％。

通用水泥出厂检验时，水泥的化学指标（表 2－11）、凝结时间、安定性、强度均满足要求，判为合格。检验结果有任何一项不符合要求即为不合格品。

2.1.6.7　砌筑水泥

凡由一种或一种以上的水泥混合材料，加入适量硅酸盐水泥熟料和石膏，经磨细制成的工作性较好的水硬性胶凝材料，称为砌筑水泥，代号 M。

水泥中混合材料掺加量按质量百分比计应大于 50％，允许掺入适量的石灰石或窑灰。石灰石中的三氧化二铝不得超过 2.5％。

砌筑水泥主要用于砌筑和抹面砂浆、垫层混凝土等，不应用于结构混凝土。

砌筑水泥分 12.5、22.5 两个强度等级。

水泥中三氧化硫含量不得超过 4.0％。

水泥的细度：$80\mu m$ 方孔筛筛余不大于 10％。

凝结时间：初凝不得早于 60min，终凝不得迟于 12h。

安定性：用沸煮法检验，必须合格。

水泥的保水率：保水率不低于 80％。

水泥的强度：各等级水泥各龄期强度不得低于表 2－13 中数值。

表 2－13　水泥的各龄期强度

水泥等级	抗压强度		抗折强度	
	7d	28d	7d	28d
12.5	9.0	12.5	1.5	3.0
22.5	10.0	22.5	2.0	4.0

砌筑水泥出厂检验项目：强度、三氧化硫、细度、凝结时间、安定性、保水率。

凡三氧化硫、初凝时间、安定性中的任何一项不符合规定或 12.5 级砌筑水泥强度低于表 2－13 中规定的指标时均为废品。

凡细度、终凝时间、保水率中的任一项不符合规定或 22.5 级砌筑水泥强度低于表 2－13 中规定的指标时均为不合格品。水泥包装标志中水泥品种、强度等级、生产者姓名和出厂编号不全的也属于不合格品。

2.1.7 钢筋

结构用普通钢筋按生产工艺分为两大类:热轧钢筋(包括余热处理钢筋)和冷加工钢筋(冷轧带肋钢筋、冷轧扭钢筋和冷拔低碳钢筋)。

2.1.7.1 热轧钢筋

热轧钢筋是经热轧成型并自然冷却的成品钢筋,按轧制外形分为光圆钢筋和带肋钢筋两种。

1)光圆钢筋

光圆钢筋是光面圆钢筋的意思,由于表面光滑,也叫"光面钢筋",或简称"圆钢"。光圆钢筋牌号的有 HPB235 和 HPB300 两种。

光圆钢筋牌号由 HPB+屈服强度特征值构成,HPB——热轧光圆钢筋的英文(Hotrolled Plain Bars,其中 H:热扎;P:光圆;B:钢筋)缩写。

(1)光圆钢筋的力学性能、工艺性能有:钢筋的屈服强度 R_{eL}、抗拉强度 R_m、断后伸长率 A、最大力总伸长率 A_{gt} 见表 2-14 所列。

(2)光圆钢筋的弯曲性能按表 2-14 规定的弯芯直径弯曲 180°后,钢筋受弯曲部位表面不得产生裂纹。

(3)光圆钢筋的表面质量要求:钢筋应无有害的表面缺陷,按盘卷交货的钢筋应将头尾有害缺陷部分切除。

(4)光圆钢筋的弯曲度和端部要求:直条钢筋的弯曲度应不影响正常使用,总弯曲度不大于钢筋总长度的 0.4%。钢筋端部应剪切正直,局部变形应不影响使用。

表 2-14 光圆钢筋的力学性能

牌号	R_{eL}(MPa)	R_m(MPa)	A(%)	A_{gt}(%)	冷弯试验 180° d——弯芯直径 a——钢筋公称直径
	不小于				
HPB235	235	370	23	10.0	$d=a$
HPB300	300	400			

表 2-14 所列各力学性能特征值,可作为交货检验的最小保证值。

2)带肋钢筋

带肋钢筋通常带有纵肋,也可不带纵肋。热轧带肋钢筋牌号的有 HRB335、HRB400、HRB500、RRB335、RRB400、RRB500 等几种。

带肋钢筋牌号由 HRB+屈服强度特征值构成,HRB——热轧带肋钢筋的英文(Hot rolled ribbed bars,其中 H:热扎;R:带肋;B:钢筋)缩写。

(1)带肋钢筋的力学性能

带肋钢筋的力学性能有:钢筋的屈服强度 R_{eL}、抗拉强度 R_m、断后伸长率 A、最大力总

伸长率 A_{gt}，见表 2-15 所列。

表 2-15 带肋钢筋的力学性能

牌号	$R_{eL}(\text{MPa})$	$R_m(\text{MPa})$	$A(\%)$	$A_{gt}(\%)$
	不小于			
HRB335	335	455	17	7.5
HRB400	400	540		
HRB500	500	630	16	
RRB335	335	390	16	5.0
RRB400	400	460		
RRB500	500	575	14	

RRB 钢筋是余热处理带肋钢筋，是 Remained-heat-treatment Ribbed-steel Bar 的英文缩写。

（2）带肋钢筋的弯曲性能

按表 2-16 规定的弯芯直径弯曲 180° 后，钢筋受弯曲部位表面不得产生裂纹。

表 2-16 热轧带肋钢筋工艺性能——弯曲性能

牌　号	公称直径	弯心直径	弯曲角度	要　求
HRB335 HRBF335	6～25	$3d$	180°	受弯曲部位表面 不得产生裂纹
	28～40	$4d$		
	＞40～50	$5d$		
HRB400 HRBF400	6～25	$4d$		
	28～40	$5d$		
	＞40～50	$6d$		
HRB500 HRBF500	6～25	$6d$		
	28～40	$7d$		
	＞40～50	$8d$		

F"细"的英文（fine）首位字母，钢筋类别为"细晶粒热轧钢筋"

（3）带肋钢筋的反向弯曲性能

反向弯曲试验的弯芯直径比弯曲试验相应增加一个钢筋直径。

反向弯曲试验：先正向弯曲 90° 后再反向弯曲 20°。经反向弯曲试验后，钢筋受弯曲部位表面不得产生裂纹。

（4）带肋钢筋的表面质量

钢筋表面不得有影响使用性能的缺陷。钢筋表面凸块不得超过横肋的高度。

(5)带肋钢筋的弯曲度和端部要求

直条钢筋的弯曲度应不影响正常使用,总弯曲度不大于钢筋总长度的 0.4%。

(6)带肋钢筋的长度允许偏差要求

钢筋按定尺交货时的长度允许偏差为±25mm。

当要求最小长度时,其偏差为+50mm。

当要求最大长度时,其偏差为-50mm。

2.1.7.2 冷加工钢筋

1)冷轧带肋钢筋

冷轧带肋钢筋是热轧圆盘条经冷轧或冷拔减径后在其表面冷轧成三面或二面有肋的钢筋。

牌号:冷轧带肋钢筋的牌号由 CRB 和钢筋的抗拉强度最小值构成。C、R、B 分别为冷轧(cold rolled)、带肋(Ribbed)、钢筋(Bar)三个词的英文字母。H 代表高延性。

冷轧带肋钢筋分为 CRB550、CRB650、CRB800、CRB970 四个牌号,CRB550 为普通钢筋混凝土用钢筋,其他牌号为预应力钢筋混凝土用钢筋。

CRB550 钢筋的公称直径范围为 4~12mm,CRB650 及以上牌号钢筋的公称直径为 4mm、5mm、6mm。

冷轧带肋钢筋表面横肋呈月牙形。直条钢筋的每米弯曲度不大于 4mm,总弯曲度不大于钢筋全长的 0.4%。盘卷钢筋的重量不小于 100kg,每盘应由一根钢筋组成,CRB650 及其以上牌号钢筋不得有焊接接头。直条钢筋按同一牌号、同一规格,同一长度成捆交货,捆重由供需双方协商确定。

2)冷轧扭钢筋

冷轧扭钢筋是用低碳盘圆钢筋经专用钢筋冷轧扭机调直、冷轧并冷扭一次成型,呈连续螺旋状,具有规定截面形式和相应节距的连续螺旋状钢筋(图 2-13)。

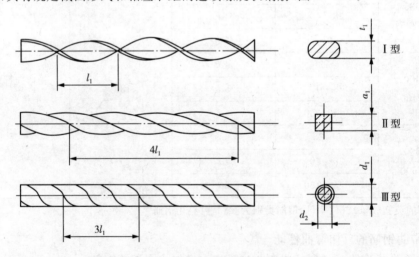

图 2-13 冷轧扭钢筋形状及截面控制尺寸

3)冷拔低碳钢丝

低碳钢热轧圆盘条或热轧光圆钢筋经一次或多次冷拔制成的光圆钢丝。

冷拔低碳钢丝拉伸试验和反复弯曲试验的性能要求应符合表 2-17 的规定。

砌体结构工程施工

表2-17 冷拔低碳钢丝拉伸试验、反复弯曲试验的性能要求

直径(mm)	抗拉强度不小于 (N/mm²)	伸长率不小于 (%)	180°反复弯 曲次数不小于	弯曲半径 (mm)
3	550	2.0	4	7.5
4		2.5		10
5		3.0		15
6				15
7				20
8				20

注:抗拉强度试样应取未经机械调直的冷拔低碳钢丝;冷拔低碳钢丝伸长率测量标距时对直径3mm~6mm的钢丝为100mm,对直径7mm、8mm的钢丝为150mm。

2.1.7.3 纤维钢筋

以高强玻璃纤维、玄武岩纤维等为增强材料、合成树脂及辅助剂等为基体材料,经拉挤牵引成型的一种新型复合材料,英文缩写FRP rebar(图2-14)。

图2-14 纤维钢筋的截面图

主要有"玻璃纤维钢筋"和"玄武岩纤维钢筋"。

1)纤维钢筋的特点

(1)抗拉强度高:抗拉强度优于普通钢材,高于同规格钢筋的20%,而且抗疲劳性好。

(2)质量轻:仅为同体积钢筋的1/4;密度在1.5~1.9(g/cm³)之间。

(3)耐腐蚀性强:耐酸碱等化学物的腐蚀,可抵抗氯离子和低pH值溶液的侵蚀,尤其是抗碳化合物和氯化合物的腐蚀性更强。

(4)易切割、施工方便:刀盘可直接切割,可按用户要求生产各种不同截面和长度的标准及非标准件,现场绑扎可用非金属拉紧带,操作简单。

(5)混凝土结合力强:热膨胀系数与钢材相比更接近水泥,因此与混凝土结合握裹力更强。

(6)可设计性强:弹性模量稳定。热应力下尺寸稳定,具有一定柔韧性,形状可任意热成形;安全性能好,不导热、不导电、阻燃抗静电,通过配方改变与金属碰撞不会产生火花。

(7)透磁波性能强:该材料是一种非磁性材料,在非磁性或电磁性的混凝土构件中不用做脱磁处理。

2)纤维钢筋的参数

纤维钢筋的具体参数见表 2-18 所列。

表 2-18 纤维钢筋

项目	玻璃纤维钢筋	玄武岩纤维钢筋
外观	表面螺纹/表面喷砂	表面螺纹/表面喷砂
直径	$\phi3mm\sim\phi32mm$	$\phi3mm\sim\phi32mm$
密度(g/每立方厘米)	1.5~2.0	1.9~2.1
抗拉强度(MPa)	≥550	≥700
弹性模量(GPa)	30~41	≥45
耐碱性(%)	≥75	≥75

3)应用领域

(1)可广泛应用于地铁隧道(盾构)、高速公路、桥梁、机场、码头、车站、水利工程、地下工程等领域。

(2)适合应用于污水处理厂、化工厂、电解槽、窨井盖、海防工程等腐蚀环境。

(3)适合应用于军事工程、保密工程、特殊工程等需绝缘脱磁环境。

2.1.7.4 普通钢筋强度标准值

普通钢筋屈服强度标准值 f_{yk}、极限强度标准值 f_{stk} 按表 2-19 采用。

表 2-19 普通钢筋强度标准值　　　　　　　　单位:N/mm²

牌号	符号	公称直径 d(mm)	屈服强度标准值 f_{yk}	极限强度标准值 f_{stk}
HPB300	ϕ	6~22	300	420
HRB335 HRBF335	$\underline{\Phi}$ $\underline{\Phi}^F$	6~50	335	455
HRB400 HRBF400 RRB400	$\underline{\Phi}$ $\underline{\Phi}^F$ $\underline{\Phi}^R$	6~50	400	540
HRB500 HRBF500	$\overline{\underline{\Phi}}$ $\overline{\underline{\Phi}}^F$	6~50	500	630

钢筋强度标准值应具有不小于 95% 保证率。

2.1.7.5 砌体结构耐久性对钢筋要求

(1)当设计使用年限为 50 年时,砌体中钢筋的耐久性选择应符合表 2-20 的规定。

表 2-20 砌体中钢筋的耐久性选择

环境类别	钢筋种类和最低保护要求	
	位于砂浆中的钢筋	位于灌孔混凝土中的钢筋
1	普通钢筋	普通钢筋

环境类别	钢筋种类和最低保护要求	
	位于砂浆中的钢筋	位于灌孔混凝土中的钢筋
2	重镀锌或有等效保护的钢筋	当采用混凝土灌孔时,可为普通钢筋,当采用砂浆灌孔时,应为重镀锌或有等效保护的钢筋
3	不锈钢或有等效保护的钢筋	重镀锌或有等效保护的钢筋
4 和 5	不锈钢或有等效保护的钢筋	不锈钢或有等效保护的钢筋

注:① 对夹心墙的外叶墙,应采用重镀锌或有等效保护的钢筋。

② 表中的钢筋即为国家现行标准《混凝土结构设计规范》GB 50010 和《冷轧带肋钢筋混凝土结构技术规范》JGJ 95 等标准规定的普通钢筋或非预应力钢筋。

③ 砌体结构的使用环境类别见表 2-21 所列。

表 2-21　砌体结构的环境类别

环境类别	条件
1	正常居住及办公建筑的内部干燥环境
2	潮湿的室内或室外环境,包括与无侵蚀性土和水接触的环境
3	严寒和使用化冰盐的潮湿环境(室内或室外)
4	与海水直接接触的环境,或处于滨海地区的盐饱和的气体环境
5	有化学侵蚀的气体、液体或固态形式的环境,包括有侵蚀性土壤的环境

（2）设计使用年限为 50 年时,砌体中钢筋的保护层厚度应符合下列规定。

① 配筋砌体中钢筋的最小混凝土保护层厚度应符合表 2-22 的规定;

表 2-22　钢筋的保护层最小厚度　　　　　　单位:mm

环境类别	C20	C25	C30	C35
	最低水泥含量			
	260	280	300	320
1	20	20	20	20
2	—	25	25	25
3	—	40	40	30
4	—	—	40	40
5	—	—	—	40

注:① 材料中最大氯离子含量和最大碱含量应符合国家现行标准《混凝土结构设计规范》GB 50010 的规定;

② 当采用防渗砌体块体和防渗砂浆时,可以考虑部分砌体(含抹灰层)的厚度作为保护层,但对环境类别 1、2、3 其混凝土保护层的厚度相应不应小于 10mm、15mm 和 20mm。

③ 钢筋砂浆面层的组合砌体构件的钢筋保护层厚度宜比表 2-22 规定的混凝土保护层厚度数值增加 5~10mm。

④ 对安全等级为一级或设计使用年限为 50 年以上的砌体结构,钢筋保护层的厚度应至少增加 10mm。

② 灰缝中钢筋外露砂浆保护层的厚度不应小于 15mm；

③ 所有钢筋端部均应有与对应钢筋的环境类别条件相同的保护层厚度。

④ 对填实的夹心墙或特别的墙体构造,钢筋的最小保护层厚度,应符合下列要求:

A. 用于环境类别 1 时,应取 20mm 砂浆或灌孔混凝土与钢筋直径较大者;

B. 用于环境类别 2 时,应取 20mm 厚灌孔混凝土与钢筋直径较大者;

C. 采用重镀锌钢筋时,应取 20mm 厚砂浆或灌孔混凝土与钢筋直径较大者;

D. 采用不锈钢筋时,应取钢筋的直径。

(3)设计使用年限为 50 年时,夹心墙的钢筋连接件或钢筋网片、连接钢板、锚固螺栓或钢筋,应采用重镀锌或等效的防护涂层,镀锌层的厚度不应小于 290g/m²。当采用环氧涂层时,灰缝钢筋涂层厚度不应小于 290μm,其余部件涂层厚度不应小于 450μm。

2.2 砌体力学性能

2.2.1 砌体的抗压强度

1)砖砌体抗压强度试验和破坏特征

以 MU10 烧结普通砖和 M5 混合砂浆砌筑成尺寸 240mm×370mm×720mm 的标准试件在轴心压力作用下加载至破坏的三个阶段:

第 I 阶段:由开始加荷起,当砌体加载达极限荷载的 50%～70%时,单块砖内产生细小裂缝。此时若停止加载,裂缝亦停止扩展(图 2-15a)。

第 II 阶段:继续加载,当加载达极限荷载的 80%～90%时,砖内的有些裂缝连通起来,沿竖向贯通若干皮砖(图 2-15b)。

第 III 阶段:荷载增加到一定值以后,当压力接近极限荷载时,砌体中裂缝迅速扩展和贯通,将砌体分成若干个小柱体,砌体最终因被压碎或丧失稳定而破坏(图 2-15c)。

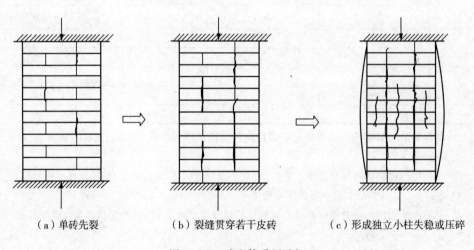

(a)单砖先裂   (b)裂缝贯穿若干皮砖   (c)形成独立小柱失稳或压碎

图 2-15 砖砌体受压破坏

砖砌体受压破坏时的最重要的特征是单块砖先开裂；

砌体的抗压强度总低于单块砖的抗压强度，这是因为单块砖在砌体中处于复杂的受力状态。

推迟单砖先裂可推迟形成独立小柱，从而提高砌体强度。

2）原因分析

（1）砌体中的砖处于复合受力状态

由于砖的表面本身不平整，再加之铺设砂浆的厚度不很均匀，水平灰缝也不很饱满，造成单块砖在砌体内并不是均匀受压，而是处于同时受压、受弯、受剪甚至受扭的复合受力状态。由于砖的抗拉强度很低，一旦拉应力超过砖的抗拉强度，就会引起砖的开裂（图2-16）。

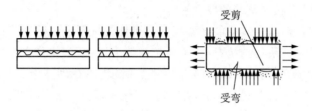

图2-16　砌体内砖的复杂受力状态

（2）砌体中的砖受有附加水平拉应力

由于砖和砂浆的弹性模量及横向变形系数的不同，砌体受压时要产生横向变形，当砂浆强度较低时，砖的横向变形比砂浆小，在砂浆黏着力与摩擦力的影响下，砖将阻止砂浆的横向变形，从而使砂浆受到横向压力，砖就受到横向拉力。由于砖内出现了附加拉应力，便加快了砖裂缝的出现。

（3）竖向灰缝处存在应力集中

由于竖向灰缝往往不饱满以及砂浆收缩等原因，竖向灰缝内砂浆和砖的黏结力减弱，使砌体的整体性受到影响。因此，在位于竖向灰缝上、下端的砖内产生横向拉应力和剪应力的集中，加快砖的开裂。

3）影响砖砌体抗压强度的主要因素

（1）块体与砂浆的强度

块体与砂浆的强度等级是确定砌体强度最主要的因素。一般来说，砌体强度将随块体和砂浆强度的提高而增高，且单个块体的抗压强度在某种程度上决定了砌体的抗压强度，块体抗压强度高时，砌体的抗压强度也较高，但砌体的抗压强度并不会与块体和砂浆强度等级的提高同比例增高。例如，对于一般砖砌体，当砖的抗压强度提高一倍时，砌体的抗压强度大约提高60%。此外，砌体的破坏主要由于单个块体受弯剪应力作用引起，故对单个块体材料除了要求要有一定的抗压强度外，还必须有一定的抗弯或抗折强度。对于砌体结构中所用砂浆，其强度等级越高，砂浆的横向变形越小，砌体的抗压强度也将有所提高。

对于灌孔的混凝土小型空心砌块砌体，块体强度和灌孔混凝土强度是影响其砌体强度的主要因素，而砌筑砂浆强度的影响则不明显，为了充分发挥材料的强度，应使砌块混凝土的强度和灌孔混凝土的强度接近。

（2）砂浆的性能

除了强度以外，砂浆的保水性、流动性和变形能力均对砌体的抗压强度有影响。砂浆的流动性大与保水性好时，容易铺成厚度均匀和密实性良好的灰缝，可降低单个块体内的弯剪应力，从而提高砌体强度。但如用流动性过大的砂浆，如掺入过多塑化剂的砂浆，砂浆在硬化后的变形率大，反而会降低砌体的强度。而对于纯水泥砂浆，其流动性差，且保水性较差，不易铺成均匀的灰缝层，影响砌体的强度，所以同一强度等级的混合砂浆砌筑的砌体强度要比相应纯水泥砂浆砌体高。砂浆弹性模量的大小及砂浆的变形性能对砌体强度亦具有较大的影响。当块体强度不变时，砂浆的弹性模量决定其变形率，砂浆强度等级越低，变形越大，块体受到的拉应力与剪应力就越大，砌体强度也就越低。而砂浆的弹性模量越大，其变形率越小，相应砌体的抗压强度也越高。

（3）块体的尺寸、形状与灰缝的厚度

块体的尺寸、几何形状及表面的平整程度对砌体的抗压强度的影响也较为明显。砌体中的块体的高度增大，其块体的抗弯、抗剪及抗拉能力增大，砌体受压破坏时第一批裂缝推迟出现，其抗压强度提高；砌体中块体的长度增加时，块体在砌体中引起的弯、剪应力也较大，砌体受压破坏时第一批裂缝相对出现早，其抗压强度降低。因此砌体强度随块体高度的增大而加大，随块体长度的增大而降低。而当块体的形状越规则，表面越平整时，块体的受弯、受剪作用越小，单块块体内的竖向裂缝将推迟出现，故而砌体的抗压强度可得到提高。

砂浆灰缝的作用在于将上层砌体传下来的压力均匀地传到下层去。灰缝厚，容易铺砌均匀，对改善单块砖的受力性能有利，但砂浆横向变形的不利影响也相应增大。灰缝薄，虽然砂浆横向变形的不利影响可大大降低，但难以保证灰缝的均匀与密实性，使单块块体处于弯剪作用明显的不利受力状态，严重影响砌体的强度。因此，应控制灰缝的厚度，使其处于既容易铺砌均匀密实，厚度又尽可能的薄。实践证明，对于砖和小型砌块砌体，灰缝厚度应控制在 8～12mm，对于料石砌体，一般不宜大于 20mm。

（4）砌筑质量

砌筑质量的影响因素是多方面的，砌体砌筑时水平灰缝的饱满度，水平灰缝厚度，块体材料的含水率以及组砌方法等关系着砌体质量的优劣。

砂浆铺砌饱满、均匀，可改善块体在砌体中的受力性能，使之较均匀地受压而提高砌体抗压强度；反之，则降低砌体强度。因此《砌体结构工程施工质量验收规范》(GB 50203)规定，砖砌体水平灰缝的砂浆饱满程度不得低于80%。

砌体在砌筑前，应先将块体材料充分湿润。例如，在砌筑砖砌体时，砖应在砌筑前提前1～2天浇水湿润。砌体的抗压强度将随块体材料砌筑时的含水率的增大而提高，而采用干燥的块体砌筑的砌体比采用饱和含水率块体砌筑的砌体的抗压强度约下降15%。

砌体的组砌方法对砌体的强度和整体性的影响也很明显。工程中常采用的一顺一丁、梅花丁和三顺一丁法砌筑的砖砌体，整体性好，砌体抗压强度可得到保证。但如采用包心砌法，由于砌体的整体性差，其抗压强度大大降低，容易酿成严重的工程事故。

《砌体结构工程施工质量验收规范》GB 50203 中，把砌体施工质量控制等级分为三级，见表 2-23。

表 2-23　砌体施工质量控制等级

项目	施工质量控制等级		
	A	B	C
现场质量管理	监督检查制度健全,并严格执行;施工方有在岗专业技术管理人员,人员齐全,并持证上岗	监督检查制度基本健全,并能执行;施工方有在岗专业技术管理人员,人员齐全,并持证上岗	有监督检查制度;施工方有在岗专业技术管理人员
砂浆、混凝土强度	试块按规定制作,强度满足验收规定,离散性小	试块按规定制作,强度满足验收规定,离散性较小	试块按规定制作,强度满足验收规定,离散性大
砂浆拌合方式	机械拌合;配合比计量控制严格	机械拌合;配合比计量控制一般	机械或人工拌合;配合比计量控制较差
砌筑工人	中级工以上,其中,高级工不少于30%	高、中级工不少于70%	初级工以上

注:① 砂浆、混凝土强度离散性大小根据强度标准差确定;
　　② 配筋砌体不得为C级施工。

2.2.2　砌体的抗拉、抗弯及抗剪强度

砌体的抗压性能比抗拉、抗弯、抗剪好得多,所以通常砌体结构都用于受压构件,但在工程实践中有时也遇到受拉、受弯、受剪的情况。例如,砖圆形水池由于液体对池壁的压力,在池壁垂直截面内引起环向拉力;又如挡土墙在土壤侧压力作用下墙壁象竖向悬臂柱一样受弯工作;而在有扶壁柱的挡土墙中,扶壁柱之间的墙壁在水平方向受弯工作;再如砖过梁或拱的支座处,由于水平推力的作用使支座截面砌体受剪。

1)砌体轴心受拉破坏特征及轴心抗拉强度

一般有三种破坏形式。

(1)一般沿齿缝截面破坏,此时砌体的抗拉强度取决于块体与砂浆连接面的黏结强度,并与齿缝破坏面水平灰缝的总面积有关。(块体强度 f_1 高,砂浆强度 f_2 低)(图 2-17)

砌体的轴心抗拉强度可由砂浆的强度等级来决定。规范中规定了砂浆的最

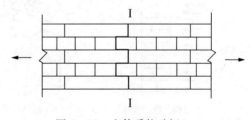

图 2-17　砌体受拉破坏(一)

低强度等级,就是为了防止发生这种破坏。如在《砌体结构设计规范》GB 50003 中,规定了砖砌过梁截面计算高度内的砂浆不宜低于 M5(Mb5、Ms5);钢筋砖过梁砂浆不宜低于 M5(Mb5、Ms5);填充墙砌筑砂浆的强度等级不宜低于 M5(Mb5、Ms5);顶层及女儿墙砂浆强度等级不低于 M7.5(Mb7.5、Ms7.5)。当砌体结构有抗震要求时,普通砖和多孔砖的砌筑砂浆强度等级不应低于 M5;蒸压灰砂普通砖、蒸压粉煤灰普通砖及混凝土砖的砌筑砂浆强

度等级不应低于 Ms5(Mb5);混凝土砌块的砌筑砂浆强度等级不应低于 Mb7.5;约束砖砌体墙,其砌筑砂浆强度等级不应低于 M10 或 Mb10。

(2)当块体强度等级较低或砂浆强度等级较高时,沿竖缝与块体截面破坏,抗拉强度主要取决于块体。(f_1低,f_2高)(图 2-18)。

规范中规定了块体的最低强度等级,就是为了防止发生这种破坏。如在《砌体结构设计规范》GB 50003 中,规定了砖拱过梁的砖不低于 MU7.5,钢筋砖过梁用砖不低于 MU7.5。当砌体结构有抗震要求时,普通砖和多孔砖的强度等级不应低于 MU10;蒸压灰砂普通砖、蒸压粉煤灰普通砖及混凝土砖的强度等级不应低于 MU15;混凝土砌块的强度等级不应低于 MU7.5;配筋砌块砌体抗震墙,其混凝土空心砌块的强度等级不应低于 MU10。

(3)沿水平通缝截面轴心受拉(图 2-19)。

由于砂浆法向黏结强度极低,工程中不允许采用垂直于通缝受拉的轴心受拉构件。

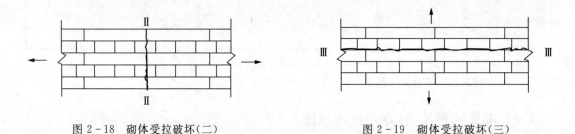

图 2-18 砌体受拉破坏(二)   图 2-19 砌体受拉破坏(三)

2)砌体的受弯性能

当砌体受弯时,总是在受拉区发生破坏。因此,砌体的抗弯能力将由砌体的弯曲抗拉强度确定,与轴心受拉类似,砌体弯曲受拉也有三种破坏形式。砌体在竖向弯曲时,沿通缝截面发生破化(图 2-20a)。砌体在水平方向弯曲时,有两种破坏可能:沿齿缝截面破坏(图 2-20b),以及沿块体和竖向灰缝破坏(图 2-20c)。

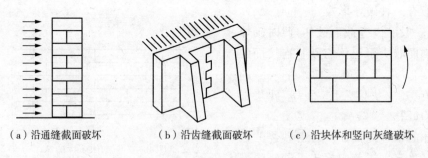

(a)沿通缝截面破坏   (b)沿齿缝截面破坏   (c)沿块体和竖向灰缝破坏

图 2-20 砌体受弯破坏形态

3)砌体的受剪性能

当砌体受剪时,根据构件的实际破坏情况可分为通缝抗剪(图 2-21a)、齿缝抗剪(图 2-21b)和阶梯形缝抗剪(图 2-21c)。

砌体的抗拉、弯曲抗拉及抗剪强度主要取决于灰缝的强度,亦即砂浆的强度,在大多数情况下,破坏是发生在砂浆和块体的连接面,因此,灰缝的强度就取决于砂浆和块体的黏结力。

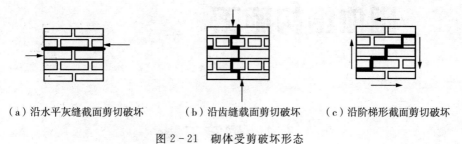

(a)沿水平灰缝截面剪切破坏　　　(b)沿齿缝截面剪切破坏　　　(c)沿阶梯形截面剪切破坏

图 2-21　砌体受剪破坏形态

3 砌体结构施工

3.1 砌筑工具

3.1.1 机械设备

3.1.1.1 砂浆搅拌机

砂浆搅拌机是把水泥、砂石骨料和水混合并拌制成砂浆混合料的机械。主要由拌筒、加料和卸料机构、供水系统、电动机、传动机构、机架和支承装置等组成。分为卧式砂浆搅拌机(图3-1)和立式砂浆搅拌机(图3-2);根据加热原理又分为普通砂浆搅拌机和加热砂浆搅拌机(图3-3、图3-4)。

图3-1 卧式砂浆搅拌机

图3-2 立式砂浆搅拌机

图3-3 卧式加热砂浆搅拌机

图3-4 立式加热砂浆搅拌机

3.1.1.2 筛砂机

筛沙机依据不一样的筛沙形式分为滚筒筛沙机(图3-5)与平动筛沙机(图3-6)两种类型。

图3-5 滚筒筛沙机　　　　　图3-6 小型平动筛沙机

3.1.1.3 淋灰机

淋灰机是石灰膏制作设备(图3-7)。

图3-7 淋灰机

3.1.2 主要工具

3.1.2.1 龙门板

"龙门板"是早期小型建筑放线的一种装置,是由两根木桩上部横钉一块不太宽木板,呈门形。高度距地面500～600mm左右,作用是标记墙轴线的(图3-8)。

在建筑物基槽开挖前,为了标记墙的轴线位置,在墙轴线的两端不影响基槽开挖的位置上分别设立龙门板,在龙门板上钉铁钉以标记墙的轴线位置,两个铁钉间的连线便是这道墙的轴线。如此将建筑物四面外墙的轴线都标记好。这样,当基槽挖好后可用龙门板上两铁钉间的连线确定墙基础的轴线;基础做完后,可以将龙门板上的轴线位置和标高水平线返到墙基上。当然,也可用龙门板上的轴线位置来确定墙身的轴线。

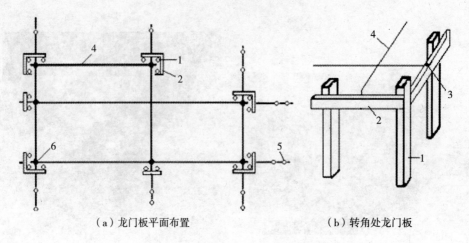

（a）龙门板平面布置　　　　　　　　　　（b）转角处龙门板

图 3-8　龙门板设置

1—龙门桩;2—龙门板;3—轴线钉;4—线绳;5—引桩;6—轴线桩

钉设龙门板的步骤和要求如下:

① 在建筑物四角与内纵、横墙两端基槽开挖边线以外约 1~1.5m(根据土质情况和挖槽深度确定)处钉设龙门桩,龙门桩要钉得竖直、牢固,木桩侧面与基槽平行。

② 根据建筑场地水准点,在每个龙门桩上测设±0.000 标高线。若遇现场条件不许可时,也可测设比±0.000 高或低一定数值的线。但同一建筑物最好只选用一个标高。如地形起伏选用两个标高时,一定要标注清楚,以免使用时发生错误。

③ 沿龙门桩上测设的高程线钉设龙门板,这样龙门板顶面的标高就在一个水平面上了。龙门板标高的测定允许偏差为±5mm。

④ 根据轴线桩,用经纬仪将墙、柱的轴线投到龙门板顶面上,并钉小钉标明,称为轴线钉。投点允许偏差为±5mm。

⑤ 用钢尺沿龙门板顶面检查轴线钉的间距,其相对误差不应超过 1/2000。经检核合格后,以轴线钉为准,将墙宽、基槽宽标在龙门板上,最后根据基槽上口宽度拉线撒出基槽开挖灰线。

⑥ 引桩(轴线控制桩)的测设

由于龙门板需用较多木料,而且占用场地,使用机械挖槽时龙门板更不易保存。因此可以采用在基槽外各轴线的延长线上测设引桩的方法(图 3-8a),作为开槽后各阶段施工中确定轴线位置的依据。即使采用龙门板,为了防止被碰动,也应测设引桩。在多层楼房施工中,引桩是向上层投测轴线的依据。

引桩一般钉在基槽开挖边线外 2~4m 的地方,在多层建筑施工中,为便于向上投点,应在较远的地方测定,如附近有固定建筑物,最好把轴线投测在建筑物上。引桩是房屋轴线的控制桩,在一般小型建筑物放线中,引桩多根据轴线桩测设。在大型建筑物放线时,为了保证引桩的精度,一般都先测引桩,再根据引桩测设轴线桩。

3.1.2.2 皮数杆

皮数杆又叫线杆。

皮数杆是指在其上划有每皮砖和灰缝厚度,以及门窗洞口、过梁、楼板等高度位置的一种木制标杆。砌筑时用来控制墙体竖向尺寸及各部位构件的竖向标高,并保证灰缝厚度的均匀性。

皮数杆可用方木、铝合金杆或角钢制作,长度一般为一个楼层高,并根据设计要求,将砖规格和灰缝厚度(皮数)及竖向结构的变化部位在皮数杆上标明。

皮数杆分为基础皮数杆(图 3-9)和墙身皮数杆(图 3-10)。

在基础皮数杆上,竖向构造包括:底层室内地面、防潮层、大放脚、洞口、管道、沟槽和预埋件等。墙身皮数杆上,竖向构造包括:楼面,窗台、门窗洞口,过梁,楼板,梁及梁垫等。

划皮数杆时应从±0.000 开始。从±0.000 向下到基础垫层以上为基础部分皮数杆,±0.000 以上为墙身皮数杆。

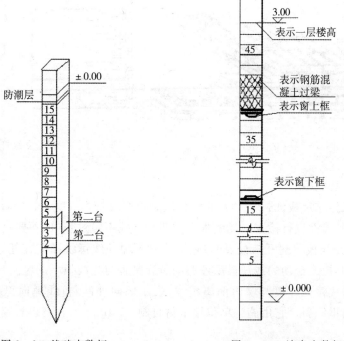

图 3-9 基础皮数杆　　　　图 3-10 墙身皮数杆

楼房如每层高度相同时划到二层楼地面标高为止,平房划到前后檐口为止。划完后在杆上以每五皮砖为级数,标上砖的皮数,如 5,10、15 等,并标明各种构件和洞口的标高位置,及其大致图例。由于实际生产的砖厚度不一,在划皮数杆之前,从进场的各砖堆中抽取十块砖样,量出总厚度,取其平均值,作为划砖厚度的依据。再加上灰缝的厚度,就可划出砖层的皮数。

立皮数杆时,先在立杆处打一木桩,用水准仪在木桩上测出±0.000 标高位置,然后把皮数杆的±0.000 线与木桩上±0.000 线对齐,并用钉钉牢(图 3-11)。所有皮数杆都应立在同一标高上。为了保证皮数杆稳定,可在皮数杆上加钉两根斜撑。

立线杆时有个"规矩",使用外脚手架砌砖时,线杆应立在墙内侧,当采用里脚手砌砖时,线杆则立在墙外面。线杆可以钉在预埋好的木桩上,也可以采用工具式线杆卡子钉在墙上(图3-12)。当采用线杆卡子,且线杆立在墙内,由于楼板碍事卡子伸不下去,这时就得让瓦工先砌起十几皮砖之后才能钉立卡子。立线杆时,先将卡子上的扁钉钉在下部墙的灰缝中,线杆插入套内,根据水准仪抄平者指挥,上下移动线杆使它达到标高,合适时再拧紧卡子上的螺丝。

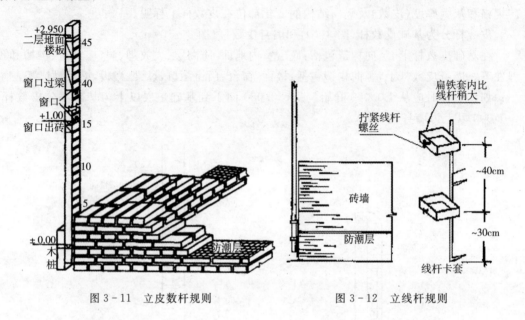

图3-11　立皮数杆规则　　　　　　　　　　图3-12　立线杆规则

3.1.2.3　托线板

托线板,又称靠尺板(图3-13),它的作用是检查墙身垂直度。托线板的用法是将托线板一侧垂直靠紧墙面进行检查。托线板上挂线垂的线不宜过长(也不要过粗),应使线锤的位置正好对准托线板下端开口处,同时还需注意不要使线锤线贴靠在托线板上,要让线锤自由摆动。这时检查摆动的线锤最后停摆的位置是否与托线板上的竖直墨线重合,重合表示墙面垂直;当线锤向外离开墙面偏离墨线,表示墙向外倾斜;线锤向里靠近墙面偏离墨线,则说明墙向里倾斜。它由施工单位用木材自制,长1.2~1.5m,也有铝制产品。

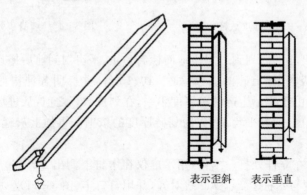

图3-13　托线板

3.1.2.4 线锤

线锤吊挂垂直使用,主要与托线板配合使用(图3-14)。

3.1.2.5 百格网

用于检查水平灰缝的砂浆饱满度(图3-15)。

3.1.2.6 砂浆试模

砂浆试模如图3-16所示,为边长70.7mm立方体钢模。

 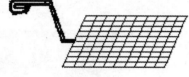 

图3-14 线坠　　　　　　图3-15 百格网　　　　　　图3-16 砂浆试模

3.1.2.7 钢卷尺

钢卷尺有1m、2m、3m以及30m、50m等几种规格。砖瓦工操作宜使用2m的钢卷尺。钢卷尺应选用有生产许可证的厂家生产的。

钢卷尺主要用来测量轴线尺寸、位置以及墙长、墙厚,还有门窗洞口的尺寸和留洞位置尺寸及测量墙体水平灰缝厚度、竖向灰缝宽度等(图3-17)。

3.1.2.8 磅秤

用来测量物体重量,分为机械磅秤和电子磅秤(图3-18)。

3.1.2.9 水准仪

水准仪是建立水平视线测定地面两点间高差的仪器,与三脚架配套使用(图3-19、图3-20)。

图3-17 钢卷尺　　图3-18　　图3-19 水准仪　　图3-20 三脚架
　　　　　　　　　磅秤

3.1.2.10 经纬仪

经纬仪是测量水平角和竖直角的仪器,与三脚架配套使用(图3-21)。

3.1.2.11 靠尺

靠尺是检测垂直度、水平度、平整度的工具。检测墙面、瓷砖是否平整、垂直。检测地板龙骨是否水平、平整,如图 3-22 所示。

垂直度检测:检测尺为可展式结构,合拢长 1m,展开长 2m。

检测时,推下仪表盖。活动销推键向上推,将检测尺左侧面靠紧被测面(握尺要垂直,观察红色活动销外露 3~5mm,摆动灵活即可),待指针自行摆动停止时,直读指针所指刻度下行刻度数值,此数值即被测面 1 米垂直度偏差,每格为 1mm。

平整度检测:检测尺侧面靠紧被测面,其缝隙大小用契形塞尺检测(图 3-23 契形塞尺),其数值即平整度偏差。

水平度检测:检测尺侧面装有水准管,可检测水平度,用法同普通水平仪。

图 3-21　经纬仪及三脚架

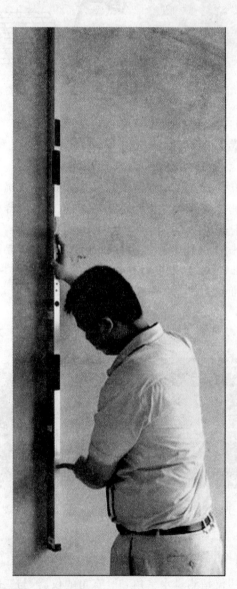

图 3-22　2m 靠尺

砌体结构施工

3.1.2.12　塞尺

塞尺与靠尺板配合使用,来测定墙、柱的平整度的偏差。塞尺上每一格表示厚度方向1mm,如图3-23所示。使用时,靠尺板一侧紧贴于墙面或柱面上,由于墙面或柱面的平整度不够,必然与靠尺板产生一定的缝隙,用塞尺轻轻塞进缝隙,塞进格数就表示墙面或柱面偏差的数值。

3.1.2.13　水平尺

又叫水平仪。水平尺用铁或铝合金制成,中间镶嵌玻璃水准管,它用来检查砌体水平位置的偏差,如图3-24所示。

图3-23　楔形塞尺

图3-24　水平尺

3.1.3　施工操作工具

施工操作工具应备有瓦刀、大铲、刨锛、灰槽、泥桶、砖夹子、筛子、勾缝条、运砖车、灰浆车、翻斗车、砖笼、扫帚、钢筋卡子等。

3.1.3.1　瓦刀

瓦刀又叫砖刀,瓦工用以砍削砖瓦,涂抹泥灰的一种工具(图3-25)。

3.1.3.2　刨锛

瓦工用以砍砖的一种工具(图3-26)。

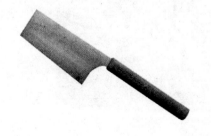

图3-25　瓦刀

图3-26　刨锛

3.1.3.3　大铲

瓦工用以铲灰的一种工具,有三角形大铲、长方形大铲、桃形大铲等,如图3-27所示。

（a）三角形大铲　　　　　（b）长方形大铲　　　　　（c）桃形大铲

图3-27　大铲

3.1.3.4　灰槽

灰槽是瓦工砌墙比较常用的一种储存灰浆容器,如图3-28所示。

3.1.3.5　泥桶

泥桶是瓦工砌墙时提灰工具,如图3-29所示。

3.1.3.6　料斗

供提升机运送砂浆的一种工具,如图3-30所示。

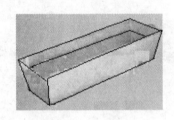

图3-28　灰槽　　　　　图3-29　泥桶　　　　　图3-30　料斗

3.1.3.7　砖夹子

砖头夹子是一种很重要的劳动工具,如图3-31所示。

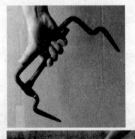

图3-31　砖夹子

（1）防高温,砖头烧好出窑的时候温度很高,有些烫手,夹子可以防止烫伤手掌。

（2）便于数数,一夹子砖头一般是五块,这样五块一夹,很便于数数,计算一共出了多少块砖头。

（3）便于堆砌,五块一夹,横的排,竖的排,很容易堆高,既整齐又不会倒。

（4）省力气,可以省掉一个手。假如不用夹子,搬砖头一般都要两个手,有了夹子,只要一个手就行,两个手可以轮换做,会轻松许多。

3.1.3.8　摊灰尺

瓦工砌墙时,用以摊灰的一种工具(图 3-32),铺砂浆可用瓦刀配合摊灰尺将灰铺平。

3.1.3.9　勾缝工具

溜子、抿子、托灰板用于清水墙、石墙的勾缝(图 3-33)。

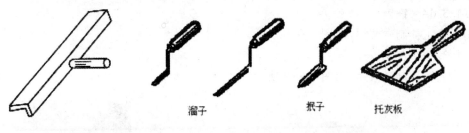

溜子　　抿子　　托灰板

图 3-32　摊灰尺　　　　　　　　图 3-33　勾缝工具

3.1.3.10　筛子

筛子用于筛黄砂,如图 3-34 所示。

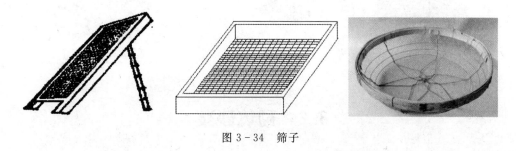

图 3-34　筛子

3.1.3.11　翻斗车

翻斗车是一种特殊的料斗可倾翻的短途输送物料的车辆。车身上安装有一个"斗"状容器,可以翻转以方便卸货,如图 3-35 所示。

3.1.3.12　手推车

手推车是以人力推、拉的搬运车辆,虽然用手推车运送物料劳动强度大,生产效率低,因为它造价低廉、维护简单、操作方便、自重轻,能在机动车辆不便使用的地方工作,在短距离搬运较轻的物品时十分方便,手推车仍作为不可缺少的搬运工具而沿用至今,如图 3-36 所示。

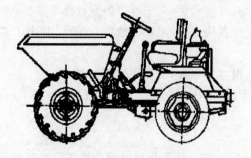
图3-35 翻斗车

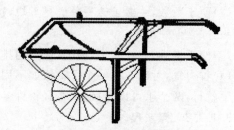
图3-36 手推车

3.1.3.13 扫帚

用于清扫基层用,如图3-37所示。

3.1.3.14 铁锹

用于人工拌制砂浆用,如图3-38所示。

3.1.3.15 灰耙

用于人工拌制砂浆用,如图3-39所示。

图3-37 扫帚   图3-38 铁锹   图3-39 灰耙

3.2 砌筑砂浆

砌筑砂浆一般采用水泥砂浆和混合砂浆。水泥砂浆的塑性和保水性较差,但能够在潮湿环境中硬化,一般多用于含水量较大的地基土中的地下砌体;混合砂浆则常用于地上砌体。使用时砂浆必须满足设计要求的种类和强度等级。

3.2.1 一般规定

(1)工程中所用砌筑砂浆,应按设计要求对砌筑砂浆的种类、强度等级、性能及使用部位核对后使用,其中对设计有抗冻要求的砌筑砂浆,应进行冻融循环试验,其结果应符合现行行业标准《砌筑砂浆配合比设计规程》JGJ/T 98的要求。

(2)砌体结构工程施工中,所用砌筑砂浆宜选用预拌砂浆,当采用现场拌制时,应按砌筑砂浆设计配合比配制。对非烧结类块材,宜采用配套的专用砂浆。

(3)不同种类的砌筑砂浆不得混合使用。

(4)砂浆试块的试验结果,当与预拌砂浆厂的试验结果不一致时,应以现场取样的试验结果为准。

(5)施工中不应采用强度等级小于 M5 水泥砂浆替代同强度等级水泥混合砂浆,如需替代,应将水泥砂浆提高一个强度等级。

3.2.2 材料要求

3.2.2.1 水泥

水泥宜采用通用硅酸盐水泥或砌筑水泥,且应符合现行国家标准《通用硅酸盐水泥》GB 175 和《砌筑水泥》GB/T 3183 的规定,并应有出场合格证或试验报告。水泥强度等级应根据砂浆品种及强度等级的要求进行选择。M15 及以下强度等级的砌筑砂浆宜选用 32.5 级的通用硅酸盐水泥或砌筑水泥;M15 及以上强度等级的砌筑砂浆宜选用 42.5 级的通用硅酸盐水泥。

水泥进场时应对其品种、等级、包装或散装仓号、出厂日期进行检查,并应对其强度、安定性进行复验,其质量必须符合现行国家标准《通用硅酸盐水泥》GB175 的有关规定。

抽检数量:按同一生产厂家、同品种、同等级、同批号连续进场的水泥,袋装水泥不超过 200t 为一批,散装水泥不超过 500t 为一批,每批抽样不少于一次。

检验方法:检查产品合格证、出厂检验报告和进场复验报告。

当在使用中对水泥质量有怀疑或水泥出厂超过三个月(快硬硅酸盐水泥超过一个月)时,应复查试验,并按其复验结果使用。

水泥应按品种、强度等级、出厂日期分别堆放,应设防潮垫层,并应保持干燥。

不同品种的水泥,不得混合使用。

3.2.2.2 砂

1)砂浆用砂要求

砂浆用砂宜采用过筛中砂,毛石砌体宜选用粗砂。

砂浆用砂应满足下列要求:

(1)不应混有草根、树叶、树枝、塑料、煤块、炉渣等杂物。

(2)砂中含泥量、泥块含量、石粉含量、云母、轻物质、有机物、硫化物、硫酸盐及氯盐含量(配筋砌体砌筑用砂)等应符合现行行业标准《普通混凝土用砂、石质量及检验方法标准》JGJ52 的有关规定。

(3)水泥砂浆和强度等级不小于 M5 的水泥混合砂浆,砂中含泥量不应超过 5%;强度等级小于 M5 的水泥混合砂浆,砂中含泥量不应超过 10%。

(4)人工砂、山砂及特细砂,应经试配能满足砌筑砂浆技术条件要求。

(5)砂子进场时应按不同品种、规格分别堆放,不得混杂。

2)验收

(1)供货单位应提供砂的产品合格证或质量检验报告。

使用单位应按砂的同产地同规格分批验收。采用大型工具(如火车、货船、汽车)运输的,以 400m³ 或 600t 为一验收批。采用小型工具(如拖拉机等)运输的,应以 200m³ 或 300t 为一验收批。不足上述数量者,应按一验收批进行验收。

(2)每验收批砂至少应进行颗粒级配、含泥量、泥块含量检验。对于海砂或有氯离子污染的砂,还应检验其氯离子含量;对于海砂,还应检验贝壳含量;对于人工砂及混合砂,还应检验石粉含量。对于重要工程或特殊工程,应根据工程要求,增加检测项目。对其他指标的合格性有怀疑时,应予以检验。

当砂的质量比较稳定、进料量又较大时,可以 1000t 为一验收批。

当使用新产源的砂时,供货单位应按规定的质量要求进行全面的检验。

3.2.2.3 石灰、石灰膏、粉煤灰

(1)粉煤灰、建筑生石灰、建筑生石灰粉的品质指标应符合现行行业标准《粉煤灰在混凝土及砂浆中应用技术规程》JGJ28、《建筑生石灰》JC/T 479、《建筑生石灰粉》JC/T 480 的有关规定。

(2)建筑生石灰、建筑生石灰粉熟化为石灰膏,应用孔径不大于 3mm×3mm 的网过滤,熟化时间不得少于 7d;磨细生石灰粉的熟化时间不得小于 2d。沉淀池中储存的石灰膏,应防止干燥、冻结和污染,严禁使用脱水硬化的石灰膏;建筑生石灰粉、消石灰粉不得代替石灰膏配制水泥石灰砂浆;消石灰粉不得直接用于砂浆中。

(3)在砌筑砂浆中掺入粉煤灰时,宜采用干排灰。

(4)石灰膏的用量,宜按稠度 120±5mm 计量。现场施工时当石灰膏稠度与试配时不一致时,可按表 3-1 换算。

表 3-1　石灰膏不同稠度的换算系数

稠度(mm)	120	110	100	90	80	70	60	50	40	30
换算系数	1.00	0.99	0.97	0.95	0.93	0.92	0.90	0.88	0.87	0.86

(5)建筑生石灰及建筑生石灰粉保管时应分类、分等级存放在干燥的仓库内,且不宜长期储存。

3.2.2.4 水

拌制砂浆用水的水质,应符合现行行业标准《混凝土用水标准》JGJ 63 的有关规定。

3.2.2.5 其他材料

砂浆中掺入的砌筑砂浆增塑剂、早强剂、缓凝剂、防冻剂、防水剂等砂浆外加剂,其品种和用量应经有资质的检测单位检验和试配确定。所用外加剂的技术性能应符合国家现行有关标准《砌筑砂浆增塑剂》JG/T164、《混凝土外加剂》GB 8076、《砂浆、混凝土防水剂》JC474 的质量要求。

3.2.3 现场拌制砂浆

3.2.3.1 砌筑砂浆的技术条件

1)砌筑砂浆的强度等级

水泥砂浆的强度等级可分为 M5、M7.5、M10、M15、M20、M25、M30;水泥混合砂浆的

强度等级可分为 M5、M7.5、M10、M15。

2)砌筑砂浆的表观密度

砌筑砂浆拌合物的表观密度宜符合表 3-2 的规定。

表 3-2 砌筑砂浆拌合物的表观密度　　　　　单位:kg/m³

砂浆种类	表现密度
水泥砂浆	≥1900
水泥混合砂浆	≥1800
预拌砌筑砂浆	≥1800

3)砌筑砂浆的稠度、保水率、试配抗压强度

砌筑砂浆的稠度、保水率、试配抗压强度应同时满足要求。

(1)砌筑砂浆施工时的稠度宜按表 3-3 选用。

(2)砌筑砂浆的保水率应符合表 3-4 的规定。

(3)砌筑砂浆的抗冻性

有抗冻性要求的砌体工程、砌筑砂浆应进行冻融试验。砌筑砂浆的抗冻性应符合表
3-5的规定且当设计对抗冻性有明确要求时,尚应符合设计定。

表 3-3 砌筑砂浆的稠度

砌体种类	砂浆稠度(mm)
烧结普通砖砌体 蒸压粉煤灰砖砌体	70～90
混凝土实心砖、混凝土多孔砖砌体 普通混凝土小型空心砌块砌体 蒸压灰砂砖砌体	50～70
烧结多孔砖、空心砖砌体 轻骨料小型空心砌块砌体 蒸压加气混凝土砌块砌体	60～80
石砌体	30～50

注:①采用薄灰砌筑法砌筑蒸压加气混凝土砌块砌体时,加气混凝土黏结砂浆的加水量按照其产品
说明书控制。

②当砌筑其他块体时,其砌筑砂浆的稠度可根据块体吸水特性及气候条件确定。

表 3-4 砌筑砂浆的保水率　　　　　单位:%

砂浆种类	保水率
水泥砂浆	≥80
水泥混合砂浆	≥84
预拌砌筑砂浆	≥88

表 3-5   砌筑砂浆的抗冻性

使用条件	抗冻指标	质量损失(%)	强度损失率(%)
夏热冬暖地区	F15		
夏热冬冷地区	F25	≤5	≤25
寒冷地区	F35		
严寒地区	F50		

4)砌筑砂浆中的水泥和石灰膏、电石膏等材料的用量可按表 3-6 选用。

表 3-6   砌筑砂浆的材料用量   单位:kg/m³

砂浆种类	材料用量
水泥砂浆	≥200
水泥混合砂浆	≥350
预拌砌筑砂浆	≥200

注:① 水泥砂浆中的材料用量是指水泥用量。
　　② 水泥混合砂浆中的材料用量是指水泥和石灰膏的材料总量。
　　③ 预拌砌筑砂浆的材料用量是指胶凝材料用量,包括:水泥和替代水泥的粉煤灰等活性矿物掺
　　　合料。

5)砌筑砂浆中可掺入保水增稠材料、外加剂等,掺量应经试配后确定。

3.2.3.2　砂浆的拌制及使用

(1)现场拌制砂浆应根据设计要求和砌筑材料的性能,对工程中所用砌筑砂浆进行配合比设计,当原材料的品种、规格、批次或组成材料有变更时,其配合比应重新确定。

(2)配制砌筑砂浆时,各组分材料应采用质量计量,水泥及各种外加剂配料的允许偏差为±2%;砂、粉煤灰、石灰膏等配料的允许偏差为±5%。砂子计量时,应扣除其含水量对配料的影响。

(3)改善砌筑砂浆性能时,宜掺入砌筑砂浆增塑剂。

(4)砌筑砂浆的稠度、保水率、试配抗压强度应同时符合要求;当在砌筑砂浆中掺用有机塑化剂时,应有其砌体强度的形式检验报告,符合要求后方可使用。

(5)砌筑砂浆应采用机械搅拌,搅拌时间自投料完算起应符合下列规定:

① 水泥砂浆和水泥混合砂浆不得少于 120s。

② 水泥粉煤灰砂浆和掺用外加剂的砂浆不得少于 180s。

③ 掺液体增塑剂的砂浆,应先将水泥、砂干拌混合均匀后,将混有增塑剂的拌合水倒入干混砂浆中继续搅拌;掺固体增塑剂的砂浆,应先将水泥、砂和增塑剂干拌混合均匀后,

将拌合水倒入其中继续搅拌。从加水开始,搅拌时间不应少于180s。

(6)搅拌水泥砂浆时,应先将砂及水泥投入,干拌均匀后,再加入水搅拌均匀。

(7)搅拌水泥混合砂浆时,应先将砂及水泥投入,干拌均匀后,再投入石灰膏(或黏土膏等)加水搅拌均匀。

(8)搅拌粉煤灰砂浆时,宜先将粉煤灰、砂与水泥及部分水投入,待基本拌匀后,再投入石灰膏加水搅拌均匀。

(9)在水泥砂浆和水泥石灰砂浆中掺用微沫剂时,微沫剂掺量应事先通过试验确定,一般为水泥用量的0.5/10000~1/10000(微沫剂按100%纯度计)。微沫剂宜用不低于70℃的水稀释至5%~10%。微沫剂溶液应随拌和水投入搅拌机内。

(10)按照安全文明施工规定设置搅拌棚,搅拌处必须悬挂配合比及实际操作说明,即一次搅拌各种材料的添加量及搅拌时间。

(11)现场拌制的砂浆应随拌随用,拌制的砂浆应3h内使用完毕;当施工期间最高气温超过30℃时,应在2h内使用完毕。对掺用缓凝剂的砂浆,其使用时间可根据其缓凝时间的试验结果确定。严禁使用过夜灰、落地灰等不满足使用要求的砂浆。

3.2.3.3 试块抽样及强度评定

(1)砌筑砂浆试块强度合格标准

砌筑砂浆试块强度验收时其强度合格标准应符合下列规定:

① 同一验收批砂浆试块强度平均值应大于或等于设计强度等级值的1.10倍;

② 同一验收批砂浆试块抗压强度的最小一组平均值应大于或等于设计强度等级值的85%。

注:①砌筑砂浆的验收批,同一类型、强度等级的砂浆试块应不少于3组;同一验收批砂浆只有一组或两组试块时,每组试块抗压强度的平均值应大于或等于设计强度等级值的1.1倍;对于建筑结构的安全等级为一级或设计使用年限为50年及以上的房屋,同一验收批砂浆试块的数量不得少于3组。

② 砂浆强度应以标准养护28d龄期的试块抗压强度为准。

③ 制作砂浆试块的砂浆稠度应与配合比设计一致。

抽检数量:每一检验批且不超过250m³砌体的各类、各强度等级的普通砌筑砂浆,每台搅拌机应至少抽检一次。验收批的预拌砂浆、蒸压加气混凝土砌块专用砂浆,抽检可为3组。

检验方法:在砂浆搅拌机出料口或在湿拌砂浆的储存容器出料口随机取样制作砂浆试块(现场拌制的砂浆,同盘砂浆只应制作一组试块),试块标养28d后作强度试验。预拌砂浆中的湿拌砂浆稠度应在进场时取样检验。

(2)当施工中或验收时出现下列情况,可采用现场检验方法对砂浆或砌体强度进行实体检测,并判定其强度:

① 砂浆试块缺乏代表性或试块数量不足;

② 对砂浆试块的试验结果有怀疑或有争议;

③ 砂浆试块的试验结果,不能满足设计要求;

④ 发生工程事故,需要进一步分析事故原因。

3.3 砌体结构施工

3.3.1 砌体施工的基本规定

3.3.1.1 砌体施工的准备工作

(1)施工前,应对施工图进行设计交底及图纸会审,并应形成会议纪要。

(2)施工单位应编制砌体结构工程施工方案,并应经监理单位审核批准后组织实施。

(3)施工前,应对现场道路、水电供给、材料供应及存放、机械设备、施工设施、安全防护、环保设施等进行检查。

(4)砌体结构施工前,应完成下列工作:

① 进场原材料的见证取样复验;

② 砌筑砂浆及混凝土配合比的设计;

③ 砌块砌体应按设计及标准要求绘制排块图、节点组砌图;

④ 检查砌筑施工操作人员的技能资格,并对操作人员进行技术、安全交底;

⑤ 完成基槽、隐蔽工程、上道工序的验收,且经验收合格;

⑥ 放线复核;

⑦ 标志板、皮数杆设置;

⑧ 施工方案要求砌筑的砌体样板已验收合格;

⑨ 现场所用计量器具符合检定周期和检定标准规定。

(5)建筑物或构筑物的放线应符合下列规定:

① 位置和标高应引自基准点或设计指定点;

② 基础施工前,应在建筑物的主要轴线部位设置标志板;

③ 砌筑基础前,应先用钢尺校核轴线放线尺寸,允许偏差应符合表 3-9 的规定。

表 3-9 放线尺寸的允许偏差

长度 L、宽度 B	允许偏差(mm)	长度 L、宽度 B	允许偏差(mm)
L(或 B)≤30	±5	60<L(或 B)≤90	±15
30<L(或 B)≤60	±10	L(或 B)>90	±20

(6)砌入墙体内的各种建筑构配件、埋设件、钢筋网片与拉结筋应预制及加工,并应按不同型号、规格分别存放。

(7)施工前及施工过程中,应根据工程项目所在地气象资料,针对不利于施工的气象情况,及时采取相应措施。

3.3.1.2 砌体施工的控制措施

(1)砌体结构工程施工现场应建立相应的质量管理体系,应有健全的质量、安全及环境保护管理制度。

(2)砌体结构工程施工所用的施工图应经审查机构审查合格;当需变更时,应由原设计单位同意并提供有效设计变更文件。

(3)砌体结构工程中所用材料的品种、强度等级应符合设计要求。

(4)砌体结构工程质量全过程控制应形成记录文件,并应符合下列规定:

① 各工序按工艺要求,应自检、互检和交接检;

② 工程中工序间应进行交接验收和隐蔽工程的质量验收,各工序的施工应在前一道工序检查合格后进行;

③ 砌体结构的单位(子单位)工程施工完成后,应进行观感质量检查,并应对建筑物垂直度、标高、全高进行测量。

(5)砌体结构工程检验批的划分应同时符合下列规定:

① 所用材料类型及同类型材料的强度等级相同;

② 不超过 $250m^3$ 砌体;

③ 主体结构砌体一个楼层(基础砌体可按一个楼层计),填充墙砌体量少时可多个楼层合并。

(6)砌体结构工程检验批验收时,其主控项目应全部符合《砌体结构工程施工质量验收规范》GB 50203 的规定;一般项目应有 80% 及以上的抽检处符合规范 GB 50203 的规定;有允许偏差的项目,最大超差值为允许偏差值的 1.5 倍。

(7)砌体结构分项工程中检验批抽检时,各抽检项目的样本最小容量除有特殊要求外,按不小于 5 确定。

3.3.1.3 砌体施工的技术规定

(1)基础墙的防潮层,当设计无具体要求时,宜采用 1:2.5 的水泥砂浆加防水剂铺设,其厚度可为 20mm。抗震设防地区建筑物,不应采用卷材作基础墙的水平防潮层。

(2)砌体结构施工中,在墙的转角处及交接处应设置皮数杆,皮数杆的间距不宜大于 15m。

(3)砌体的砌筑顺序应符合下列规定:

① 基底标高不同时,应从低处砌起,并应由高处向低处搭接。当设计无要求时,搭接长度 L 不应小于基础底的高差 H,搭接长度范围内下层基础应扩大砌筑(图 3-40)。

② 砌体的转角处和交接处应同时砌筑;当不能同时砌筑时,应按规定留搓、接搓。

③ 出檐砌体应按层砌筑,同一砌筑层应先砌墙身后砌出檐。

④ 当房屋相邻结构单元高差较大时,宜先砌筑高度较大部分,后砌筑高度较小部分。

(4)对设有钢筋混凝土抗风柱的房屋,应在柱顶与屋架间的支撑均已连接固定后,方可砌筑山墙。

(5)基础砌完后,应及时双侧同步回填。当设计为单侧回填时,应在砌体强度达到设计要求后进行。

(6)设计要求的洞口、沟槽或管道应在砌筑时

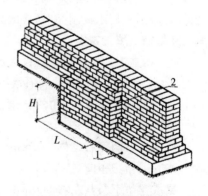

图 3-40 基底标高不同时
的搭砌示意图(条形基础)
1—混凝土垫层;2—基础扩大部分

预留或预埋,并应符合设计规定。未经设计同意,不得随意在墙体上开凿水平沟槽。对宽度大于 300mm 的洞口上部应设置钢筋混凝土过梁。不应在截面长边小于 500mm 的承重墙体、独立柱内埋设管线。墙体的洞口下边角处不得有砌筑竖缝;

(7)当墙体上留置临时施工洞口时,应符合下列规定:

① 墙上留置临时施工洞口净宽度不应大于 1m,其侧边距交接处墙面不应小于 500mm;

② 临时施工洞口顶部宜设置过梁,亦可在洞口上部采取逐层挑砖的方法封口,并应预埋水平拉结筋;

③ 对抗震设防烈度为 9 度及以上地震区建筑物的临时施工洞口位置,应会同设计单位确定;

④ 墙梁构件的墙体部分不宜留置临时施工洞口,当需留置时,应会同设计单位确定。

(8)当临时施工洞口补砌时,块材及砂浆的强度不应低于砌体材料强度;脚手眼应采用相同块材填塞,且应灰缝饱满。临时施工洞口、脚手眼补砌处的块材及补砌用块材应采用水湿润。

(9)砌体中的预埋铁件及钢筋的防腐应符合设计要求。预埋木砖应进行防腐处理,放置时木纹应与钉子垂直。

(10)块材高度大于 53mm 的墙体采用的预制窗台板不得嵌入墙内。

(11)砌体的垂直度、表面平整度、灰缝厚度及砂浆饱满度,均应随时检查并在砂浆终凝前进行校正。砌筑完基础或每一楼层后,应校核砌体的轴线和标高。在允许范围内,轴线偏差可在基础顶面或楼面上校正,标高偏差宜通过调整上部砌体灰缝厚度校正。

(12)搁置预制梁、板的砌体顶面应找平,安装时应坐浆。当设计无具体要求时,宜采用 1:3 的水泥砂浆坐浆。

(13)伸缩缝、沉降缝、防震缝中的模板应拆除干净,不得夹有砂浆、块体碎渣和其他杂物。

(14)当砌筑垂直烟道、通气孔道、垃圾道时,宜采用桶式提升工具,随砌随提。当烟道、通气道、垃圾道采用水泥制品时,接缝处外侧宜带有槽口,安装时除坐浆外,尚应采用 1:2 水泥砂浆将槽口填封密实。

(15)不得在下列墙体或部位设置脚手眼:

① 120mm 厚墙、清水墙、料石墙、独立柱和附墙柱;

② 过梁上与过梁成 60°角的三角形范围及过梁净跨度 1/2 的高度范围内;

③ 宽度小于 1m 的窗间墙;

④ 门窗洞口两侧石砌体 300mm,其他砌体 200mm 范围内;转角处石砌体 600mm,其他砌体 450mm 范围内;

⑤ 梁或梁垫下及其左右 500mm 范围内;

⑥ 设计不允许设置脚手眼的部位;

⑦ 轻质墙体。

⑧ 夹心复合墙外叶墙。

(16)砌体结构工程施工段的分段位置宜设在结构缝、构造柱或门窗洞口处。相邻施工段的砌筑高度差不得超过一个楼层的高度,也不宜大于4m。砌体临时间断处的高度差,不得超过一步脚手架的高度。

(17)砌体施工时,楼面和屋面堆载不得超过楼板的允许荷载值。当施工层进料口处施工荷载较大时,楼板下宜采取临时支撑措施。

(18)尚未施工楼板或屋面的墙或柱,其抗风允许自由高度不得超过表3-10的规定。如超过表中限值时,必须采用临时支撑等有效措施。

表3-10 墙和柱的允许自由高度 单位:m

墙(柱) (mm)	砌体密度>1600(kg/m³)			砌体密度1300~1600(kg/m³)		
	风荷载(kN/m²)			风荷载(kN/m²)		
	0.3 (约7级风)	0.4 (约8级风)	0.8 (约9级风)	0.3 (约7级风)	0.4 (约8级风)	0.8 (约9级风)
190				1.4	1.1	0.7
240	2.8	2.1	1.4	2.2	1.7	1.1
370	5.2	3.9	2.6	4.2	3.2	2.1
490	8.6	6.5	4.3	7.0	5.2	3.5
620	14.0	10.5	7.0	11.4	8.6	5.7

注:①本表适用于施工处相对标高 H 在10m范围的情况。如10m<H≤15m,15m<H≤20m时,表中的允许自由高度应分别乘以0.9、0.8的系数;如果 H>20m时,应通过抗倾覆验算确定其允许自由高度;

②当所砌筑的墙有横墙或其他结构与其连接,而且间距小于表中相应墙、柱的允许自由高度的2倍时,砌筑高度可不受本表的限制;

③当砌体密度小于1300kg/m³时,墙和柱的允许自由高度应另行验算确定。

(19)砌体施工质量控制等级应符合表2-20的规定。施工质量控制等级应符合设计要求。当设计无要求时,不应低于B级,并应按本规范附录3-1的要求进行评定及检查。

(20)在墙体砌筑过程中,当砌筑砂浆初凝后,块体被撞动或需移动时,应将砂浆清除后再铺浆砌筑。

(21)分项工程检验批质量验收可按本章第3.5节各相应记录表填写。

3.3.2 砖砌体施工

3.3.2.1 有关术语

1)不同方向与位置砖的名称

如图3-41、图3-42所示。

顺砖:长边平行于墙面砌筑的砖称顺砖。

丁砖:长边垂直于墙面砌筑的砖称丁砖。

卧砖(平砖或眠砖):将大面放平砌筑,又称为平砖或眠砖。

陡砖:就是将砖侧立着用。

立砖:就是将砖直立着用。

2)灰缝

横向竖缝;纵向竖缝;水平缝(卧缝);立缝。

砖砌体灰缝厚度一般8~12mm。

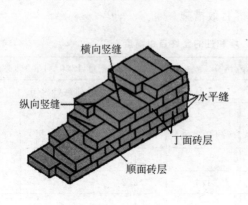

图3-41 不同方向和位置砖的名称

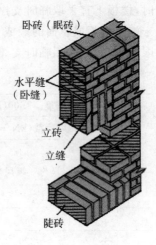

图3-42 灰缝的名称

3)瞎缝

砌体中相邻块体间无砌筑砂浆,又彼此接触的水平缝或竖向缝。

4)假缝

为掩盖砌体灰缝内在质量缺陷,砌筑砌体时仅在靠近砌体表面处抹有砂浆,而内部无砂浆的竖向灰缝。

5)透明缝

砌体中相邻块体间的竖缝砌筑砂浆不饱满,且彼此未紧密接触而造成沿墙体厚度通透的竖向缝(图3-43)。

6)通缝

砌体中上下皮块体搭接长度小于规定数值的竖向灰缝(图3-44)。

图3-43 透明缝

图3-44 通缝

7)游丁走缝

丁砖竖缝歪斜、宽窄不匀,丁不压中(丁砖在下层顺砖上不居中)。

8)相对含水率

含水率与吸水率的比值。

9)薄层砂浆砌筑法

采用专用砂浆砌筑墙体的一种方法,其水平灰缝厚度和竖向灰缝宽度不大于5mm。

10)排砖摞底

"排砖"是按确定的组砌形式将砖干摆好,"摞底"是将摆好的砖砌筑固定。排砖摞底是正式砌筑前的重要工序。

11)山丁檐跑

在砌筑工程开始之前,一般要求的摆砖摞底工作,要求做到"山丁檐跑",即摞底时要求山墙的最下一皮砖要求为丁砖,檐墙的最下一皮底砖要求排成跑砖,即顺砖(图3-45)。

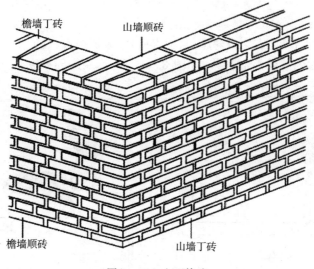

图3-45 山丁檐跑

12)三吊五靠

砌砖墙时的要求,每砌三皮砖就要线锤吊一吊垂直度,每砌五皮砖就要靠尺靠一靠垂直平整度。

13)罗丝墙

罗丝墙是指砌完一个层高的墙体时,同一层的标高差一皮砖的厚度,不能交圈。这是一种常见的质量通病。

3.3.2.2 砌砖基本功

1)单项操作基本功

单项操作基本功是指铲灰、铺灰、取砖、摆砖揉挤、砍砖等动作,它融于砌筑工程的全过程。

(1)铲(取)灰

铲灰常用的工具为瓦刀、大铲、小灰桶、灰斗。在小灰桶中取灰,最适宜于披灰法砌筑。

① 瓦刀取灰方法

操作者右手拿瓦刀,向右侧身弯腰(灰桶方向)将瓦刀插入灰桶内侧(靠近操作者的一边),然后转腕将瓦刀口边接触灰桶内壁,顺着内壁将瓦刀刮起,这时瓦刀已挂满灰浆,如图3-46所示。

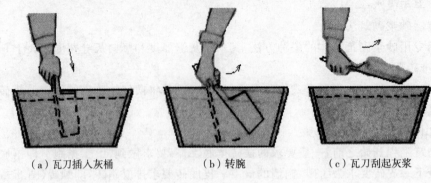

(a)瓦刀插入灰桶　　　　　　(b)转腕　　　　　　(c)瓦刀刮起灰浆

图3-46　瓦刀取灰法

② 用大铲铲灰

操作者右手拿大铲,向右侧身弯腰(灰桶方向)将大铲切入(大铲面水平略带倾斜)灰桶砂浆中,向左前或右的顺势舀起砂浆,如图3-47所示。技巧:铲灰时要掌握好取灰的数量,尽量做到一刀灰一块砖。

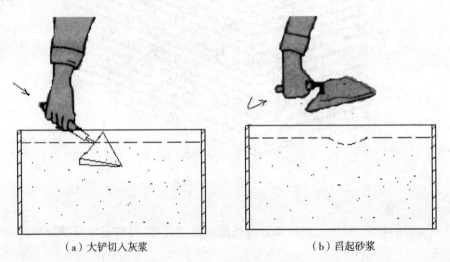

(a)大铲切入灰浆　　　　　　　　　(b)舀起砂浆

图3-47　大铲铲灰

(2)铺灰

铺灰直接影响砌砖速度的快慢和砌筑质量的好坏,应根据砌砖的部位、条砖还是丁砖等情况,分别采用下列手法。

① 砌条砖的铺灰手法

A. 甩灰(适宜砌筑离身低而远部位的墙体):铲取砂浆呈均匀条状(长160mm、宽40mm、厚30mm)并提升到砌筑位置→铲面转动90°(手心向上)→用手腕向上扭动并配合手臂的上挑力顺砖面中心将灰甩出→砂浆呈条状均匀落下(长260mm、宽80mm、厚20mm),如图3-48所示。

B. 扣灰(适宜砌筑近身高部位的墙体)：铲取砂浆呈均匀条状(长160mm、宽40mm、厚30mm)并提升到砌筑位置→铲面转动90°(手心向下)→利用手臂前推力顺砖面中心将灰扣出→砂浆呈条状(长260mm、宽80mm、厚20mm)均匀落下，如图3-49所示。

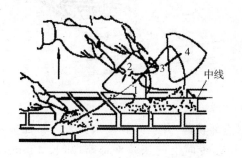

图3-48　砌条砖甩灰

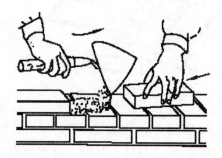

图3-49　砌条砖扣灰

C. 泼灰(适宜砌筑近身及身后部位的墙体)：铲取砂浆呈扁平状并提升到砌筑位置→铲面转成斜状(手柄在前)→利用手腕转动成半泼半甩，平行向前推进泼出砂浆→砂浆落下呈扁平状(长260mm、宽90mm、厚15mm)，如图3-50所示。

D. 溜灰(适宜砌角砖)：铲取砂浆呈扁平状并提升到砌筑位置→铲尖紧贴砖面，铲柄略抬高→向身后抽铲落灰→砂浆呈扁平状并与墙边平齐，如图3-51所示。

② 砌丁砖铺灰法

A. 甩灰(正手甩灰适宜砌筑离身体低而远的部位的墙体，反手甩灰适宜砌筑近身高部位的墙体)：铲取砂浆呈扁平状并提升到砌筑位置→铲面成斜状(正手朝手心方向，反手朝手背方向)→利用手臂的推力(正手为左推力，反手为右推力)将灰甩出→砂浆呈扁平状(长220mm、宽90mm、厚20mm)，如图3-52，图3-53所示。

图3-50　砌条砖泼灰

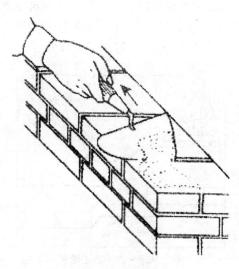

图3-51　砌条砖溜灰

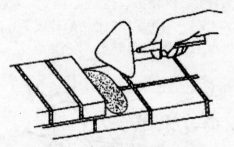

图 3-52　砌丁砖正手甩灰

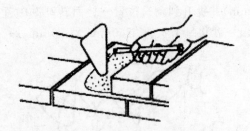

图 3-53　砌丁砖反手甩灰

B. 扣灰（适宜砌 37 墙里丁砖）：铲取砂浆（前部较薄）并提升到砌筑位置→铲面成斜状（朝丁砖长方向）→利用手臂推力将灰甩出→扣在砖面上的灰条外部略厚（长 220mm、宽 90mm），如图 3-54 所示。

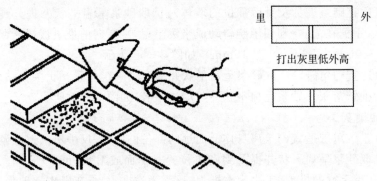

图 3-54　砌丁砖扣灰

C. 泼灰（正泼灰适宜砌近身处的 37 墙外丁砖，平拉反泼适宜砌离身较远处的 37 墙外丁砖）：铲取砂浆呈扁平状并提升到砌筑位置→铲面成斜状（正泼为掌心朝左，平拉反泼为掌心朝右）→利用腕力（正泼为平行向左推进，反泼为平拉反泼）泼出砂浆→砂浆呈扁平状（长 220mm、宽 90mm、厚 15mm），如图 3-55、图 3-56 所示。

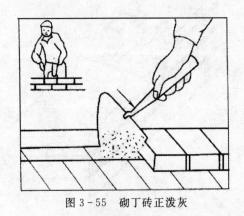

图 3-55　砌丁砖正泼灰

图 3-56　砌丁砖反泼灰

D. 溜灰（适宜砌 37 墙里丁砖）：铲取砂浆（前部略厚）并提升到砌筑位置→将手臂伸过准线使大铲边与墙边齐平→抽铲落灰→砂浆成扁平状（长 220mm、宽 90mm、厚 15mm）。

如图3-57所示。

E. 一带二铺灰手法

由于砌丁砖时,竖缝的挤浆面积比条砖大一倍,外口砂浆不宜挤严,可以在灰斗处将丁砖的碰头灰打上,再铲取砂浆转身铺灰砌筑,这样就多了一次打灰动作。一带二铺灰法是将这两个动作合并起来,利用在砌筑面上铺灰时,将砖的丁头伸入落灰处接打碰头灰。这种做法铺灰后要摊一下砂浆,才能摆砖挤浆,在步法上也要作相应变换。

铲取砂浆呈扁平状并提升到砌筑位置→铲面转成90°(手心向下)→将砖顶头伸入落灰处,接打碰头灰→用铲摊平砂浆(长220mm、宽90mm、厚15mm)(如图3-58所示)。

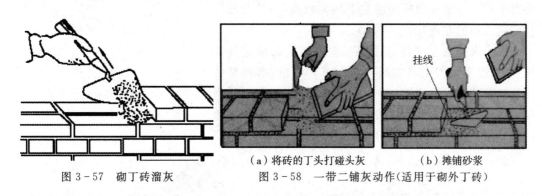

图3-57 砌丁砖溜灰　　　　　　　（a）将砖的丁头打碰头灰　　　（b）摊铺砂浆

图3-58 一带二铺灰动作(适用于砌外丁砖)

(3)取砖挂灰

① 取砖

砌墙时,操作者应顺墙斜站,砌筑方向是由前向后退着砌。这样易于随时检查已砌好的墙是否平直。用单手挤浆法操作时,铲灰和取砖的动作应一次完成,以减少弯腰次数,同时也缩短砌筑时间。左手取砖与右手铲灰的动作应该一次完成,一般采用"旋转法"取砖。即将砖平托在左手掌上,使掌心向上,砖的大面贴在手心,这时用该手的食指或中指稍勾砖的边棱,依靠四指向大拇指方向的运动,配合抖腕动作,砖就在左掌心旋转起来。操作者可观察砖的四个面(两个条面、两个丁面),然后选定最合适的面朝向墙的外侧,如图3-59所示。取砖时,要注意选砖,对不同部位需要什么样的砖要心中有数,技术熟练后,取第一块砖时就要看准下一块要用的砖。

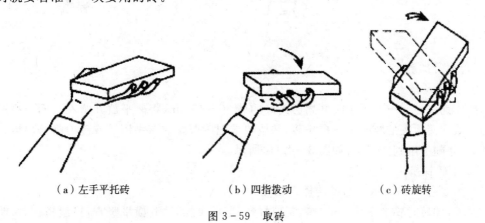

（a）左手平托砖　　　　　　（b）四指拨动　　　　　　（c）砖旋转

图3-59 取砖

② 挂灰

挂灰一般用瓦刀,动作可分解为以下几点。

A. 准备动作:右手拿瓦刀取好砂浆,左手取砖,平托砖块(大拇指勾住左条面,食指紧贴砖下大面,其他三指勾住右条面),如图 3-61 所示。

B. 瓦刀挂灰:第一次刮砂浆时左手将瓦刀后背斜靠砖大面右边棱后端,手臂带动瓦刀沿着边棱向前右下均匀滑刮,将部分砂浆挂在砖大面的右侧(图 3-61a);第二次挂灰时反手将瓦刀前口斜靠砖大面左边棱前端,手臂带动瓦刀沿着边棱向后左下均匀滑刮,将部分砂浆挂在砖大面的左侧(图 3-61b)。

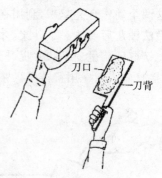

图 3-60 挂灰准备

第三次挂灰左手将瓦刀前背斜靠砖大面前边棱左端,手臂带动瓦刀沿着边棱向前右下均匀滑刮,将部分砂浆挂在砖大面的前侧(图 3-61c);第四次挂灰反手将瓦刀后口斜靠砖大面后边棱右端,手臂带动瓦刀沿着边棱向后左下均匀滑刮,将剩余砂浆挂在砖大面的后侧(图 3-61d)。

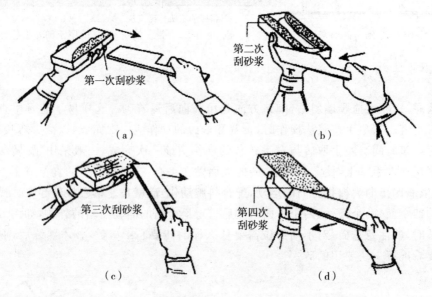

图 3-61 挂灰

(4)摆砖揉挤

① 条砖揉挤

操作铺好砂浆→左手拿砖并离已砌好的砖 30~40mm,将砖平放并蹭着灰面→把砂浆刮起一点到砖顶头的竖缝里→揉挤砖,并按要求把砖摆好→右手用铲或砖刀将挤出墙面的灰刮起,并随手甩到竖缝里,如图 3-62(a)所示。

② 丁砖揉挤

如图 3-62(b)所示。与条砖揉挤相似。

要求:揉砖时要上平线,下跟棱,浆薄轻揉,浆厚重揉,达到横平竖直,错缝搭接,灰浆饱满,厚度均匀。

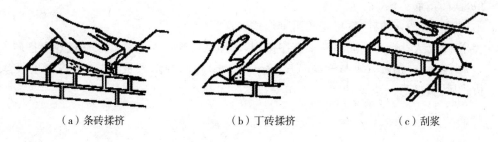

(a) 条砖揉挤　　　　　(b) 丁砖揉挤　　　　　(c) 刮浆

图 3-62　摆砖揉挤

(5) 砍砖

由于砖的尺寸不符合建筑模数,所以砌筑过程中常常需要砍砖。

① 砍七分头砖

七分头砖即长度为 3/4 砖长的砖,其尺寸为 180mm×115mm×53mm。其砍凿方法为:选砖(外观平整、内在质地均匀)→右手持砖(条面向上)→以瓦刀或刨锛所刻标记量测砖块→在砖条面划线痕→用瓦刀或刨锛砍下二分头,如图 3-63 所示。

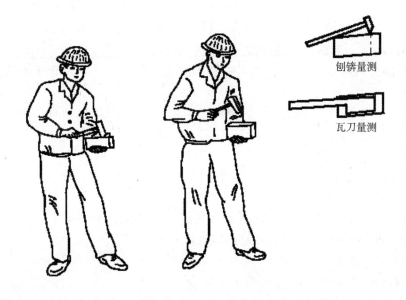

刨锛量测

瓦刀量测

图 3-63　砍凿七分头的方法

② 砍二寸条砖

二寸条砖即宽度为 1/2 砖宽的砖,其尺寸为 240mm×57.5mm×53mm。其砍凿方法为:选砖(外观平整、内在质地均匀)→2 个面划线痕→用瓦刀或刨锛在砖的 2 个丁面上各砍一下→用瓦刀口轻轻叩打砖的 2 个大面并逐渐加力→最后在砖的 2 个丁面用力砍成二寸条。

2) 排砖撂底

"排砖"是按确定的组砌形式将砖干摆好,"撂底"是将摆好的砖砌筑固定。排砖撂底是正式砌筑前的重要工序。

（1）摆砖撂底方法

① 选方正、平直的砖,按确定的组砌形式试摆。

② 摆砖应从一端开始向另一端有序排列,不能从两端同时向中间或从任意点摆砖。

③ 摆砖前,应先做一块与立缝宽度(8~12mm)相同的木条板,摆砖时将木条板紧贴前一块砖后,再摆后一块砖,以保证竖缝宽度尺寸准确一致(图3-64)。

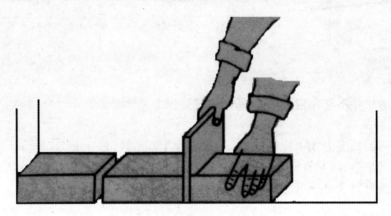

图3-64 用木条板摆砖

④ 山墙与檐墙的摆砖应遵循"山丁檐跑"的规则。

⑤ 尽量避免一道墙上连续出现两皮砖都有七分头砖。清水墙面不允许出现二寸头砖。

⑥ 试摆完成后,经检查确定无误后用砂浆将摆好的砖砌筑固定。

（2）摆砖撂底技巧

① 重点把墙转角、交接处的砖摆好。

② 门窗间墙要排成符合砖的模数(即整砖的整倍数),如不合适,可将门窗口位置适当调整。可将洞口向左右移位不大于60mm来调整。

③ 撂底时,要找正标高,四周的水平缝须在同一水平线上,砌在墙上的砖一定要放平,不能一边高一边低,使砌出的墙向内或向外倾斜。

3)常用的操作方法

（1）瓦刀披灰法

瓦刀披灰法又叫满刀灰法或带刀灰法,是一种常见的砌筑方法,特别是在砌空斗墙时都采用此种方法。由于我国古典建筑多数采用空斗墙作填充墙,所以瓦刀披灰法有悠久的历史。用瓦刀披灰法砌筑时,左手持砖右手拿瓦刀,先用瓦刀在灰斗中刮上砂浆,然后用瓦刀把砂浆正手披在砖的一侧,再反手将砂浆抹满砖的大面,并在另一侧披上砂浆。砂浆要刮布均匀,中间不要留空隙,丁头缝也要满披砂浆,然后把满披砂浆的砖块轻轻按在墙上,直到与准线相平齐为止。每皮砖砌好后,用瓦刀将挤出墙面的砂浆刮起并甩入竖向灰缝内。

操作方法 瓦刀披灰法适合于稠度大、黏性好的砂浆,有些地区也使用黏土砂浆和白灰砂浆。瓦刀披灰法应使用灰斗存灰,取灰时,右手提握瓦刀把,将瓦刀头伸入灰斗内,顺着灰斗靠近身边的一侧轻轻刮取,砂浆即粘在瓦刀头上,所以又叫带刀灰。这样不仅可使砂浆粘满瓦刀,而且取出的灰光滑圆润,利于披刮。瓦刀披灰法的刮灰动作如图 3-65(a)～(f)所示。

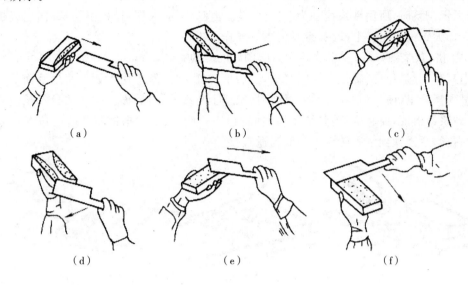

图 3-65 瓦刀披灰的刮灰动作

以上的 6 个动作仅仅刮了一个砖的大面,如果是黏土砂浆或白灰砂浆,这个面上形成一个四面高中间低的形状,俗称"蟹壳灰"。

大面上灰浆打好以后,还要根据是丁砖还是顺砖,打上条面或丁面的竖向灰。砖砌到墙上以后,刮取挤出的灰浆再甩入竖缝内。条面或丁面的打灰方式可参照大面的办法进行,只要大面的灰能够打好,条面和丁面也没有问题。

砌筑空斗墙时,特别要弄清灰应该打在砖的哪一面,因为砖在手中和在砌体内的位置和方向是不一样的,打灰必须弄清手中的砖砌到墙上以后是什么方位,哪几个面要打灰。空斗墙内的砖有很多地方是不需要打灰的,不能生搬硬套图 3-65 的做法。

瓦刀披灰法的特点 瓦刀披灰法砌筑时,因其砂浆刮得均匀,灰缝饱满,所以砌筑的砂浆饱满度较好。但是每砌一块砖都要经过 6 个刮灰动作,工效太低。这种方法适用于砌空斗墙、1/4 砖墙、拱碹、窗台、花墙、炉灶等。由于这种方法有利于砌筑工的手法锻炼,历来被列为砌筑工人门的基本训练之一。

(2)"三一"砌筑法

"三一"砌法,又叫大铲砌筑法,采用一铲灰、一块砖、一挤揉的砌法。也叫满铺满挤操作法。

"三一"砌法的操作步骤:铲灰取砖→大铲铺灰→摆砖揉挤。

① 铲灰取砖:砌墙时操作者应顺墙斜站,砌筑方向是由前向后退着砌;这样易于随时检查已砌好的墙面是否平直。铲灰时,取灰量应根据灰缝厚度,以满足一块砖的需要量为标准。取砖时应随拿随挑选。左手拿砖右手舀砂浆,同时进行,以减少弯腰次数,争取砌筑时间。

② 铺灰:铺灰是砌筑时比较关键的动作,如掌握不好就会影响砖墙砌筑质量。一般常用的铺浆手法是甩浆,有正手甩浆和反手甩浆,如图 3-66 所示。灰不要铺得超过砖长太

多,长度约比一块砖稍长1~2cm,宽约8~9cm,灰口要缩进外墙2cm。铺好的灰不要用铲来回去扒或用铲角抠点灰去打头缝,这样容易造成水平灰缝不饱满。

用大铲砌筑时,所用砂浆稠度为7~9cm较适宜。不能太稠,过稠不易揉砖,竖缝也填不满,太稀大铲又不易舀上砂浆,容易滑下去操作不方便。

③ 揉挤:灰浆铺好后,左手拿砖在离已砌好的砖约有3~4cm处,开始平放并稍稍蹭着灰面,把灰浆刮起一点到砖顶头的竖缝里,然后把砖揉一揉,顺手用大铲把挤出墙面的灰刮起来,甩到竖缝里(图3-66d、e、f)。揉砖时,眼要上看线,下看墙面。揉砖的目的是使砂浆饱满。砂浆铺得薄,要轻揉;砂浆铺得厚,揉时稍用一些劲,并根据铺浆及砖的位置还要前后或左右揉,总之揉到下齐砖棱上齐线为适宜。

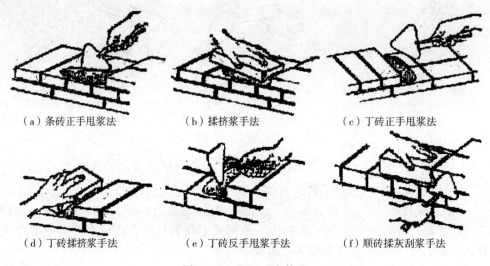

（a）条砖正手甩浆法　　（b）揉挤浆手法　　（c）丁砖正手甩浆法

（d）丁砖揉挤浆手法　　（e）丁砖反手甩浆手法　　（f）顺砖揉灰刮浆手法

图3-66 "三一"砌筑法

④ 砌筑布料

砖和灰斗在操作面上的安放位置,应方便操作者砌筑,安放不当会打乱步法,增加砌筑中的多余动作。灰斗的放置由墙角开始,第一个灰斗布置在离大角或窗洞墙0.6~0.8m处,沿墙的灰斗距离为1.5m左右,灰斗之间码放两排砖,要求排放整齐。遇有门窗洞口处可不放料,灰斗位置相应退出门窗口边60~80cm,材料与墙之间留出50cm,作为操作者的工作面。砖和砂浆的运输在墙内楼面上进行。灰斗和砖的排放如图3-67所示。

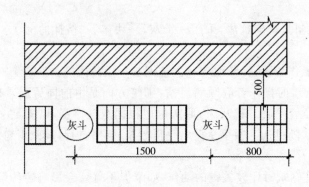

图3-67 "三一"砌筑法灰斗和砖的排放

砌体结构施工

⑤ "三一"砌法的特点

由于铺出的砂浆面积相当一块砖的大小,并且随即就揉砖,因此灰缝容易饱满,黏结力强,能保证砌筑质量。在挤砌时随手刮去挤出墙面的砂浆,使墙面保持清洁。但这种操作法一般都是单人操作,操作过程中取砖,铲灰,铺灰,转身、弯腰的动作较多,劳动强度大,又耗费时间,影响砌筑效率。

⑥ 适用范围及要求

适用于砌筑各种实心砖墙,要求所用砂浆稠度7~9cm为宜。

(3)"二三八一"砌筑法

"二三八一"操作法就是把瓦工砌砖的动作过程归纳为二种步法(操作者以丁字步与并列步交替退行操作),三种弯腰姿势(是指操作过程中采用侧弯腰、丁字步弯腰与并列步弯腰进行操作),八种铺灰手法(砌条砖用的甩、扣、泼、溜和砌丁砖时的扣、溜、泼,一带二),一种挤浆动作,叫作二三八一砌砖动作规范,简称二三八一操作法。

① 操作步骤

铲灰取砖→大铲铺灰→摆砖揉挤。

② 砌砖动作

铲灰和拿砖→转身铺灰→挤浆和接刮余灰→甩出余灰。

③ 2种步法(丁字步和并列步)

A. 砌砖时以1.5m长为单位,将墙体划分为若干个工作面(图3-68)。

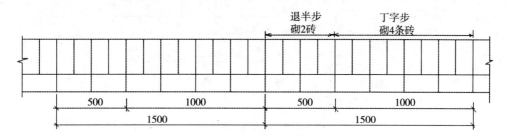

图3-68 划分工作段

B. 操作者背向砌筑前进方向退步砌筑(图3-69)。

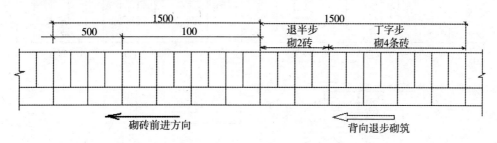

图3-69 背向退步砌筑

C. 开始砌筑时,斜站成步距约0.8m的丁字步。左脚在前(离大角约1m),右脚在后(靠近灰斗),后腿紧靠灰斗。右手自然下垂可方便取灰,左脚稍转动可方便取砖(图3-70)。

D. 砌完 1m 长墙体后,左脚后撤半步,右脚稍移动成并列步,面对墙身再砌 0.5m 长墙体。在并列步时,两脚稍转动可完成取灰和取砖动作(图 3-71)。

E. 砌完 1.5m 长墙体后,左脚后撤半步,右脚后撤一步,第 2 次又站成丁字步,再继续重复前面的动作(图 3-72)。

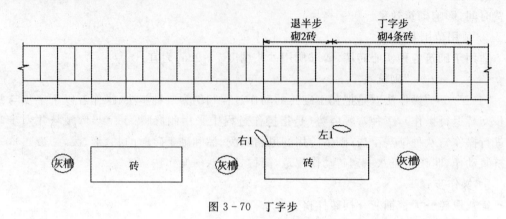

图 3-70 丁字步

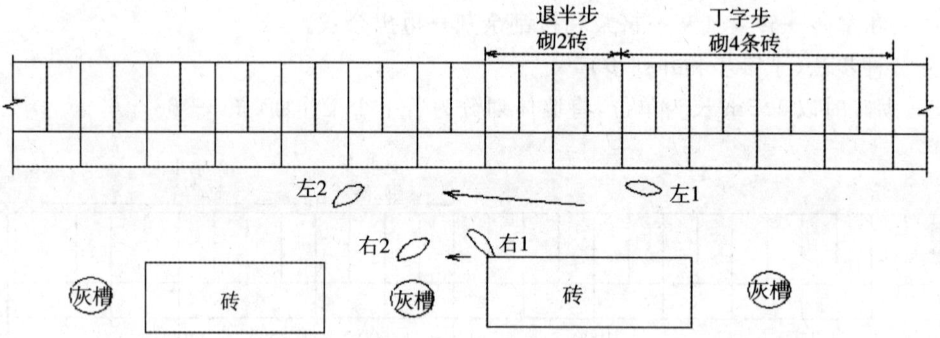

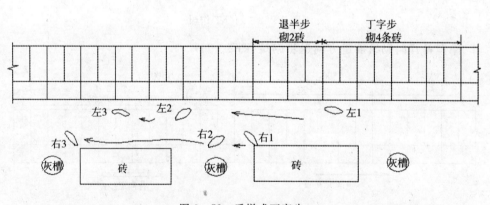

图 3-71 并列步

图 3-72 后撤成丁字步

④ 3 种弯腰姿势

A. 侧身弯腰用于丁字步姿势铲灰和取砖,如图 3-73(a)所示。

B. 丁字步正弯腰用于丁字步姿势砌离身较远的矮墙,如图 3-73(b)所示。

砌体结构施工

C. 并列步正弯腰用于并列步姿势砌近身墙体,如图3-73(c)所示。

（a） （b）

（c）

图3-73 三种弯腰姿势

⑤ 8种铺灰手法

A. 砌条砖时采用甩灰(图3-48)、扣灰(图3-49)、泼灰(图3-50)和溜灰(图3-51)4种铺灰手法。

B. 砌丁砖时采用扣灰(图3-54)、里丁砖溜灰(图3-57)、外丁砖泼灰(图3-55、图3-56)和一带二铺灰(图3-58)4种铺灰手法。

⑥ 一种挤浆动作

挤浆时应将砖落在灰条2/3的长度或宽度处,将超过灰缝厚度的那部分砂浆挤入竖缝内,如果铺灰过厚,可用揉搓的办法将过多的砂浆挤出。

在挤浆和揉搓时,大铲应及时接刮从灰缝中挤出的余浆,像"三一"砌筑法一样,刮下的余浆可以甩入竖缝内,当竖缝严实时也可甩入灰斗中。如果是砌清水墙,可以用铲尖稍稍伸入平缝中刮浆,这样不仅刮了浆,而且减少了勾缝的工作量并节约了材料,挤浆和刮余浆的动作如图3-74所示。

⑦ 实施"二三八一"操作的条件

"二三八一"操作法把原来的17个动作复合为4个动作,即双手同时铲灰和拿砖→转身铺灰→挤浆和接刮余灰→甩出余灰,大大简化了操作,而且使身体各部分肌肉轮流运动,减少疲劳。但和"三一"砌筑法一样,必须具备一定的条件,才能很好地实施"二三八一"操作法。

A. 工具准备 大铲是铲取灰浆的工具,砌筑时,要求大铲铲起的灰浆刚好能砌一块砖,再通过各种手法的配合才能达到预期的效果。铲面呈三角形,铲边弧线平缓,铲柄角度合适的大铲才便于使用。可以利用废带锯片根据各人的生理条件自行加工。

B. 材料准备 砖必须浇水达到合适的程度,即砖的里层吸够一定水分,而且表面阴干。一般可提前1～2d浇水,停半天后使用。吸水合适的砖,可以保持砂浆的稠度,使挤浆顺利进行。

砂子一定要过筛,不然在挤浆时会因为有粗颗料而造成挤浆困难。除了砂浆的配合比和稠度必须符合要求外,砂浆的保水性也很重要,离析的砂浆很难进行挤浆操作。

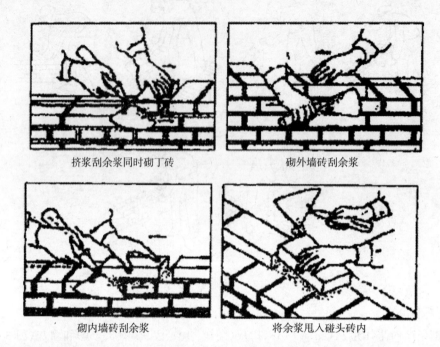

挤浆刮余浆同时砌丁砖　　　　　　　　砌外墙砖刮余浆

砌内墙砖刮余浆　　　　　　　　将余浆甩入碰头砖内

图 3-74　挤浆和刮浆动作

C. 操作面的布置　同"三一"砌筑法的要求(图 3-67)。

D. 加强基本功的训练　要认真推行"二三八一"操作法,初级砌筑工必须在有经验的中级砌筑工的指导下认真而反复地进行训练和操作,才能熟练而准确地掌握这种操作技术;本法对于砌筑工的初学者,由于没有习惯动作,训练起来见效更快,一般经过 3 个月的训练就基本可达到日砌 1500 块砖的效率。

⑧ "二三八一"砌砖法特点

"二三八一"砌砖法具有以下特点:

采用此法能较好地保证砌筑质量,它是基于"三一"砌砖法,而且动作连贯不间断,避免了铺灰时间长而影响砂浆的黏结强度。

操作过程中对步法、身法和手法等都作了优化,明确规定远、近、高、低等不同操作面和操作位置应做的动作,消除了多余动作,提高了砌筑速度。

使用这种方法,使现场操作平面的布置和材料的堆放,能够达到布置合理,作业规范,文明施工。

符合人体生理和运行特点,能够大大减轻操作人员的疲劳强度,对防止与消除工人职业性腰肌劳损具有一定的积极作用。

(4)铺灰挤砌法

所谓铺浆挤浆法,是指砌砖时用灰勺、大铲或小灰桶将砂浆倒在墙面上,随即用大铲或铺灰器将砂浆铺平,然后将砖紧压于砂浆层,推挤砌于墙上。分为单手挤浆法和双手挤浆法。

① 单手挤浆法

砌筑顺砖时,左手拿砖距墙上原砖 50～60mm 放下,稍蹭灰面水平向前推挤,灰浆推起形成 10mm 竖向缝(挤头缝)如图 3-75 所示,右手持瓦刀将水平灰缝挤出墙面的灰浆刮清并甩进竖缝;砌丁砖时,将砖擦灰面放下后,用手掌横向向前推挤,挤浆的砖口要略呈倾斜状,用手掌横向往前挤,到接近一指缝时,砖块略向上翘,以便带起灰浆挤入立缝内,将砖压至与准线平齐为止,并且将内外挤出的灰浆刮清,甩填于立缝内。

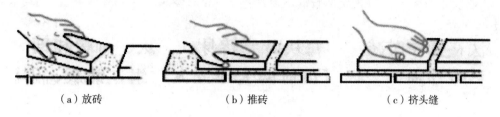

（a）放砖   （b）推砖   （c）挤头缝

图 3-75 单手挤浆法

当砌墙的内侧顺砖时,应将砖由外向里靠,水平向前挤推,这样立缝处砂浆容易饱满,同时用瓦刀将反面墙水平缝挤出的砂浆刮起,甩填于挤砌的立缝内。

挤浆砌筑时,手掌要用力,使砖与砂浆密切结合。

② 双手挤浆法

双手挤浆法操作时,使靠墙的一只脚脚尖稍偏向墙边,另一只脚向斜前方踏出 40cm 左右(随着砌砖动作灵活移动),使两脚很自然地站成"T"字形,身体高墙约 7cm,胸部略向外倾斜。这样,便于操作者转身拿砖、挤砖和看棱角。

拿砖时,靠墙的一只手先拿,另一只手跟着上去拿,也可双手同时取砖;两眼要迅速查看砖的边角,将棱角整齐的一边先砌在墙的外侧;取砖和选砖几乎同时进行。操作必须熟练,无论是砌丁砖还是顺砖,靠墙的一只手先挤,另一只手迅速跟着挤砌. 其他操作方法与单手挤浆法相同。

若砌丁砖,当手上拿的砖与墙上原砌的砖相距 5～6cm 时,若砌顺砖,距离约 13cm 时,把砖的一头(或一侧)抬起约 4cm,将砖插入砂浆中,随即将砖放平,手掌不要用力挤压,只需依靠砖的倾斜自坠力压住砂浆,平推前进. 若竖缝过大,可用手掌稍加压力,将灰缝压实至 1cm 为止。然后看准砖面,若有不平,用手掌加压,使砖块平整。由于顺砖长,所以要特别注意砖块下齐边棱、上平线,以防墙面产生凹进凸出和高低不平现象,如图 3-76 所示。

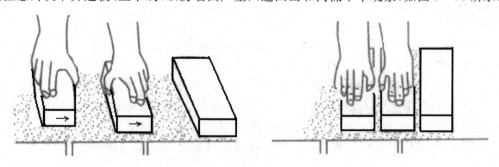

图 3-76 双手挤浆砌丁砖

该方法在操作时减少了每块砖要转身、铲灰、弯腰和铺灰等动作,可大大减轻劳动强度,还可组成两人或三人小组,铺灰,砌砖分工协作,密切结合,提高工效。此外,由于挤浆时平推平挤,使灰缝饱满,充分保证墙体质量。但是要注意,砂浆保水性能不好并且砖湿润不符合要求时,若操作不熟练、推挤动作稍慢,往往会出现砂浆干硬,造成砌体黏结不良。所以,在砌筑时要求快铺快砌,挤浆时严格掌握平推平挤,避免前低后高,以免把砂浆挤成沟槽,使灰浆不饱满。

采取该方法时,要求一次铺浆长度不得超过 750mm,炎热天气气温高于 30℃时,不得超过 500mm。

(5)坐浆砌砖法

坐浆砌砖法又称摊尺砌砖法,是指在砌砖时,先在墙上铺 50cm 左右的砂浆,用摊尺找平,然后在已铺设好的砂浆上砌砖的方法,如图 3-77 所示。

图 3-77 坐浆砌砖法

① 操作要点

操作时,人站立的位置以距墙面 10~15cm 为宜,左脚在前,右脚在后,人斜对墙面,随着砌筑前进方向退着走,每退一步可砌 3~4 块顺砖长。

操作时,通常使用瓦刀,用灰勺和大铲舀砂浆,均匀地倒在墙上,然后左手拿摊尺刮平。砌砖时左手拿砖,右手用瓦刀在砖的头缝处打上砂浆,随即砌上砖并且压实。砌完一段铺灰长度后,将瓦刀放在最后砌完的砖上,转身再舀灰,如此逐段铺砌。每次砂浆摊铺长度应看气温高低、砂浆种类以及砂浆稠度而定,每次砂浆摊铺长度不宜超过 75cm(气温在 30℃以上,不超过 50cm)。

② 注意事项

在砌筑时应注意:砖块头缝的砂浆要另外用瓦刀抹上去,不允许在铺平的砂浆上刮取,以免影响水平灰缝的饱满程度。摊尺铺灰砌筑时,当砌一砖墙时,可一人自行铺灰砌筑;墙较厚时,可组成两人小组,一人铺灰,一人砌墙,分工协作,密切配合,这样才能提高工效。

采用该方法,因摊尺厚度同灰缝一样为 10mm,所以灰缝厚度能够控制,便于掌握砌体的水平缝平直。又由于铺灰时摊尺靠墙阻挡砂浆流到墙面,所以墙面清洁美观,砂浆耗损少。但是由于砖只能摆砌,不能挤砌,同时铺好的砂浆容易失水变稠干硬,所以黏结力较差。

3.3.2.3 砖墙基本组砌方法

1)一顺一丁砌法

一顺一丁砌法(又叫满顶满条),由一皮顺砖与一皮丁砖相互交替砌筑而成,上下皮间的竖缝相互错开 1/4 砖长。这种砌法各皮间错缝搭接牢靠,墙体整体性较好,操作中变化小,易于掌握,砌筑时墙面也容易控制平直,但对砖的规格要求高,如果砖的规格不一致,竖缝不易对齐,在墙的转角,丁字接头,门窗洞口等处都要砍砖,因此砌筑效率受到一定限制。当砌 24 墙时,丁砖层的砖有两个面露出墙面(也称出面砖较多),故对砖的质量要求较高。这种砌法在砌筑中采用较多,它的墙面形式有两种:一种是顺砖层上下对齐(称十字缝)如图 3-78 所示,一种是顺砖层上下相错半砖(称骑马缝),如图 3-79 所示。这种砌筑法调整错缝搭接时,可用"内七分头"或"外七分头",但以"外七分头"较为常见,而且要求七分头跟顺砖走。

采用外七分头的砌法是先将角部两块七分头准确定位,其后隔层摆一丁砖,再按"山丁檐跑"的原则依次摆好砖。一顺一丁墙大角砌法如图 3-80、图 3-81 所示。

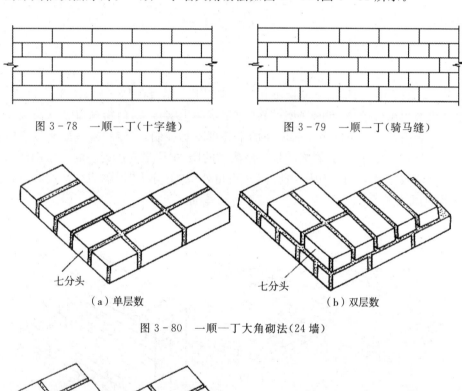

图 3-78 一顺一丁(十字缝)   图 3-79 一顺一丁(骑马缝)

七分头

(a)单层数   七分头   (b)双层数

图 3-80 一顺一丁大角砌法(24 墙)

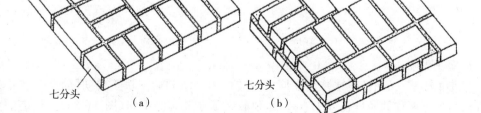

七分头   (a)   七分头   (b)

图 3-81 一顺一丁大角砌法(37 墙)

采用内七分头的砌法是在大角上先放整砖,如图3-82所示,可以先把准线提起来,让同一条准线上操作的其他人员先开始砌筑,以便加快整体速度。但转角处有半砖长的"花槽"出现通天缝,一定程度上影响了墙体质量。

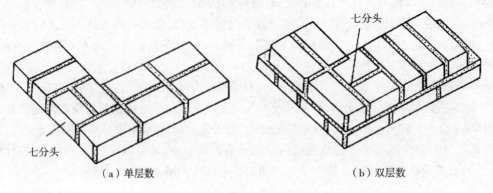

（a）单层数　　　　　　　　　（b）双层数

图3-82　一顺一丁内七分头大角砌法(24墙)

2)三顺一丁砌法

三顺一丁砌法是由三皮顺砖与一皮顶砖相互交替叠砌而成。上下皮顺砖搭接为1/2砖长,同时要求檐墙与山墙的顶砖层不在同一皮以利于搭接(图3-83、图3-84)。

这种砌法出面砖较少,同时在墙的转角、丁字与十字接头,门窗洞口处砍砖较少,故可提高工效。但由于顺砖层较多反面墙面的平整度不易控制,当砖较湿或砂浆较稀时,顺砖层不易砌平且容易向外挤出,影响质量。该法砌的墙,抗压强度接近一顺一丁砌法,受拉受剪力学性能均较"一顺一丁"为强。此外,在头角处用"七分头"调整错缝搭接时,通常在顶砖层采用"内七分头"。

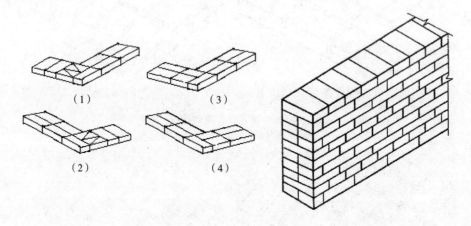

（1）　　　　　　　　（3）

（2）　　　　　　　　（4）

图3-83　三顺一丁砌法

3)梅花丁砌法

梅花丁砌法(又叫沙包式),是在同一皮砖层内一块顺砖一块丁砖间隔砌筑(转角处不受此限),上下两皮间竖缝错开1/4砖长,顶砖必须在顺砖的中间(图3-85)。该砌法内外竖缝每皮都能错开,故抗压整体性较好,墙面容易控制平整,竖缝易于对齐,特别是当砖长、宽比例出现差异时竖缝易控制。

因顶、顺砖交替砌筑,且操作时容易搞错,比较费工,抗拉强度不如"三顺一顶"。因外形整齐美观,所以多用于砌筑外墙。

此种砌法在头角处用"七分头"调整错缝搭接时,必须采用"外七分头",如图3-84所示。

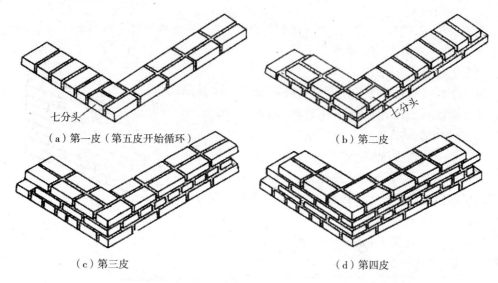

（a）第一皮（第五皮开始循环）　　　　　（b）第二皮

（c）第三皮　　　　　　　　（d）第四皮

图3-84　三顺一丁大角砌法

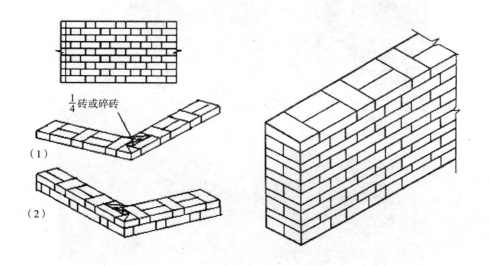

图3-85　梅花丁砌法

砖墙砌筑除以上介绍的几种外,还有五顺一丁、三三一砌法、全顺砌法、全丁砌法、两平一侧砌法、空斗墙等。

4）五顺一丁砌法

五顺一丁砌法与三顺一丁砌法基本相同,仅在两个丁砖层中间多砌两皮顺砖。

5）三三一砌法

三三一砌法（又称三七缝法）,是在同一皮砖层里三块顺砖一块顶砖交替砌成。上下皮叠砌时上皮顶砖应砌在下皮第二块顺砖中间,上下两皮砖的搭接长度为1/4砖长。

采用这种砌法正反面墙较平整,可以节约抹灰材料。施工时砍砖较多,特别是长度不大的窗间墙排砖很不方便,故工效较"三顺一顶"为慢。因砖层的顶砖数量较少,故整体性较差。

6)全顺砌法

全顺砌法(条砌法),每皮砖全部用顺砖砌筑,两皮间竖缝搭接1/2砖长。此种砌法仅用于半砖隔断墙(图3-86)。

7)全丁砌法

每皮全部用顶砖砌筑,两皮间竖缝搭接为1/4砖长。此种砌法一般多用于圆形建筑物,如水塔、烟囱、水池,圆仓等(图3-87)。

8)两平一侧砌法(18cm墙)

两皮平砌的顺砖旁砌一皮侧砖,其厚度为18cm。两平砌层间竖缝应错开1/2砖长;平砌层与侧砌层间竖缝可错开1/4或1/2砖长。

图3-86 全顺砌法

此种砌法比较费工,墙体的抗震性能较差。但能节约用砖量(图3-88)。

图3-87 全丁砌法

9)空斗墙砌法

空斗墙的砌筑方法分有眠空斗墙和无眠空斗墙两种。侧砌的砖称斗砖,平砌的砖称眠砖。

具有用料省、自重轻和隔热、隔声性能好等优点。

(1)有眠空斗墙:是将砖侧砌(称斗)与平砌(称眠)相互交替叠砌而成,一般是每隔1～

3皮斗砖,砌一皮眠砖,形式有一斗一眠,二斗一眠及多斗一眠等(图3-89)。

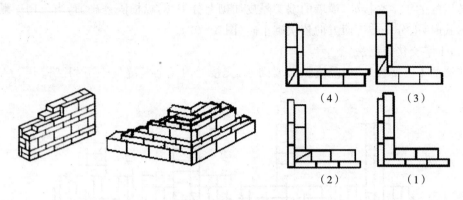

图3-88 两平一侧砌法

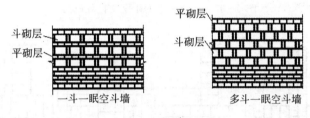

一斗一眠空斗墙　　　　多斗一眠空斗墙

图3-89 有眠空斗墙

(2)无眠空斗墙:无眠空斗墙只砌斗砖而无眠砖,所以又称全斗墙。无眠空斗墙是由两块砖侧砌的平行壁体及互相间用侧砖丁砌横向连接而成。常见形式有两种如图3-90、图3-91所示。

砌筑空斗墙应选用边角整齐,规格一致,质量均匀,无挠曲和裂缝现象的整砖,无论哪一种砌法,上下皮砖的竖缝都应错开,以保证墙体的整体性。

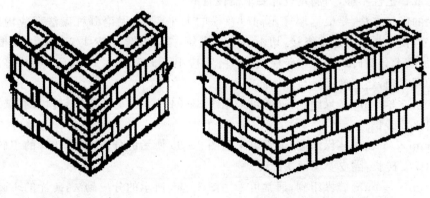

图3-90 单丁砖无眠空斗墙　　　图3-91 双丁砖无眠空斗墙

10)丁字交接处砌法

砖墙的的丁字交接处,横墙的端头隔皮加砌七分头砖,纵横隔皮砌通,当采用一顺一丁砌筑形式时,七分头砖丁面方向依次砌丁砖(图3-92)。

11)十字交接处砌法

砖墙的十字交接处,应隔皮纵横墙砌通,交接处内角的竖缝应上下相互错开1/4砖长(图3-93)。

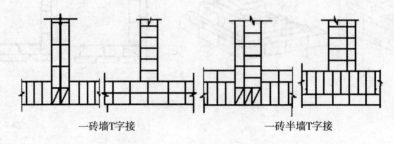

一砖墙T字接 　　　　　 一砖半墙T字接

图3-92　一顺一丁的丁字交接处砌法

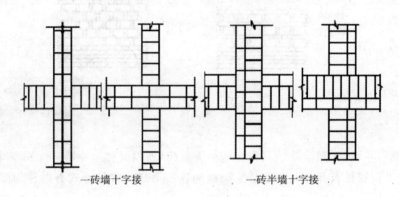

一砖墙十字接 　　　　　 一砖半墙十字接

图3-93　一顺一丁的十字交接处砌法

12)砖垛砌法

墙体平面上凸出的砖垛,又称扶壁柱。一般是出于构造考虑,或是该段墙体经验算承载力不足或稳定性不够,为满足设计要求而设置的。

砖垛的砌筑方法,要根据墙厚不同以及垛的大小而定,无论哪种砌法都应内外搭砌、上、下错缝,使垛与墙身逐皮搭接,切不可分离砌筑,搭接长度至少1/2砖长。垛根据错缝需要,可加砌七分头砖或半砖。砖垛截面尺寸不应小于125mm×240mm。砖垛施工时,应使墙与垛同时砌,还应确保垛与墙体同时砌起。

125mm×240mm砖垛组砌,通常可采用图3-94所示的分皮砌法,砖垛的丁砖隔皮伸入砖墙内1/2砖长。

125mm×365mm砖垛组砌,通常可采用图3-95所示的分皮砌法,砖垛的丁砖隔皮伸入砖墙内1/2砖长,隔皮要用两块配砖。

125mm×490mm砖垛组砌,通常可采用图3-96所示的分皮砌法,砖垛的丁砖隔皮伸入砖墙内1/2砖长,隔皮要用两块配砖及一块半砖。

240mm×240mm砖垛组砌,通常可采用图3-97所示的分皮砌法,砖垛的丁砖隔皮伸入砖墙内 1/2 砖长,不用配砖。

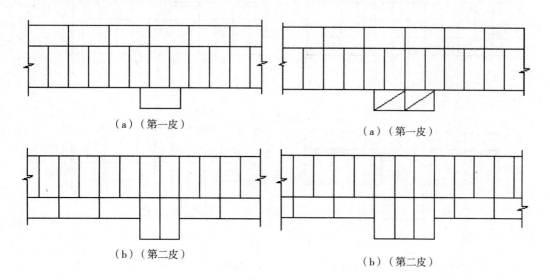

（a）（第一皮）　　　　　　　　　（a）（第一皮）

（b）（第二皮）　　　　　　　　　（b）（第二皮）

图 3-94　125mm×240mm 砖垛分皮砌法　　　图 3-95　125mm×365mm 砖垛分皮砌法

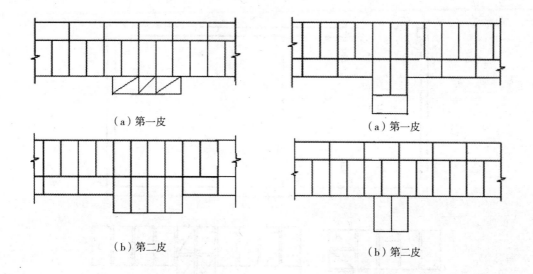

（a）第一皮　　　　　　　　　　（a）第一皮

（b）第二皮　　　　　　　　　　（b）第二皮

图 3-96　125mm×490mm 砖垛分皮砌法　　　图 3-97　240mm×240mm 砖垛分皮砌法

　　240mm×365mm 砖垛组砌,通常可采用图 3-98 所示的分皮砌法。砖垛丁砖隔皮伸入砖墙内 1/2 砖长,隔皮要用两块配砖。砖垛内有两道长 120mm 的竖向通缝。

　　240mm×490mm 砖垛组砌,通常可采用图 3-99 所示的分皮砌法。砖垛丁砖隔皮伸入砖墙内 1/2 砖长,隔皮要用两块配砖及一块半砖。砖垛内有三道长 120mm 的竖向通缝。

　　13)砖墙的门垛处砌法

　　门垛分为外墙门垛和内墙门垛(图 3-100)。

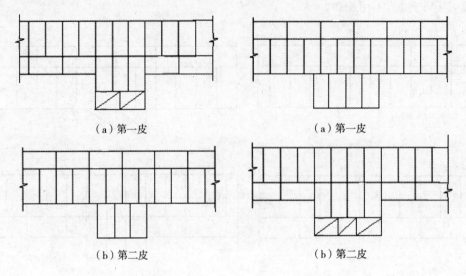

（a）第一皮 　　　　　　　　　　　　（a）第一皮

（b）第二皮 　　　　　　　　　　　　（b）第二皮

图 3-98　240mm×365mm 　　　　　图 3-99　240mm×490mm
砖垛分皮砌法 　　　　　　　　　　　　砖垛分皮砌法

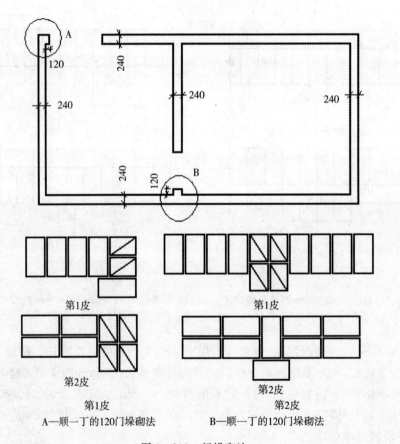

第1皮 　　　　　　　　　　　　　　　第1皮

第2皮 　　　　　　　　　　　　　　　第2皮

第1皮 　　　　　　　　　　　　　　　第2皮
A—顺—丁的120门垛砌法 　　　　　　B—顺—丁的120门垛砌法

图 3-100　门垛砌法

3.3.2.4 夹心墙

夹心墙又叫"空腔墙"。

墙体中预留的连续空腔内填充保温或隔热材料,并在墙的内叶和外叶之间用防锈的金属拉结件连接形成的墙体,如图3-101所示。

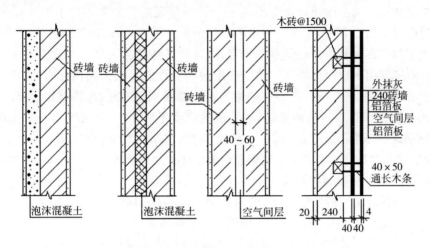

图3-101 夹心墙

"夹心墙"是集承重、保温和装饰于一体的一种墙体,特别适用于寒冷和严寒地区的建筑外墙,以及有保温隔热要求的墙体。

空腔墙最早出现在古希腊和古罗马的建筑中,1850年,金属连接件被应用于该复合墙体中。19世纪后期,空腔墙出现在美国,但直到1937年,这种墙体才被官方和相关组织机构所认可。

夹心墙按其整体受力性能分为考虑组合作用的夹心墙和不考虑组合作用的夹心墙两种。两者的主要区别在于,前者夹心墙的空腔应由一定强度的砂浆或灌孔混凝土填实,并能沿叶墙和填充材料的界面传递横向剪力,而后者的空腔除填充保温隔热材料外不填充其他黏结增强材料,不要求叶墙间传递剪力,但是,二者的叶墙拉结件或网片的构造要求是相同的。从功能上讲,前者是作为以砌体为永久性模板、内部再配筋浇注砂浆或混凝土的组合配筋墙体设计的,后者是作为保温承重复合的墙体设计的。这种墙体包括一叶墙为承重墙,另一叶墙则为非承重叶墙的夹心墙和两个叶墙均为自承重墙体组成的夹心墙。

(1)夹芯墙的夹层厚度,不宜大于120mm;外叶墙的砖及混凝土砌块的强度等级不应低于MU10。

(2)夹芯墙的内、外叶墙,应由拉结件可靠拉结,拉结件宜符合下列规定:

① 当采用环形拉结件时,钢筋直径不应小于4mm,当为Z形拉结件时,钢筋直径不应小于6mm;拉结件应沿竖向梅花形布置,拉结件的水平和竖向最大间距分别不宜大于800mm和600mm;对有振动或有抗震设防要求时,其水平和竖向最大间距分别不宜大于800mm和400mm。

② 当采用可调拉结件时,钢筋直径不应小于4mm,拉结件的水平和竖向最大间距均不宜大于400mm。叶墙间灰缝的高差不大于3mm,可调拉结件中孔眼和扣钉间的公差不大

于 1.5mm。

③ 当采用钢筋网片作拉结件时,网片横向钢筋的直径不应小于 4mm;其间距不应大于 400mm;网片的竖向间距不宜大于 600mm,对有振动或有抗震设防要求时,不宜大于 400mm。

④ 拉结件在叶墙上的搁置长度,不应小于叶墙厚度的 2/3,并不应小于 60mm。

⑤ 门窗洞口周边 300mm 范围内应附加间距不大于 600mm 的拉结件。

(3)夹心墙拉结件或网片的选择与设置,应符合下列规定:

① 夹心墙宜用不锈钢拉结件。拉结件用钢筋制作或采用钢筋网片时,先应进行防腐处理,设计使用年限为 50a 时,夹心墙的钢筋连接件或钢筋网片、连接钢板、锚固螺栓或钢筋,应采用热镀锌或等效的防护涂层,镀锌层的厚度不应小于 $290g/m^2$,当采用环氯涂层时,灰缝钢筋涂层厚度不应小于 $290\mu m$,其余部件涂层厚度不应小于 $450\mu m$。

钢筋拉结件和热镀锌钢筋拉结件钢筋的最小保护层厚度不小于 20mm;采用不锈钢筋时,最小保护层厚度应取钢筋的直径。

② 非抗震设防地区的多层房屋,或风荷载较小地区的高层的夹心墙可采用环形或 Z 形拉结件;风荷载较大地区的高层建筑房屋宜采用焊接钢筋网片。

③ 抗震设防地区的砌体房屋(含高层建筑房屋)夹心墙应采用焊接钢筋网作为拉结件。焊接网应沿夹心墙连续通长设置,外叶墙至少有一根纵向钢筋。钢筋网片可计入内叶墙的配筋率,其搭接与锚固长度应符合有关规范的规定。

④ 可调节拉结件宜用于多层房屋的夹心墙,其竖向和水平间距均不应大于 400mm。

3.3.2.5 配筋砌体

由配置钢筋的砌体作为建筑物主要受力构件的结构。是网状配筋砌体柱、水平配筋砌体墙、砖砌体和钢筋混凝土面层或钢筋砂浆面层组合砌体柱(墙)、砖砌体和钢筋混凝土构造柱组合墙和配筋小砌块砌体剪力墙结构的统称。

1)网状配筋砖砌体的构造规定

网状配筋砖砌体是在烧结普通砖砌体的水平灰缝中配置钢筋网。网状配筋砖砌体有配筋砖柱(图 3-102)、配筋砖墙(图 3-103)。

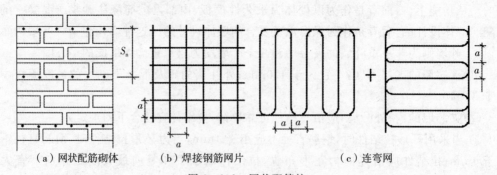

(a)网状配筋砌体　　(b)焊接钢筋网片　　(c)连弯网

图 3-102　网状配筋柱

a、b—钢筋网的网格尺寸;S_n—钢筋网的竖向间距。

网状配筋砖砌体构件的构造应符合下列规定。

(1)网状配筋砖砌体中的体积配筋率,不应小于 0.1%,并不应大于 1%;

(2)采用钢筋网时,钢筋的直径宜采用 3～4mm;当采用连弯钢筋网时,钢筋的直径不应大于 8mm;

(3)钢筋网中钢筋的间距,不应大于 120mm,并不应小于 30mm;

(4)钢筋网的竖向间距,不应大于五皮砖,并不应大于 400mm;

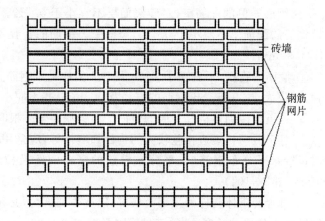

图 3-103　网状配筋砖墙

(5)网状配筋砖砌体所用的砂浆强度等级不应低于 M7.5;钢筋网应设置在砌体的水平灰缝中,灰缝厚度应保证钢筋上下至少各有 2mm 厚的砂浆层。

2)组合砖砌体构件构造规定

组合砖砌体构件是在砖砌体内部配置钢筋混凝土(或钢筋砂浆)部件组合而成的砌体称为组合砖砌体。

组合砖砌体构件分为两类:一类是砖砌体和钢筋混凝土面层或钢筋砂浆面层的组合砖砌体构件,称为组合砌体构件;另一类是砖砌体和钢筋混凝土构造柱的组合墙,简称组合墙。

(1)砖砌体和钢筋混凝土面层或钢筋砂浆面层的组合砖砌体构件

砖砌体和钢筋混凝土面层或钢筋砂浆面层的组合砖砌体构件有组合砖柱、组合砖垛、组合砖墙(图 3-104)。

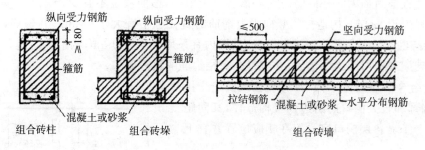

图 3-104　面层和砖组合砌体

组合砖砌体构件的构造应符合下列规定:

① 面层混凝土强度等级宜采用 C20,面层水泥砂浆强度等级不宜低于 M10。砌筑砂浆的强度等级不宜低于 M7.5。

② 砂浆面层的厚度,可采用 30～45mm。当面层厚度大于 45mm 时,其面层宜采用混凝土。

③ 竖向受力钢筋宜采用 HPB235 级钢筋,对于混凝土面层,亦可采用 HRB335 级钢

筋,受压钢筋一侧的配筋率,对砂浆面层不宜小于 0.1％。对混凝土面层不宜小于 0.2％,受拉钢筋的配筋率不应小于 0.1％,竖向受力钢筋的直径不应小于 8mm,钢筋的净间距不应小于 30mm。

④ 箍筋的直径,不宜小于 4mm 及 0.2 倍的受压钢筋直径,并不宜大于 6mm。箍筋的间距,不应大于 20 倍受压钢筋的直径及 500mm,并不应小于 120mm。

⑤ 当组合砖砌体构件一侧的竖向受力钢筋多于 4 根时,应设置附加箍筋或拉结钢筋。

⑥ 对于截面长短边相差较大的构件如墙体等,应采用穿通墙体的拉结钢筋作为箍筋,同时设置水平分布钢筋,水平分布钢筋的竖向间距及拉结钢筋的水平间距均不应大于 500mm(图 3 - 104)。

⑦ 组合砖砌体构件的顶部及底部,以及牛腿部位,必须设置钢筋混凝土垫块。竖向受力钢筋伸入垫块的长度,必须满足锚固要求。

(2)砖砌体和钢筋混凝土构造柱组合墙

构造柱和砖组合墙由钢筋混凝土构造柱、烧结普通砖墙以及拉结钢筋等组成(图 3 - 105)。

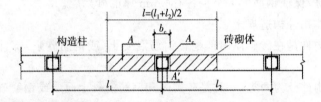

图 3 - 105　构造柱和砖组合墙

组合砖墙的材料和构造应符合下列规定:

① 砂浆的强度等级不应低于 M5,构造柱的混凝土强度等级不宜低于 C20;

② 构造柱的截面尺寸不宜小于 240mm×240mm,其厚度不应小于墙厚,边柱、角柱的截面宽度宜适当加大。柱内竖向受力钢筋对于中柱,钢筋数量不宜少于 $4\phi12$。对于边柱、角柱不宜少于 $4\phi14$。构造柱的竖向受力钢筋的直径也不宜大于 16mm,其箍筋,一般部位宜采用 $\phi6@200mm$,楼层上下 500mm 范围内宜采用 $\phi6@100mm$,构造柱的竖向受力钢筋应在基础梁和楼层圈梁中锚固,并应符合受拉钢筋的锚固要求。

③ 组合砖墙砌体结构房屋,应在纵横墙交接处、墙端部和较大洞口的洞边设置构造柱,其间距不宜大于 4m,各层洞口宜设置在相应位置并宜上下对齐。

④ 组合砖墙砌体结构房屋应在基础顶面、有组合墙的楼层处设置现浇钢筋混凝土圈梁,圈梁的截面高度不宜小于 240mm;纵向钢筋不宜小于 $4\phi12$,纵向钢筋应伸入构造柱内并应符合受拉钢筋的锚固要求,圈梁的箍筋宜采用 $\phi6@200mm$。

⑤ 砖砌体与构造柱的连接处应砌成马牙槎,并应沿墙高每隔 500mm 设 $2\phi6$ 拉结钢筋,且每边

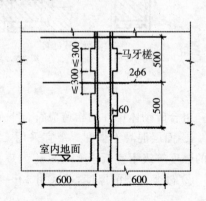

图 3 - 106　组合砖墙的构造柱

伸入墙内不宜小于600mm(图3-106)。

⑥ 组合砖墙的施工程序应为先砌墙后浇混凝土构造柱。

3.3.2.6 窗间墙组砌方法(一顺一丁)

1)窗间墙的尺寸符合砖模数的摆法

(1)窗间墙尺寸符合砖的模数,洞口边的顺砖为七分头成好活(图3-107)。

(2)窗间墙尺寸符合砖的模数,顺砖中间组砌一块丁砖(条砖单丁),洞口边的顺砖为七分头(图3-108)。

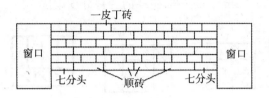

图3-107 此墙好成活

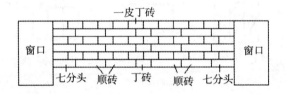

图3-108 条砖单丁,排在墙垛中间,两窗角对称

2)窗间墙的尺寸不符合砖模数的摆法

窗间墙的尺寸不符合砖模数,向左或向右位移60mm成好活。

3.3.2.7 普通矩形砖柱砌法

普通砖柱在结构设计中不常用,原因是其构造的整体性较差,承载力较低,因而抗震性能不理想,在砌体结构中多被钢筋混凝土柱所替代。承重的独立砖柱截面尺寸不应小于240mm×370mm。

1)240mm×365mm砖柱

240mm×365mm砖柱组砌,只用整砖左右转换叠砌,但是砖柱中间始终存在一道长130mm的垂直通缝,在一定程度上削弱了砖柱的整体性,这是一道无法避免的竖向通缝;若要承受较大荷载时,每隔数皮砖可在水平灰缝中放置钢筋网片。图3-109所示为240mm×365mm砖柱的分皮砌法。

(a)第一皮

2)365mm×365mm砖柱

365mm×365mm砖柱包括以下两种组砌方法。

(1)每皮中采用三块整砖与两块配砖组砌,但砖柱中间有两条长130mm的竖向通缝。

(b)第二皮

(2)每皮中均用配砖砌筑,若配砖用整砖砍成,则费工费料。

图3-110所示为365mm×365mm砖柱的两种组砌方法。

图3-109
240mm×365mm砖柱

3)365mm×490mm 砖柱

365mm×490mm 砖柱包括以下三种组砌方法。

(1)隔皮用 4 块配砖,其他都用整砖,但是砖柱中间有两道长 250mm 的竖向通缝。

(2)每皮中用 4 块整砖、两块配砖与一块半砖组砌,但是砖柱中间有三道长 130mm 的竖向通缝。

(3)隔皮用一块整砖和一块半砖,其他都用配砖,平均每两皮砖用 7 块配砖,若配砖用整砖砍成,则费工费料。

图 3-111 所示为 365mm×490mm 砖柱的三种分皮砌法。

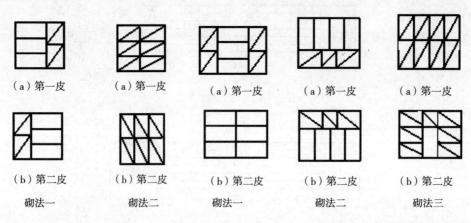

(a)第一皮	(a)第一皮	(a)第一皮	(a)第一皮	(a)第一皮
(b)第二皮	(b)第二皮	(b)第二皮	(b)第二皮	(b)第二皮
砌法一	砌法二	砌法一	砌法二	砌法三

图 3-110 365mm×365mm 砖柱　　　图 3-111　365mm×490mm 砖柱

4)490mm×490mm 砖柱

490mm×490mm 砖柱包括以下三种组砌方法。

(1)全部由整砖叠砌,砖柱中间每隔三皮竖向通缝才有一皮砖进行拉结(图 3-112)。

(2)两皮全部用整砖与两皮整砖、配砖、1/4 砖(各 4 块)轮流叠砌,砖柱中间有一定数量的通缝,但是每隔一两皮便进行拉结,使之有效地避免竖向通缝的产生(图 3-113)。

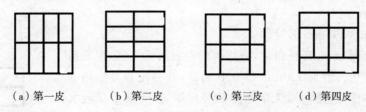

(a)第一皮　　　(b)第二皮　　　(c)第三皮　　　(d)第四皮

图 3-112　490mm×490mm 砖柱分皮砌法(一)

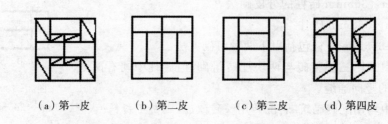

(a)第一皮　　　(b)第二皮　　　(c)第三皮　　　(d)第四皮

图 3-113　490mm×490mm 砖柱分皮砌法(二)

(3)每皮砖均用 8 块配砖与 2 块整砖砌筑,无任何内外通缝,但是配砖太多,若配砖用整砖砍成,则费工费料(图 3－114)。

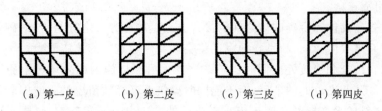

（a）第一皮　　（b）第二皮　　（c）第三皮　　（d）第四皮

图 3－114　490mm×490mm 砖柱分皮砌法(三)

5)365mm×615mm 砖柱

365mm×615mm 砖柱组砌,通常可采用图 3－115 所示的分皮砌法。每皮中都要采用整砖与配砖,隔皮还要用半砖,半砖每砌一皮后,与相邻丁砖交换一下位置。

6)490mm×615mm 砖柱

490mm×615mm 砖柱组砌,通常可采用图 3－116 所示的分皮砌法。砖柱中间存在两条长 60mm 的竖向通缝。

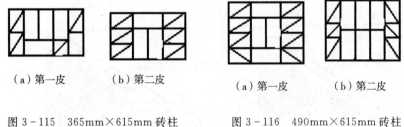

（a）第一皮　　（b）第二皮　　　　　　（a）第一皮　　（b）第二皮

图 3－115　365mm×615mm 砖柱　　　图 3－116　490mm×615mm 砖柱

3.3.2.8　砖砌体施工

1)砖砌体的质量要求

横平竖直,砂浆饱满,错缝搭接,接槎可靠。

(1)横平竖直

砖砌体的抗压性能好,而抗剪性能差。为使砌体均匀受压,不产生剪切水平推力,砌体灰缝应保证横平竖直,否则,在竖向荷载作用下,沿砂浆与砖块结合面会产生剪应力。竖向灰缝必须垂直对齐,对不齐而错位,称游丁走缝,影响墙体外观质量。

(2)砂浆饱满

为保证砖块均匀受力和使砌块紧密结合,要求水平灰缝砂浆饱满,厚薄均匀;否则,砖块受力后易弯曲而断裂。水平灰缝的砂浆饱满度不得小于 80％;竖向灰缝不得出现透明缝、瞎缝和假缝。

砌体水平灰缝厚度 8～12mm,一般为 10mm。砌筑时,在墙体两端和中部架设皮数杆,拉通线来控制水平灰缝厚度。

(3)上下错缝

为了提高砌体的整体性、稳定性和承载力,砖排列的原则应遵循内外搭砌、上下错缝的原则,避免出现连续的垂直通缝。错缝搭接的长度一般不应小于60mm,同时还要考虑到砌筑方便和少砍砖。

(4)接槎可靠

接槎是指先砌砌体和后砌砌体之间的接合方式。接槎方式合理与否,对砌体质量和建筑物的整体性有极大的影响,特别在地震区将会影响到建筑物的抗震能力。

砖砌体的转角处和交接处应同时砌筑。严禁无可靠措施的内外墙分砌施工。在抗震设防烈度为8度及8度以上的地区,对不能同时砌筑而又必须留置的临时间断处应砌成斜槎,普通砖砌体斜槎水平投影长度不应小于高度的2/3(图3-117a)。斜槎高度不得超过一步脚手架的高度。接槎时必须将接槎处的表面清理干净,浇水湿润,填实砂浆并保持灰缝平直。如临时间断处留斜槎确有困难时,非抗震设防及抗震设防烈度为6度、7度地区的临时间断处,当不能留斜槎时,除转角处外,可留直槎,但直槎必须做成凸槎,且应加设拉结钢筋,拉结钢筋应符合下列规定:

① 每120mm墙厚放置1ϕ6拉结钢筋(120mm厚墙应放置2ϕ6拉结钢筋)。

② 间距沿墙高不应超过500mm,且竖向间距偏差不应超过100mm。

③ 埋入长度从留槎处算起每边均不应小于500mm,对抗震设防烈度6度、7度的地区,不应小于1000mm。

④ 末端应有90°弯钩(图3-117b)。

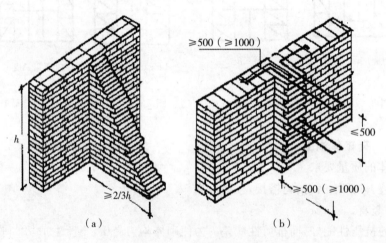

图3-117 接槎示意图

严禁留阴槎。

直槎接槎时必须把槎内清扫干净,浇水湿润,然后甩以灰浆,使槎缝砂浆饱满,保持灰缝平直。临时间断处不论留斜槎或直槎,其高度差不得超过一步架。

2)砖砌体组砌的基本原则

(1)角砖要平、绷线要紧

盘好角是砌好墙体的保证,盘角时应该重视一个"直"字,砌筑好墙体转角才能挂好线,而线挂好绷紧了才能砌筑好墙体。

(2)上灰要准、铺灰要活

底、角、线都达到了要求,也不一定就能够砌筑好墙体,墙体能否砌筑好,要看每一块砖能否摆平,而灰缝厚薄是否一致,且铺的均匀是摆平砖的保证。待灰浆基本铺平以后,只要用手轻轻揉压砖块,将转块调平,不宜用瓦刀击平。

(3)上跟线、下跟棱,左右相跟要齐平

跟棱附线是砌平一块砖的关键,否则每层砖就会砌成曲线,以至整个墙面不平整,且水平灰缝不平直。墙体就会走形或者砌筑成台阶式。砌丁砖时,身体稍外探,用眼睛穿看墙面丁砖的侧面,使其与下面已砌好的丁砖面对齐,避免出现"游丁走缝"。

(4)皮数杆立正立直

楼房的层高有高有低,高的可达4~5m,由于皮数杆固定的方法不佳或者木料本身弯曲变形,往往使皮数杆倾斜,这样砌筑出来的墙体就会不正确,因此,砌筑时要随时注意皮数杆的垂直度。

(5)在砌筑过程中应做到三皮一吊、五皮一靠

墙砌到一步架时,要用托线板全面检查垂直度。当砌好的墙垂直度超出允许范围时,应拆除重砌。

3)砖基础施工

(1)砖基础构造

砖基础由墙基、大放脚和垫层组成。

① 分类

砖基础按构造形式分为条形基础和独立基础。

② 大放脚

砖基础一般做成台阶式,为了施工方便,基础所放出的每一个台阶宽度,一般均为标准砖长度的1/4(60mm)。这种逐级放大直至所需尺寸的台阶形式,习惯上叫大放脚(图3-118)。

大放脚的形式有等高式和不等高式。等高式大放脚,从基础底面起两皮砖一收,即砌两皮砖收1/4砖。不等高式大放脚,采用二一间隔收,即从基础底面起,先砌两皮砖后收1/4砖,再砌一皮砖收1/4砖。一直砌到与墙身厚度相同为止。大放脚的底面宽度应由设计而定。

③ 大放脚的高度由计算确定

施工时根据基础底宽和大放脚形式确定基础高度,如图3-119(a),如果基础墙为240墙,砖基础底宽为600mm,采用等高式大放脚,则基础高度至少应为360mm。

即:大放脚高度=120×3=360mm。

若采用不等高式大放脚,则基础大放脚高度=120+60+120=300mm,如图3-119(b)所示。

④ 基础垫层

基础垫层起找平、隔离和过渡作用。方便施工放线、方便支基础模板;确保基础底板钢筋的有效位置,便于钢筋保护层厚度控制;使底筋和土壤隔离不受污染;起到找平,通过调整厚度弥补土方开挖的误差,使底板受力在一个平面,也不浪费基础的高强度等级混凝土。

常用的垫层有:砂石垫层、灰土垫层、混凝土垫层。

A. 砂石垫层

砂和砂石地基(垫层)是采用级配良好、质地坚硬的中粗砂和碎石、卵石等,经分层夯实,作为基础的持力层,提高基础下地基强度,降低地基的压应力,减少沉降量,加速软土层

的排水固结作用。

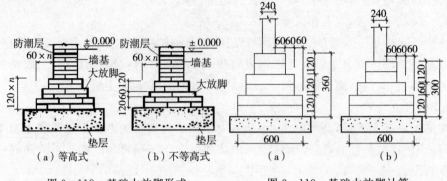

（a）等高式　　　（b）不等高式
图 3-118　基础大放脚形式

图 3-119　基础大放脚计算

B. 灰土垫层

大放脚下设灰土(石灰：黏土＝3：7 或 2：8)或三合土(石灰：砂：骨料＝1：2：4 或 1：3：6)。垫层的高度与厚度由设计定。一般夯实后 150mm。

C. 混凝土垫层

扩展基础的垫层的厚度不宜小于 70mm，垫层混凝土强度等级应为 C10。一般采用 C10～C15 混凝土垫层，厚度 100mm。

⑤ 防潮层

一般在室内首层地面以下 60mm 处设置 20mm 厚 1：2 水泥防水砂浆防潮层。

垂直防潮层一般涂抹热沥青二道。

(2)作业条件

① 基槽、垫层已通过验收，标高、轴线复核，其允许偏差应符合表 3-9 要求，办好了隐蔽验收手续。

② 在垫层上放好砖基础的轴线和大放脚的边线。

③ 抄平立皮数杆。在墙角、纵横墙交接处立皮数杆。一般间距 15～20m 立一杆。

④ 根据皮数杆最下面一层砖的底标高，拉线检查基础垫层表面标高，如第一层砖的水平灰缝大于 20mm 时，应先用细石混凝土找平，不得用砂浆或在砂浆中掺碎砖或碎石处理。

⑤ 脚手架及其他工具、机械等准备就绪。

⑥ 在常温下施工，砖在砌筑前一天浇水湿润，四边浸入深度 1～1.5cm。不得使用含水饱和砖。

⑦ 砌筑部位的灰渣、杂物应清除干净，基层浇水湿润。

(3)施工工艺

① 工艺流程

基坑验槽、砖基找平放线→砖浇水→配制砂浆→摆砖撂底→立皮数杆→墙体盘角→立杆挂线→砌筑基础→抹防潮层→基础验收→办理隐蔽验收手续

② 施工要点

A. 基础验槽

当基坑槽开挖完成后，应及时通知现场监理工程师准备进行基础验槽，以便能尽快进

行混凝土垫层施工,保护好地基土。基础验槽前要做好清底、修边、道路清理等工作,同时做好混凝土垫层面标高施工控制线、控制点和地基隐蔽资料,以便提供检查验收。基础验槽工作主要由勘查单位、设计单位、施工单位、监理工程师和业主现场代表及当地建设主管行政部门的质量监督站参加。由相关单位在验收合格后的记录表上签字盖章,监理工程师和业主现场代表,设计院的结构设计人员应在隐蔽资料上签字,作为交工和工程结算的资料依据。

验槽的方法主要有目测、土样检查、几何尺寸量测、钎探等。

验槽的主要内容:a. 根据图纸检查基槽的开挖平面位置、尺寸、标高、边坡是否符合设计要求。b. 观察槽壁、槽底土质类型、均匀程度和有关异常土质是否存在,核对基底土质及地下水情况是否与勘察报告相符,是否已挖至地基持力层。c. 检查核实分析钎探资料,对存在的异常点位进行复核检查。d. 检查基槽内是否有旧建筑物基础、古井、墓穴、洞穴、地下掩埋物及地下人防工程等。e. 对发现的地基问题形成处理方法,由施工单位进行处理。

施工单位处理后,再检查验收并签认才能进行下一道工序施工。

B. 基础垫层上的放线

根据龙门板或轴线控制桩上的轴线钉,用经纬仪将基础轴线投测在垫层上(也可在对应的龙门板间拉小线,然后用线坠将轴线投测在垫层上)。再根据轴线按基础底宽用墨线标出基础边线,作为砌筑基础的依据。如果未设垫层可在槽底钉木桩,把轴线及基础边线都投测在木桩上,如图 3 - 120 所示。

基础放线是保证墙体平面位置的关键工序,是体现定位测量精度的主要环节。稍有疏忽就会造成错位。放线过程中要注意以下环节:

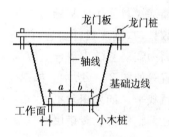

图 3 - 120　基础放线

a. 龙门板在挖槽过程中易被碰动,因此,在投线前要对控制桩、龙门板进行复查,发现问题及时纠正。

b. 对于偏中基础,要注意偏中的方向。

c. 附墙垛、烟囱、温度缝、洞口等特殊部位要标清楚,防止遗忘。

d. 基础砌体宽度不准出现负值。

C. 砖浇水湿润

砖基础砌筑前,砖要洒水湿润。砖提前 1～2d 浇水湿润,不得随浇随砌,对烧结类块体的相对含水率 60%～70%;混凝土多孔砖及混凝土实心砖不需要浇水湿润,但在气候干燥炎热的情况下,宜在砌筑前对其喷水湿润。其他非烧结类块体的相对含水率 40%～50%。现场检验砖含水率的简易方法采用断砖法,当砖截面四周融水深度为 15～20mm 时,视为符合要求的适宜含水率。

D. 拌制砂浆

a. 砂浆配合比应采用重量比,并由试验室确定,水泥及各种外加剂配料的允许偏差为±2%;砂、粉煤灰、石灰膏等配料的允许偏差为±5%。

b. 宜用机械搅拌,投料顺序为砂→水泥→掺合料→水,搅拌时间:水泥砂浆和水泥混合砂浆不得少于 120s;水泥粉煤灰砂浆和掺用外加剂的砂浆不得少于 180s;掺增塑剂的砂浆,其搅拌方式、搅拌时间应符合现行行业标准《砌筑砂浆增塑剂》JG/T 164 的有关规定。

c. 现场拌制的砂浆应随拌随用,拌制的砂浆应 3h 内使用完毕;当施工期间最高气温超过 30℃时,应在 2h 内使用完毕,不允许使用过夜砂浆。

d. 基础按每 250m³ 砌体,各种砂浆,每台搅拌机至少做一组试块(一组 3 块),如砂浆强度等级或配合比变更时,还应制作试块。

e. 在砂浆搅拌机出料口随机取样制作砂浆试块。

E. 摆砖撂底

基础大放脚的撂底尺寸及收退方法必须符合设计图纸规定,如一层一退,里外均应砌丁砖;如二层一退,第一层为条砖,第二层砌丁砖。

基础大放角转角以七分头在山墙和檐墙处分层交替放置,一直退到实墙,再按墙的组砌方法砌筑。摆砖撂底方法如图 3-64 所示。

F. 立皮数杆

砖基础砌筑前,应先检查垫层是否符合质量要求,然后清扫垫层表面,按龙门板的标志弹墙基线。为保证基础底标高的准确,应在垫层转角,交接处及高低踏步处预先立好基础皮数杆,基础皮数杆要进行抄平,使杆上所示底层室内地面线标高与设计的底层室内地面标高一致。基础皮数杆上应标明大放脚的皮数、退台、基础的底标高、顶标高以及防潮层的位置等如图 3-9 所示。如果垫层高度与皮数杆标高有偏差时,应在砌"大放脚"前对垫层进行找平。如果相差不大,可在"大放脚"砌筑过程中逐皮调整(俗称提灰或刹灰),但要注意在调整中防止砖错层的现象。

G. 盘角

先在大角处盘角,每次盘砌不超过 5 层砖,随时靠平吊直,并对照皮数杆上的砖层,使之吻合。

H. 挂线

第一皮砖应以基础底宽线为准砌筑。240mm 厚墙可单面挂线,370mm 及以上厚墙宜两面挂线

I. 砌筑基础

砌筑基础前,应校核放线尺寸,允许偏差应符合表 3-9 的规定。

砖基础大放脚形式应符合设计要求。当设计无规定时,宜采用二皮砖一收或二皮与一皮砖间隔一收的砌筑形式,退台宽度均应为 60mm,退台处面层砖应丁砖砌筑。

砖基础的组砌形式,一般采用满丁满条砌法(一皮顺砖和一皮丁砖),里外咬槎,上下层错缝,竖缝至少要错开 1/4 砖长(60mm)。砌第一层砖时,先在垫层上满铺砂浆,然后再行砌砖。

大放脚底层应采用丁砖砌筑并由低标高处开始,保证砌体搭砌合理和表面标高一致。砂浆应满铺,做到砂浆饱满,组砌正确,收阶对称,均匀一致,其每层的轴线偏差应不大于10 毫米。不准用填芯码槽的方式砌筑。当退台收阶到 365 宽时,为防止偏差,应利用垫层上的轴线标志,采用线锤吊线校核其轴线,也可以利用控制桩采用经纬仪和拉通线的方法

进行校核。

大放脚转角处应在外角加砌七分头砖(3/4 砖),以使竖缝上下错开。其数量为一砖半厚墙放三块,二砖墙放四块,以此类推。图 3-121 为底宽为 2 砖等高式砖基础大放角转角处分皮砌法。图 3-122、图 3-123 为二砖半底宽等高式大放脚转角处分皮砌法。

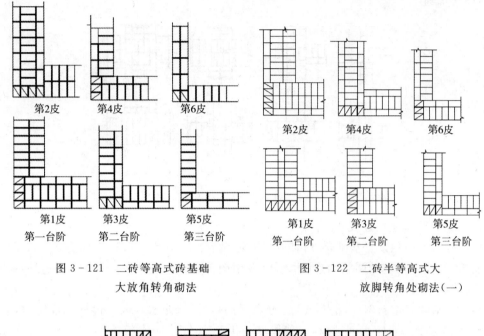

图 3-121　二砖等高式砖基础　　　　　　图 3-122　二砖半等高式大
大放角转角砌法　　　　　　　　　　放脚转角处砌法(一)

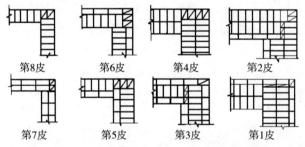

图 3-123　二砖半等高式大放脚转角处砌法(二)

十字及丁字接头处的砖块搭接,在这些交接处,纵横基础要隔皮砌通。图 3-124 为二砖半底宽等高式大放脚十字交接处的分皮砌法。

宜采用"三一"砌砖法(即一铲灰,一块砖,一挤揉)。十字及丁字接处必须咬槎砌筑。

内外墙要同时砌筑。否则要留斜槎,斜槎长度不小于高度的 2/3,且高度控制在 1.2m 以内。接槎时,应将表面砂浆清理干净,浇水湿润,把槎子用砂浆装严。灰缝平直,咬槎密实。

基底标高不同时,应从低处砌起,并应由高处向低处搭砌。当设计无要求时,搭接长度 L 不应小于基础底的高差 H,搭接长度范围内下层基础应扩大砌筑(图 3-40)。并经拉线检查,确保墙身位置的准确和每皮砖及灰缝的水平。若有偏差,通过灰缝调整。保持砖基础通顺、平直。

沉降缝、变形缝两边的砖基础应根据设计要求砌筑。先砌的一边要刮掉舌头灰,后砌的一边要采用缩口灰的砌法,掉入缝内的杂物随时清理,防止堵塞。

设计要求的洞口、管道应于砌筑时正确留出或预埋,未经设计同意,不得打凿墙体。宽度超过300mm的洞口上部,应设置钢筋混凝土过梁。暖气沟挑檐砖用丁砖砌筑,保证灰缝严实,标高正确。

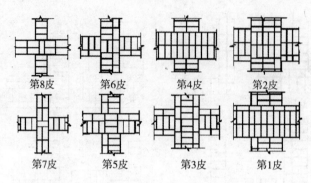

图 3-124　二砖半等高式大放脚十字交接处的分皮砌法

J. 构造柱与基础的连接

构造柱可不单独设置基础,但应伸入室外地面下500mm(附录1-3附图1-3-2),或锚入浅于500mm的基础圈梁相连(附录1-3附图1-3-1)。

K. 抹防潮层

将墙顶活动砖重新砌好,清扫干净,浇水湿润,随即抹防水砂浆。设计无规定时,宜用1:2水泥砂浆加适量防水剂铺设,一般厚度为15～20mm,防水粉掺量为水泥重量的3%～5%。防潮层位置宜在室内地面标高以下一皮砖处。其厚度宜为20mm。

L. 地圈梁施工

地圈梁主要是为了提高基础的整体性,也可起到防潮层的作用,同时方便了上部主体砌筑施工。地圈梁施工除应满足混凝土强度等方面的要求外,主要是做好模板工程与混凝土浇筑。

a. 模板安装

标高确定:模板安装面的标高控制应准确,宜控制在设计标高的-10～-15mm范围内。标高控制是依基础上弹的标志线,使模板上口与施工要求的标高平齐,拆模后在圈梁内外侧精确抄平并弹出-0.15m～-0.1m水平线,以便在圈梁表面做1:2水泥砂浆找平层时参照。此方法可以解决因施工原因带来的标高误差和表面质量缺陷,为基础标高验收提供依据的同时也为主体砌筑等带来方便(图3-125)。

模板选择:宜采用木模板,接缝少,延续性好,易拼装等,也可以用定型组合钢模板及其他模板。模板加工时应定位定尺,便与周转使用。模板安装有多种方式,采用挑砖方式安装模板可省去补洞工序,对墙体结构亦有好处。

支撑方法:由于圈梁模板直接搁置在墙上,为防止模板左右偏移。保证模板的相对位置和稳定性,应在圈梁模板上口钉支撑相互拉扯,支撑采用木枋、木板材及钢管均可(图3-126)。

b. 混凝土浇筑

在模板问题解决好后,混凝土浇筑时就要注意不得踩踏模板下料或捣固混凝土,而应

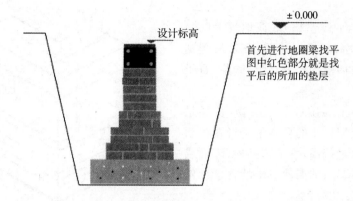

图 3-125 模板安装标高确定

搭设下料平台用人工将混凝土铲入模板中。

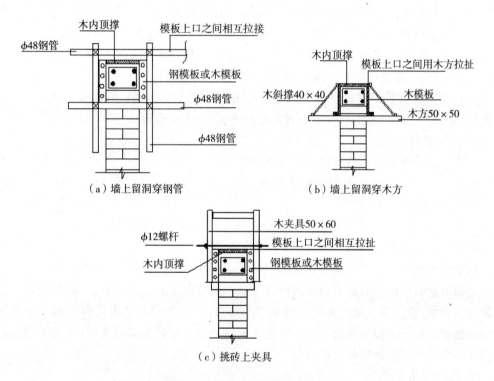

（a）墙上留洞穿钢管　　　　　　　　（b）墙上留洞穿木方

（c）挑砖上夹具

图 3-126 模板安装支撑方法

M. 引测轴线

基础砌完之后,根据轴线控制桩将主要墙的轴线,利用经纬仪反到基础墙身上,如图3-127,并用墨线弹出墙轴线,标出轴线号或"中"字形式,这也就确定了上部砖墙的轴线位置。因此龙门板、控制桩也就失去存在的必要,可以拆除了。在此同时,我们用水准仪在基础露出自然地坪的墙身上,抄出－0.10标高的平线(也可以－0.15m,根据具体情况决定)。并在墙的四周都弹出墨线来,作为以后砌上部墙身时控制标高的依据。

N. 回填土

a. 填土前应将基坑(槽)底或地坪上的垃圾等杂物清理干净;肥槽回填前,必须清理到基础底面标高,将回落的松散垃圾、砂浆、石子等杂物清除干净。

b. 检验回填土的质量有无杂物,粒径是否符合规定,以及回填土的含水量是否在控制的范围内;如含水量偏高,可采用翻松、晾晒或均匀掺入干土等措施;如遇回填土的含水量偏低,可采用预先洒水润湿等措施。

c. 严格控制每层铺土厚度,每层铺土厚度应根据土质、密实度要求和机具性能确定。

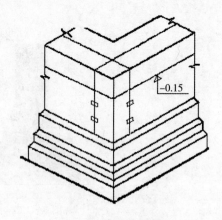

图 3 - 127 引测轴线

一般蛙式打夯机每层铺土厚度为 200~250mm;人工打夯不大于 200mm。严禁汽车直接向基坑(槽)中倒土,并应禁止用浇水、水撼方法使土下沉,代替夯实。

d. 基坑(槽)回填应在相对两侧或四周同时进行。基础墙两侧标高不可相差太多,以防止不对称回填,避免把墙挤歪或导致基础侧移,发生质量事故。

e. 回填房心及管沟时,先用人工将管子周围填土夯实,直到管顶 0.5m 以上时,在不损坏管道的情况下,方可夯实。管道下方若夯填不实,易造成管道受力不匀而折断、渗漏。

P. 基础验收

基础分部工程质量验收合格应符合下列规定:

a. 所含分项工程的质量均应验收合格。

b. 质量控制资料应完整。

c. 有关安全、节能、环境保护和主要使用功能的抽样检验结果应符合相应规定。

d. 观感质量应符合要求。

填写基础分部工程质量验收记录表。

基础的验收应由总监理工程师组织施工单位项目负责人和项目技术、质量负责人等进行验收。勘察、设计单位项目负责人和施工单位技术、质量部门负责人应参加地基与基础分部工程的验收。工程质量验收均应在施工单位自检合格的基础上进行,参加工程施工质量验收的各方人员应具备相应的资格。

③ 质量注意事项

A. 基础砌完后,检查砌体轴线和标高。

B. 在砌筑过程中,要经常对照皮数杆的相应层数,相差值不得超过 10mm,随时调整砖缝,不得累积偏差。

C. 保证基础的强度。

D. 过基础的管道,应在管道上部预留出墙的沉降空隙。

4)砖墙体施工

(1)工艺流程

① 当采用全现浇楼板时,其施工顺序安排如下:

抄平放线(绑扎构造柱钢筋)→排砖与摆底→立皮数杆→盘角、挂线→砌筑→清理→构造柱模板安装浇混凝土→圈梁钢筋绑扎→圈梁、楼梯及现浇楼板模板安装→现浇楼板楼梯钢筋绑扎→浇混凝土→楼层清理→质量验收。

② 当采用预制楼板时,其施工顺序安排如下:

抄平放线(绑扎构造柱钢筋)→排砖与摆底→立皮数杆→盘角、挂线→砌筑→清理→构造柱模板安装浇混凝土→圈梁钢筋绑扎→圈梁、楼梯及现浇楼板模板安装→浇混凝土→拆圈梁模板、找平→楼板安装→现浇板带→楼层清理→质量验收。

(2)施工要点

① 基础顶面上的放线

建筑物的基础施工完成之后,应进行一次基础砌筑情况的复核。利用定位主轴线的位置来检查砌好的基础有无偏移,避免进行上部结构放线后,墙身按轴线砌时出现半面墙跨空的情形(图3-128),这是结构上不允许的。当然出现此类情况纯属极个别现象,但对放线人员来说必须加以注意,才能避免出事故。凡发现该种情形应及时向技术部门汇报,以便及时解决。只有经过复核,认为下部基础施工合格,才能在基础防潮层上正式放线。

在基础墙检查合格之后,应将基础防潮层上的灰砂泥土、杂物等清除干净,利用墙上的主轴线,用小线在防潮层面上将两头拉通,并将线反复弹几次检查无搁碍之处,抽一人在小线通过的地方选几个点划上红痕,间距10~15m,便于墨斗弹线。若墙的长度较短,也可直接用墨斗弹出。

先将各主要墙的轴线弹出,检查一下尺寸,再将其余所有墙的轴线都弹出来。如果上部结构墙的厚度比基础窄还应将墙的边线也弹出来。

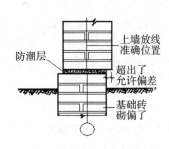

图3-128 基础顶面放线

轴线放完之后,检查无误,我们再根据图纸上标出的门、窗口位置,在基础墙上量出尺寸,用墨线弹出门口的大小,并打上交叉的斜线以示洞口,不必砌砖,如图3-129所示,窗口一般画在墙的侧立面上,用箭头表示其位置及宽度尺寸。

同时在门、窗口的放线处还应注上宽、高尺寸。如门口为1m宽2.7m高时,标成1000×2700,窗口如宽为1.5m,高1.8m时,标成1500×1800。窗台的高度在线杆上有标志。这样使瓦工砌砖时做到心中有数。

主体结构墙线放完之后,对于非承重的隔断墙的线,也要同时放出。虽然在施工主体结构时,隔断墙不能同时施工,但为了使瓦工能准确预留马牙槎及拉结钢筋的位置,同时放出隔墙线是必需的。

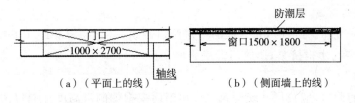

(a)(平面上的线) (b)(侧面墙上的线)

图3-129 放线示意图

② 排砖与撂底

在弹好线的基础顶面上按选定的组砌方式先用砖试摆，根据弹好的门窗洞口位置线，认真核对窗间墙、垛尺寸及位置是否符合排砖模数，以便借助灰缝调整，使砖的排列和砖缝宽度均匀合理。如不符合模数时，可在征得设计单位同意的条件下将门窗的位置左右移动，使之符合排砖的要求。移动门窗口位置时，应注意暖卫立管安装及门窗开启时不受影响。另外，排砖还要考虑在门窗口上边的砖墙合拢时也不出现破活。试摆砖时，一般应遵循"山丁檐跑"的原则。

摆砖结束后，用砂浆把干摆的砖砌好，砌筑时注意其平面位置不得移动。

③ 立皮数杆

墙上的线放完之后，根据瓦工砌砖的需要在一些部位钉立皮数杆，皮数杆应立在墙的转角，内外墙交接处、楼梯间及墙面变化较多的部位如图 3-130 所示。

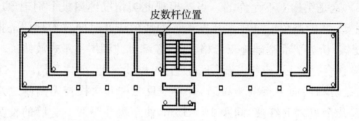

图 3-130　立皮数杆

立皮数杆时，先在立杆处打一木桩，用水准仪在木桩上测设出 ±0.000 标高位置，然后，把皮数杆上的 ±0.000 线与木桩上 ±0.000 线对齐，并用钉钉牢（图 3-11）。所有皮数杆都应立在同一标高上。为了保证皮数杆稳定，可在皮数杆上加钉两根斜撑。

在砌筑前，应先检查皮数杆上 ±0.000 与抄平桩上的 ±0.000 是否符合，所有应立皮数杆的部位是否立了。检查合格后才可砌墙。像一栋长 60m，宽 12m 的住宅，一层需准备 20～25 根线杆，共需准备两层约 60 根，轮流倒着使用。

楼层皮数杆可以钉在预埋墙体里的木桩上，也可以采用工具式线杆卡子钉在墙上，如图 3-12 所示。使用外脚手架砌砖时，皮数杆应立在墙内侧，当采用里脚手砌砖时，皮数杆则立在墙外面。皮数杆立在墙内侧时，由于楼板碍事卡子伸不下去，这时就得让瓦工先砌起十几皮砖之后才能钉立卡子。将卡子上的扁钉钉在下部墙的灰缝中，将皮数杆插入套内，根据水准仪抄平者指挥，上下移动皮数杆使它达到标高，合适时再拧紧卡子上的螺丝。

④ 立门窗框

门窗安装方法有"先立口"和"后塞口"两种方法。"先立口"方法是先立门框或窗框，再砌墙；"后塞口"方法是先砌墙，后安门窗。木门窗一般用"先立口"方法，金属门窗一般采用"后塞口"方法。

A. 采用"先立口"方法时，先立框的门窗洞口砌筑，必须与框相距 10mm 左右砌筑（如图 3-131），不要与木框挤紧，造成门框或窗框变形。

B. "后塞口"方法

后立木框的洞口，应按尺寸线砌筑。在砌筑时要根据洞口高度在洞口两侧墙中设置防腐木拉砖（一般用冷底子油浸一下或涂刷即可）如图 3-132 所示，洞口高度 2m 以内，两侧各放置三块木拉砖,放置部位距洞口上、下边四皮砖,中间木砖均匀分部。木拉砖宜做成燕尾状,并且小头在外,这样不易拉脱。不过,还应注意木拉砖在洞口侧面的位置是居中、偏内还是偏外,金属等门窗按图埋入铁件或采用紧固件等,其间距一般不宜超过600mm,离上、下洞口边各三皮砖左右。

安装门窗框应注意:用靠尺板桂查门的垂直度,用水平尺检查冒头的水平;若为成排门,应先立两端的两个门框,再在其间拉上通线,其他各框依线而立以控制统一整齐;若为楼房上下对应的门框要对齐,可用线坠从上层沿框子梃边吊下来进行校核。

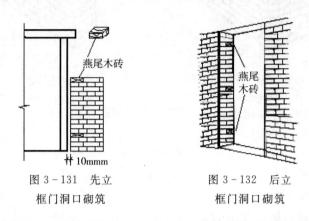

图3-131 先立框门洞口砌筑　　　图3-132 后立框门洞口砌筑

⑤ 墙身砌筑

A. 盘角

墙体砌砖时,一般先砌砖墙两端大角(叫盘角),然后再砌墙身,每次盘角不要超过五层。新盘的大角,及时进行吊、靠,一般要做到"三吊五靠"。如有偏差要及时修整。盘角时要仔细对照皮数杆的砖层和标高,控制好灰缝大小,使水平灰缝均匀一致。大角盘好后再复查一次,平整度和垂直度完全符合要求后,再挂线砌中间墙体。

B. 挂线

中间墙身部分主要是依靠准线使之灰缝平直,厚度240mm及以下墙体可单面挂线砌筑;厚度为370mm及以上的墙体宜双面挂线砌筑;夹心复合墙应双面挂线砌筑。

经靠尺板检查有不平整的现象时,则应先校正墙面平整后,再检查其垂直度。

挂准线时,两端必须将线拉紧。当用砖作坠线时要检查坠重及线的强度,防止线断坠砖掉下砸人(图3-133)。并在墙角用别棍(小竹片或22号铅丝)别住,防止线陷入灰缝中。准线挂好拉紧后,在砌墙过程中,要经常检查有没有抗线或塌腰的地方(中间下垂)。抗线时要把高出的障碍物除去,塌腰地方要垫一块砖,俗称"腰线砖",挑出墙面3～4cm(图3-134)。此时要注意准线不能向上拱起,使准线平直无误后再砌筑。

如果长墙几个人均使用一根通线,中间应设几个小支点,小线要拉紧,每层砖都要穿线看平,使水平缝均匀一致,平直通顺;砌一砖厚混水墙时宜采用外手挂线。

C. 砌筑

宜采用一顺一丁、梅花丁、三顺一丁。

砖墙的转角处、丁字交接处、十字交接处、砖垛、门垛处砌法如图3-80、图3-81、图3-82、图3-83、图3-84、图3-85、图3-88、图3-92、图3-93、图3-94、图3-95、图3-96、

图 3-97、图 3-98、图 3-99、图 3-100 所示。

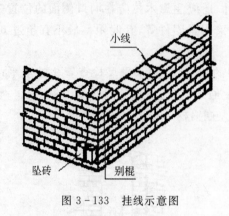

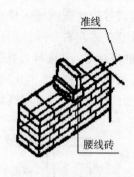

图 3-133　挂线示意图　　　　图 3-134　拉线示意图

宽度小于 1m 的窗间墙,应选用整砖砌筑,半砖和破损的砖应分散使用在受力较小处,小于 1/4 砖块体积的碎砖不能使用。

不应在截面长边小于 500mm 的承重墙体、独立柱内埋设管线。

砖砌体的转角处和交接处应同时砌筑,对不能同时砌筑而又必须留置的临时间断处应按规定留槎、接槎,如图 3-117 所示。

墙体转角处和纵横墙交接处宜沿竖向每隔 400～500mm 设拉结钢筋,其数量为每 120mm 墙厚不少于 1 根直径 6mm 的钢筋;或采用焊接钢筋网片,埋入长度从墙的转角或交接处算起,对实心砖墙每边不小于 500mm,对多孔砖墙不小于 700mm。

抗震设防烈度 6、7 度时长度大于 7.2m 大房间,以及 8、9 度时外墙转角及内外墙交接处,应沿墙高每隔 500mm 配置 $2\phi6$ 的通长钢筋和 $\phi4$ 分布短筋平面内点焊组成的拉结网片或 $\phi4$ 点焊网片。

支承在墙柱上的吊车梁、屋架及跨度大于或等于 9m 时的预制梁的端部,应采用锚固件与墙柱上的垫块锚固。

跨度大于 6m 的屋架和跨度大于 4.8m 的梁,应在支承处砌体上设置混凝土或钢筋混凝土垫块;当墙中设有圈梁时,垫块与圈梁宜浇筑成整体。

预制钢筋混凝土板在混凝土圈梁上的支承长度不应小于 80mm,板端伸出的钢筋应与圈梁可靠连接,且同时浇筑;预制钢筋混凝土板在墙上的支承长度不应小于 100mm,并应按下列方法进行连接。

板支承于内墙时,板端钢筋伸出长度不应小于 70mm,且与支座处沿墙配置的纵筋绑扎,用强度等级不应低于 C25 的混凝土浇筑成板带;

板支承于外墙时,板端钢筋伸出长度不应小于 100mm,且与支座处沿墙配置的纵筋绑扎,并用强度等级不应低于 C25 的混凝土浇筑成板带;

预制钢筋混凝土板与现浇板对接时,预制板端钢筋应伸入现浇板中进行可靠连接后,再浇筑现浇板。

当有抗震要求时,多层砖砌体房屋的楼、屋盖应符合下列要求。

现浇钢筋混凝土楼板或屋面板伸进纵、横墙内的长度,均不应小于 120mm。

装配式钢筋混凝土楼板或屋面板,当圈梁未设在板的同一标高时,板端伸进外墙的长度不应小于120mm,伸进内墙的长度不应小于100mm或采用硬架支模连接,在梁上不应小于80mm或采用硬架支模连接,参见附录1-2附图1-2-7。

当板的跨度大于4.8m并与外墙平行时,靠外墙的预制板侧边应与墙或圈梁拉结。

房屋端部大房间的楼盖,6度时房屋的屋盖和7~9度时房屋的楼、屋盖,当圈梁设在板底时,钢筋混凝土预制板应相互拉结,并应与梁、墙或圈梁拉结。

砌砖工程宜采用"三一"砌法,当采用铺浆法砌筑时,铺浆长度不得超过750mm;施工期间气温超过30℃时,铺浆长度不得超过500mm。

⑥ 构造柱施工

设有钢筋混凝土构造柱的墙体,应先绑扎构造柱钢筋,然后砌砖墙,最后支模浇注混凝土。留空档时,要根据设计位置弹出墨线,砖墙与构造柱连接处可砌成五进五出的大马牙槎,或四进四出的小马牙槎(标准砖每砌筑五层的高度约为315~320mm左右),先退后进,每次退进60mm(1/4砖)。墙与柱应沿高度方向每500mm设2φ6水平拉结筋和φ4分布短筋平面内点焊组成的拉结网片或φ4点焊钢筋网片,每边伸入墙内不应少于1m如附录1-5附图1-5-1所示。6、7度时底部1/3楼层,8度时底部1/2楼层,9度时全部楼层,上述拉结钢筋网片应沿墙体水平通长设置。当砖砌体墙为370mm厚时,拉结网片的水平钢筋也可根据当地习惯做法采用3φ6。

多层砖砌体房屋的构造柱最小截面可采用240mm×180mm(墙厚190mm时为180mm×190mm);构造柱纵向钢筋宜采用4φ12,箍筋直径可采用6mm,间距不宜大于250mm,且在柱上、下端适当加密;6、7度超过六层、8度超过五层和9度时,构造柱纵向钢筋宜采用4φ14,箍筋间距不应大于200mm;房屋四角的构造柱应适当加大截面及配筋。

构造柱一般尺寸允许偏差及检验方法应符合表3-11的规定。

抽检数量:每检验批抽查不应少于5处。

构造柱与墙体的连接处应砌成马牙槎,马牙槎凹凸尺寸不宜小于60mm,高度不应超过300mm,马牙槎应先退后进,对称砌筑;马牙槎尺寸偏差每一构造柱不应超过2处。

表 3-11　构造柱一般尺寸允许偏差及检验方法

序	项目			允许偏差(mm)	检验方法
1	中心线位置			10	用经纬仪和尺检查或用其他测量仪器检查
2	层间错位			8	用经纬仪和尺检查,或用其他测量仪器检查
3	垂直度	每层		10	用2m托线板检查
		全高	≤10m	15	用经纬仪、吊线和尺检查,或用其他测量仪器检查
			>10m	20	

⑦ 窗台的砌筑

当墙砌至接近窗洞口标高时,若窗台是用顶砖挑出,则在窗洞口下皮开始砌窗台;若窗台是用侧砖挑出,则在窗洞口下两皮开始砌窗台。砌之前按照图样把窗洞口位置在砖墙面上画出分口线,砌砖时,砖应砌过分口线(伸入窗间墙体)60~120mm,挑出墙面60mm,出檐砖的立缝要打碰头灰,混水窗台挑砖面一般低于窗框下冒头40~50mm(图3-135)。

窗台砌虎头砖(砖立砌)时,先把窗台两边的两块虎头砖砌上,用一根小线挂在它的下皮砖外角上,线的两端固定,作为砌虎头砖的准线,挂线后把窗台的宽度量好,算出需要的砖数和灰缝的大小。虎头砖向外砌成斜坡,在窗口处的墙上砂浆应铺得厚一些,通常里面比外面高出 20～30mm,以利泄水。操作方法是把灰打在砖中间,四边留 10mm 左右,一块一块地砌。砖要充分润湿,灰浆要饱满。若是清水窗台,砖要认真地进行挑选,窗台挑砖面一般低于窗框下冒头 10mm(图 3-136),窗台的砖缝以及与窗框的缝隙均用水泥砂浆勾缝。

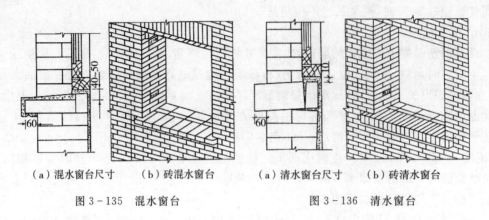

| (a)混水窗台尺寸 | (b)砖混水窗台 | (a)清水窗台尺寸 | (b)砖清水窗台 |

图 3-135　混水窗台　　　　　　　　图 3-136　清水窗台

⑧窗间墙的砌筑

窗台砌完后,立窗框(方法同立门框),同一轴线多窗口的窗间墙要拉通准线砌窗间墙(图 3-137)。操作时要求跟通线进行,并要与相邻操作者经常通气。砌第一皮砖时要防止窗口砌成阴阳膀(窗口两边不一致,窗间墙两端用砖不一致),往上砌时,位于皮数杆处的操作者要经常提醒大家皮数杆上标志的预留预埋等要求。

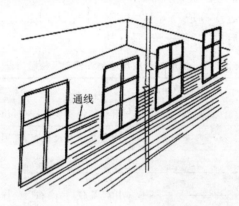

图 3-137　砌窗间墙

⑨ 钢筋砖过梁

钢筋砖过梁砌筑前,应先支设模板,模板中央应略有起拱。

砌筑时,宜先铺 15mm 厚的砂浆层,把钢筋放在砂浆层上,使其弯钩向上,然后再铺 15mm 砂浆层,使钢筋位于 30mm 厚的砂浆层中间。之后,按墙体砌筑形式与墙体同时砌砖(图 3-138)。

钢筋砖过梁截面计算高度内(7皮砖高)的砂浆强度不宜低于 M5。

钢筋砖过梁的跨度不应超过 1.5m。

钢筋砖过梁底部的模板,应在砂浆强度不低于设计强度 50% 时,方可拆除。

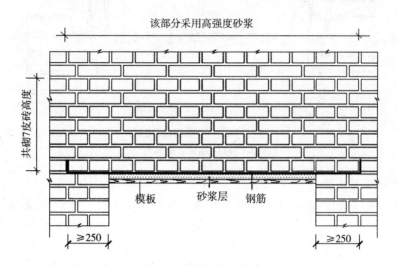

图 3 - 138 钢筋砖过梁

⑩ 砖砌平拱式过梁

又叫砖砌平碹。其厚度通常等于墙厚,高度为一砖或一砖半,外形呈楔形,上大下小。

砌筑时,先砌好两边拱脚,当墙砌至门窗上口时,开始在洞口两边墙上留出 20～30mm 错台作为拱脚支点,称为碹肩,而砌碹的两膀墙为拱座,称为碹膀子。除立碹外,其他碹膀子要砍成坡面,一砖碹错台上口宽 40～50mm,一砖半上口宽 60～70mm,如图 3 - 139 所示。

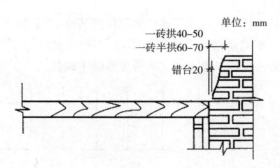

图 3 - 139 拱座砌筑

再在门窗洞口上部支设模板,模板中间应有 1‰ 的起拱。在模板上画出砖和灰缝的位置线,务必使砖数为单数。然后从拱脚处开始同时向中间砌砖,正中一块砖要紧紧砌入。灰缝宽度,在过梁顶部不超过 15mm,在过梁底部不小于 5mm,待砂浆强度达到设计强度的 50% 以上时,方可拆除模板,如图 3 - 140 所示。

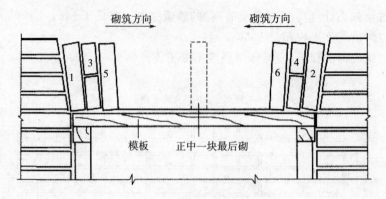

图 3-140 平拱式过梁砌筑

注:1～6 分别代表第一皮至第六皮。

⑪ 楼层轴线的引测

二层以上各层墙的轴线,可用经纬仪或垂球引测到楼层上去,同时还需根据图上轴线尺寸用钢尺进行校核。

二层以上轴线引测方法:

首层的楼板吊装完毕之后,也灌注了板缝即可进行二层的放线工作。

因为楼层的墙身高度,一般比基础的高度要高 1～2 倍。这样墙身所产生的垂直偏差,相应地也会比基础大。尤其外墙的向外偏斜或向内偏斜,会使整个房屋的长度和宽度增长或缩短。如果仍然在四边外墙作主轴线放线,会由于累计误差使墙身到顶时斜得更厉害,而使房屋超出允许偏差而造成事故。为了防止这种误差,在楼层放线时,采用取中间轴线放线方法进行放线。即在全楼长的中间取某一条轴线,和在一两山墙中间取一条轴线,在楼层平面上组成一对直角坐标轴,从而进行楼层放线以控制楼的两端尺寸,防止可能发生的最大误差。方法如下:

A. 先在各横墙的轴线中,选取在长墙中间部位的某道轴线,如图 3-141 中取④轴线,作为横墙中的主轴线。根据基础墙的主轴线①,向④轴线量出尺寸,量准确后在④轴立墙上标出轴线位置。以后每层均以此④轴立线为放线的主轴线。

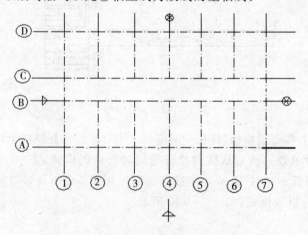

图 3-141 二层以上轴线引测方法

同样,在山墙上选取纵墙中一条在山墙中部的轴线,如图 3-141 中的 B 轴,同样在 B 轴墙根部标出立线,作为以上各层放纵墙线的主轴线。

B. 两条轴线选定之后,将经纬仪支架在选定的轴线面前,一般离开所测高度 10 米左右,然后进行调平,并用望远镜照准该轴线,照准无误之后,固定水平制动螺旋,扳开竖直制动螺旋,纵转望远镜仰视所需放线的那层楼,在楼层配合操作的人根据观测者的指挥,在楼板边棱上划上铅笔痕,并用圆圈圈出记号以便好找,如图 3-142 所示。

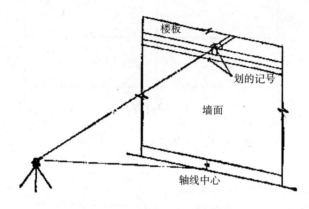

图 3-142　一层轴线引测方法

这道横墙轴线的位置定好之后,把经纬仪移到房屋的另一面,用相同的方法定出这道横墙另一面的轴线点。至于山墙处的纵墙主轴线也用同样方法定出来。

C. 楼层上已有的四点位置,就等于决定了楼层互相垂直的一对主轴线。在弹墨线时根据楼房长度的不同,采用以下两个方法弹出这对垂直的轴线。

第一种情况,这对轴线的两端点距离如不超过 30m,只要用小线将两头的两点拉通,拽紧,使小线平直,随后在小线通过的地方隔 10m 点一铅笔痕,用墨线弹出两点间的距离,使连通成一对主轴线。

第二种情况,不论哪条轴线,如果两端点的距离已超过 30m,就不宜采用小线拉通的办法。因为小线可能会由于气候或小线过长而引起误差,所以此时应用经纬仪测设,将仪器支架在所测轴线的两点中间,并使仪器的中心位置,尽量在这两点的连线上,然后观测者先正镜观测前方 a 点,如图 3-143;再倒镜反过来观测 b 点,如果正倒镜对这两点的观测都正好在十字丝中心,那么经纬仪的视准轴的投影和这条轴线重合。这时利用经纬仪就可以定出这条轴线上的点,再用墨线连成通长的轴线。如果第一次正倒镜的观测不能重合,这就要稍稍向左或右侧移动经纬仪,调正到使得两点在照准时正倒镜能重合为止。如果目估准确,一般只要在 4~5cm 范围内移动,就能达到重合的目的。

D. 在楼上定出了互相垂直的一对主轴线之后,其他各道墙的轴线就可以根据图纸的尺寸,以主轴线为基准线,利用钢尺及小线在楼层上进行放线。其中对于四周外墙的轴线一般不必再弹线,而只把外墙里边线用墨线弹出来,让瓦工根据外墙厚度及外墙垂直要求来砌砖。有了外墙的里皮线,也可以用它检查墙厚是否超过规定,从而发现墙身是否有倾斜,以得到及时纠正。

如果没有经纬仪,可采用吊垂球的方法(图 3-144)。

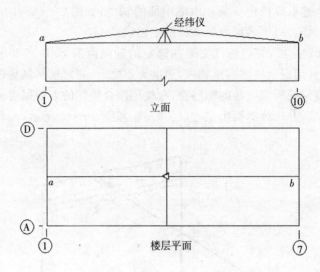

经纬仪

立面

楼层平面

图 3-143　在楼面上架设经纬仪弹线

⑫ 楼层标高的控制

基础砌完之后,除要把主要墙的轴线,由龙门桩或龙门板上引到基础墙上外,还要在基础墙上抄出一条-0.1或-0.15标高的水平线。楼层各层标高除立皮数杆控制外,亦可用在室内弹出的水平线控制。

当砖墙砌起一步架高后,应随即用水准仪在墙内进行抄平,并弹出离室内地面

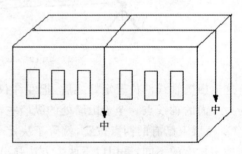

图 3-144　楼层轴线的引测(垂球法)

高50cm的线,在首层即为0.5m标高线(现场叫五〇线),在以上各层即为该层标高加0.5m的标高线。这道水平线是用来控制层高及放置门、窗过梁高度的依据,也是室内装饰施工时做地面标高、墙裙、踢脚线、窗台及其他有关的装饰标高的依据。为什么在砌完一步架后就抄平呢?因为一步架一般为1.2m高,支架水准仪时全层均能看到,没有墙的阻碍,抄平较方便也比较准确。如果等墙砌完后再去抄平,只能通过门口来回挪动仪器抄平,既不利于工作,而且增加累计误差,使平线的精度降低。

此外,在抄平中,扶尺人必须将尺扶直,不能前后、左右的倾斜,当观测者表示尺的位置正合适时,持尺人应用铅笔在尺底划线,划线时一定要贴尺端划,防止笔尖歪斜而引起误差。有时歪斜可以达到1cm的误差,这是不允许的。

在一层砌砖完成之后,要根据室内0.5m标高线,用钢尺向墙上端量一个尺寸,一般比楼板安装的板底标高低10cm,根据量的各点将墙上端每处都弹出一道墨线来,瓦工则根据它把板底安装用的找平层抹好,以保证吊装楼板时板面的平整,也有利于以后地面抹面的施工。

首层的楼板吊装完毕之后,紧接着下一步工作是楼板灌缝,灌缝完毕,进行第二层墙体砌筑。当二层墙砌到一步架高后,放线人员随即用钢尺在楼梯间处,把底层的0.5m标高

线引入到上层,就得到二层 0.5m 标高线,如层高为 3.3m,那么从底层 0.5m 标高线往上量 3.3m 划一铅笔痕,随后用水准仪及标尺从这点抄平,把楼层的全部 0.5m 标高线弹出。

⑬ 楼层墙砌筑

一层楼砌至要求的标高后,安装预制钢筋混凝土楼板或现浇钢筋混凝土楼板。

为了保证各层墙身轴线重合,并且与基础定位轴线一致,在砌二层砖墙前,应按以上方法将轴线和标高由一层引测到二层楼上。

楼层墙的砌筑关键是保证楼板上下的砖墙在同一垂线上,要求外墙砌完后,看不出上下层的分界线,外墙灰缝上下均匀一致。内墙的第一皮砖与外墙的第一皮砖应在同一水平接槎交圈,其操作要点为:

A. 现浇混凝土楼板,必须待混凝土强度达 5MPa 以后方可进行;预制混凝土多孔板,在灌好缝、找平后即可安排砌筑。

B. 砌砖之前检查皮数杆的杆底标高是否与设计相符。

C. 楼层外墙上的门、窗、挑出件等应与底层或下层门、窗、挑出件等在同一垂直线上。分口线应用线锤从下面吊挂上来。

D. 楼层砌砖时,特别要注意砖的堆放不能太多,不准超过允许的荷载。

⑭ 梁底和板底砖的处理

砖墙砌到楼板底时应砌成丁砖层,如果楼板是现浇的,并直接支承在砖墙上,则应砌低一皮砖,使楼板的支承处混凝土加厚,支承点得到加强。

5)砖柱砌筑

① 砖柱砌筑前,基层表面应清扫干净,洒水湿润。基础面高低不平时,应进行找平,小于 3cm 的用 1∶3 水泥砂浆,大于 3cm 的用细石混凝土找平,使各柱第一皮砖在同一标高上。

② 砌砖柱时,应四面挂线,当多根柱子在同一轴线上时,要拉通线检查纵横柱网中心线,同时应在柱的近旁竖立皮数杆。

③ 柱砖应选择棱角整齐,无弯曲、裂纹,颜色均匀,规格基本一致的砖;对于圆柱或多角柱要按照排砌方案加工弧形砖或切角砖,加工砖面需磨平,加工后的砖应编号堆放,砌筑时,应对号入座。

④ 排砖撂底,应根据排砌方案进行干摆砖试排,通常采用满丁满条法。

⑤ 砌砖宜采用三一砌法里外咬槎,上下错缝。柱面上下皮竖缝应相互错开 1/2 或 1/4 砖长以上。柱心无通天缝。严禁采用先砌四周后填心的砌法。几种不同断面砖柱的错误砌法如图 3-147 所示。

⑥ 砖柱的水平灰缝和竖向灰缝宽度宜为 10mm,但是不应小于 8mm,也不应大于 12mm;水平灰缝的砂浆饱满度不得小于 90%,竖缝也要求饱满,不得出现透明缝。认真执行"三皮一吊、五皮一靠"的规定。

⑦ 柱砌至上部时,要拉线检查轴线、边线和垂直度,保证柱位置正确。同时,还要对照皮数杆的砖层和标高,若有偏差,应在水平灰缝中逐渐调整,使砖的层数与皮数杆一致。砌楼层砖柱时,要检查上层弹的墨线位置与下层柱子是否有偏差,防止上层柱落空砌筑。

⑧ 2m 高范围内清水柱的垂直偏差不大于 5mm,混水柱不大于 8mm,轴线位移不大于

10mm。每天砌筑高度不宜超过 1.8mm。

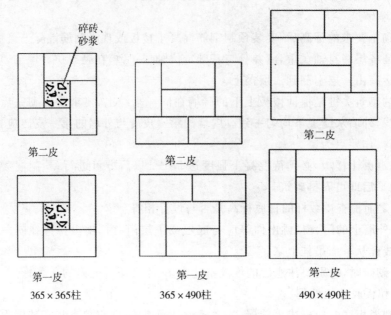

图 3 - 147 砖柱的错误砌法

⑨ 单独的砖柱砌筑,可立固定皮数杆,也可经常用流动皮数杆检查高低情况。当几个砖柱同列在一条直线上时,可先砌两头砖柱,再在其间逐皮拉通线砌筑中间部分砖柱,这样易控制皮数正确,进出以及高低一致。

⑩ 砖柱与隔墙相交,不能在柱内留阴槎,只能留阳槎,并且加连接钢筋拉结。若在砖柱水平缝内加钢筋网片,在柱子一侧要露出 1～2mm 以备检查,看是否遗漏,填置是否正确。

⑪ 砖柱四面都有棱角,在砌筑时,一定要勤检查,尤其是下面几皮砖要吊直,并且要随时注意灰缝平整,防止发生砖柱扭曲或砖皮一头高、一头低等情况。

⑫ 砖柱上不得留设脚手眼。

6)封山和拔檐

(1)封山

坡形屋顶房屋的横向外墙称为山墙。山墙砌到檐口标高后,就要向上收砌成三角形,这叫山尖。

山尖砌到檩条底,开始上檩条,然后进行封山,封山只封到檩条扇面的叫平封山,也叫小封山。封山砌到高于屋面的叫高封山,亦称大封山、迎风山、上封山。

① 封山砌筑工艺顺序

准备→立皮数杆→挂斜线→砌筑→安檩条→封山→勾缝

② 封山操作要点

A. 皮数杆钉在山墙中心,在皮数杆上屋脊标高处钉一个钉子,往前后檐拉挂斜线,斜线坡度与屋面坡度相同,以此作为砌筑屋面坡度的退砌依据。砌筑时还必须根据实际情况挂水平线(图 3 - 148)。

B. 按皮数杆的皮数和斜线的标志以退踏步槎的形式向上砌筑,其水平灰缝厚度应根据每砌三至五皮砖后测量与斜线之间的高度来控制,砌到檩条底标高时,应将位置留出,有垫块或垫木时,应预先将其按标高放置。

C. 在山尖处按规定搁置檩条。

D. 封山前应检查山尖是否居中,房屋中间山墙尖是否在一直线上,山墙的两端是否对称,符合要求后方可砌筑。平封山按已放好的檩条上表面拉线,用砂浆和砖将檩条之间砌平。顶坡的砖要砍成楔形砌成斜坡,然后抹灰找平檩条的顶面(图 3 - 149)。高封山应根据设计高度要求,先在靠山墙脊檩端头竖向钉一根皮数杆,杆上标明高封山的顶部标高,随后往前、往后檐拉线,并按线砌筑封山墙(图 3 - 150)。

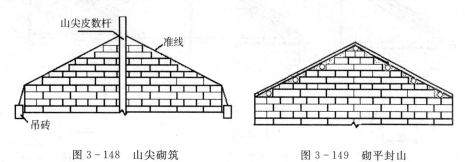

图 3 - 148　山尖砌筑　　　　　　　　图 3 - 149　砌平封山

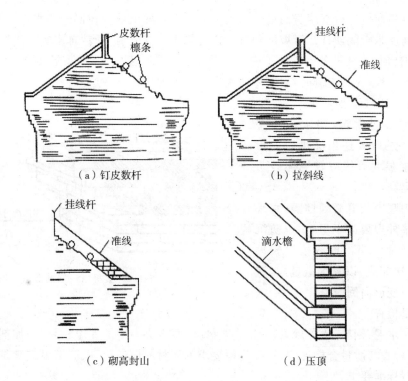

(a)钉皮数杆　　　　　　　　(b)拉斜线

(c)砌高封山　　　　　　　　(d)压顶

图 3 - 150　高封山

封山砌完后,要在墙上砌 1~2 层压顶出檐砖,并在其上抹水泥砂浆作为压顶。当封山高出屋面较多时,可在封山内侧 200mm 高处向屋面一侧挑出 1/4 砖做滴水檐(图 3-150d)。

(2)封檐和拔檐

在坡屋顶的檐口部分,前后沿墙砌到檐口底时,先挑出 2~3 皮砖以顶到屋面板,此道工序被称为封檐。在檐墙做封檐的同时,两山墙也要做好挑檐,山墙挑檐也叫拔檐,其砌法有两层一挑、一层一挑和间隔挑的砌法(图 3-151)。

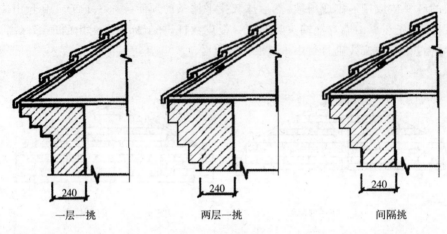

| 一层一挑 | 两层一挑 | 间隔挑 |

图 3-151 拔檐砌法

在砌挑檐前应先检查墙身高度。前后两坡和左右两山是否在同一个水平面上,计算一下出檐后高度是否能使挂瓦时坡度顺直。挑层最下一皮应为丁砖,每皮砖挑出宽度不大于 60mm。砌砖时,在两端各砌一块丁砖。然后在丁砖的底棱挂线,并且在线的两端用尺量一下是否挑出一致;先砌内侧砖,后砌外面挑出砖。以便压住下一层挑檐砖,以防刚砌完的檐子下折,如图 3-152 所示。

砖块要经过挑选,要求边角整齐、色泽一致,砖要适当浇水后方可使用。砂浆强度等级应较墙体砂浆强度等级提高一级。

挑层中竖向灰缝必须饱满,水平灰缝的砂浆外边要高于里边,以防沉陷后檐头下垂。当出檐或拔檐较大时,不宜一次完成,以免重量过大,造成水平灰缝变形而倒塌。

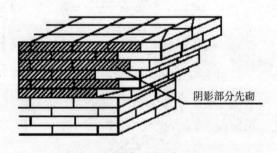

阴影部分先砌

图 3-152 拔檐(挑檐)的做法

7)质量检查

(1)砖、水泥、钢筋、预拌砂浆、专用砌筑砂浆、复合夹心墙的保温材料、外加剂等原材料进场时,应检查其质量合格证明;对有复检要求的原材料应送检,检验结果应满足设计及相应国家现行标准要求。

(2)质量检查应包括其品种、规格、尺寸、外观质量及强度等级,符合设计及产品标准要求后方可使用。

(3)砖砌体工程施工过程中,应对下列主控项目及一般项目进行检查,并应形成检查记录:

① 主控项目包括:

砖强度等级;

砂浆强度等级;

斜槎留置;

转角、交接处砌筑;

直槎拉结钢筋及接槎处理;

砂浆饱满度。

② 一般项目包括:

轴线位移;

每层及全高的墙面垂直度;

组砌方式;

水平灰缝厚度;

竖向灰缝宽度;

基础、墙、柱顶面标高;

表面平整度;

后塞口的门窗洞口尺寸;

窗口偏移;

水平灰缝平直度;

清水墙游丁走缝。

(4)砖砌体工程施工过程中,应对拉结钢筋及复合夹心墙拉结件进行隐蔽前的检查。

8)质量标准

(1)主控项目

① 砖和砂浆的强度等级必须符合设计要求。

抽检数量:每一生产厂家,烧结普通砖、混凝土实心砖每15万块,烧结多孔砖、混凝土多孔砖、蒸压灰砂砖及蒸压粉煤灰砖每10万块各为一验收批,不足上述数量时按1批计,抽检数量为1组。砂浆试块的抽检数量按第3.2.3.3条的有关规定。

检验方法:查砖和砂浆试块试验报告。

② 砌体灰缝砂浆应密实饱满,砖墙水平灰缝的砂浆饱满度不得低于80%;砖柱水平灰缝和竖向灰缝饱满度不得低于90%。

抽检数量:每检验批抽查不应少于5处。

检验方法:用百格网检查砖底面与砂浆的黏结痕迹面积。每处检测3块砖,取其平均值。

③ 砖砌体的转角处和交接处应同时砌筑。严禁无可靠措施的内外墙分砌施工。在抗震设防烈度为8度及8度以上的地区,对不能同时砌筑而又必须留置的临时断处应砌成斜槎,普通砖砌体斜槎水平投影长度不应小于高度的2/3。多孔砖砌体的斜槎长高比不应

小于 1/2。斜槎高度不得超过一步脚手架的高度。

抽检数量：每检验批抽查不应少于 5 处。

检验方法：观察检查。

④ 非抗震设防及抗震设防烈度为 6 度、7 度地区的临时间断处，当不能留斜槎时，除转角处外，可留直槎，但直槎必须做成凸槎，且应加设拉结钢筋，拉结钢筋应符合下列规定：

A. 每 120mm 墙厚放置 1φ6 拉结钢筋（120mm 厚墙应放置 2φ6 拉结钢筋）；

B. 间距沿墙高不应超过 500mm，且竖向间距偏差不应超过 100mm；

C. 埋入长度从留槎处算起每边均不应小于 500mm，对抗震设防烈度 6 度、7 度的地区，不应小于 1000mm；

D. 末端应有 90°弯钩。

抽检数量：每检验批抽查不应少于 5 处。

检验方法：观察和尺量检查。

(2)一般项目

① 砖砌体组砌方法应正确，内外搭砌，上、下错缝。清水墙、窗间墙无通缝；混水墙中不得有长度大于 300mm 的通缝，长度 200～300mm 的通缝每间不超过 3 处，且不得位于同一面墙体上。砖柱不得采用包心砌法。

抽检数量：每检验批抽查不应少于 5 处。

检验方法：观察检查。砌体组砌方法抽检每处应为 3m～5m。

② 砖砌体的灰缝应横平竖直，厚薄均匀。水平灰缝厚度及竖向灰缝宽度宜为 10mm，但不应小于 8mm，也不应大于 12mm。

抽检数量：每检验批抽查不应少于 5 处。

检验方法：水平灰缝厚度用尺量 10 皮砖砌体高度折算。竖向灰缝宽度用尺量 2m 砌体长度折算。

③ 砖砌体尺寸、位置的允许偏差及检验应符合表 3-12 的规定。

9)成品保护

(1)砌筑过程中或砌筑完毕后，未经有关质量管理人员复查，对轴线桩、水平桩或龙门板应注意保护，不得碰撞或拆除。

(2)基础墙回填土，应两侧同时进行，暖气沟墙未填土的一侧应加支撑，防止回填时挤歪挤裂。回填土应分层夯实，不允许向槽内灌水取代夯实。回填土运输时，先将墙顶保护好，不得在墙上推车，损坏墙顶和碰撞墙体。

(3)墙体拉结筋、抗震构造柱钢筋、大模板混凝土墙体钢筋及各种预埋件、暖、卫、电气管线及套管等，均应注意保护，不得任意拆改、弯折或损坏。

(4)砂浆稠度应适宜，砌筑过程中要及时清理，防止砂浆溅脏墙面。

(5)尚未安装楼板或屋面板的墙和柱，当可能遇到大风时，应采取临时支撑等措施，以保证施工中墙体的稳定性。

(6)在吊放平台脚手架或安装模板时，应防止碰撞已砌好的墙体。

(7)在进料口周围，应用塑料布或木板等遮盖，以保持墙面清洁。

表 3-12 砖砌体尺寸、位置的允许偏差及检验

项	项目			允许偏差(mm)	检验方法	抽检数量
1	轴线位移			10	用经纬仪和尺或用其他测量仪器检查	承重墙、柱全数检查
2	基础、墙、柱顶面标高			±15	用水准仪和尺检查	不应小于5处
3	墙面垂直度	每层		5	用2m托线板检查	不应小于5处
		全高	≤10m	10	用经纬仪、吊线和尺或其他测量仪器检查	外墙全部阳角
			>10m	20		
4	表面平整度	清水墙、柱		5	用2m靠尺和楔形塞尺检查	不应小于5处
		混水墙、柱		8		
5	水平灰缝平直度	清水墙		7	拉5m线和尺检查	不应小于5处
		混水墙		10		
6	门窗洞口高、宽(后塞口)			±10	用尺检查	不应小于5处
7	外墙下下窗口偏移			20	以底层窗口为准,用经纬仪或吊线检查	不应小于5处
8	清水墙游丁走缝			20	以每层第一皮砖为准,用吊线和尺检查	不应小于5处

10)安全、环保措施

(1)安全措施

① 在操作之前必须检查操作环境是否符合安全要求,道路是否畅通,机具是否完好牢固,安全设施和防护用品是否齐全,经检查符合要求后方可施工。

② 基础砌筑时,应经常注意和检查基坑土质变化情况,有无崩裂和塌陷现象。当深基坑装设挡板支撑时,操作人员应设梯子上下,不应攀爬支撑和踩踏砌体上下。

③ 基坑边堆放材料距离坑边不得少于1m。尚应按土质的坚实程度确定。当发现土壤出现水平或垂直裂缝时,应立即将材料搬离并进行基坑装撑加固处理。

④ 深基坑支撑的拆除,应随砌筑的高度,自上而下将支撑逐层拆除,并每拆一层,随即回填一层泥土,防止该层基土发生变化。当在坑内工作时,操作人员必须戴好安全帽。操作地段上面要有明显标志,警示基坑内有人操作。

⑤ 墙身砌体高度超过地坪1.2m以上时,应搭设脚手架。在一层以上或高度超过4m时,采用里脚手架必须支搭安全网,采用外脚手架应设护身栏杆和挡脚板后方可砌筑。

⑥ 严禁使用砖及砌块做脚手架的支撑;脚手架搭设后应经检查方可使用,施工用的脚手板不得少于两块,其端头必须伸出架的支承横杆约200mm,但也不许伸过太长做成探头板;砌筑时不准随意拆改和移动脚手架,楼层、屋盖上的盖板或防护栏杆不得随意挪动拆除。

⑦ 脚手架站脚的高度,应低于已砌砖的高度;每块脚手板上的操作人员不得超过两人;堆放砖块不得超过单行3皮;采用砖笼吊砖时,砖在架子上或楼板上要均匀分布,不应

集中堆放;灰桶、灰斗应放置有序,使架子上保持畅通。

⑧ 在楼层(特别是预制板面)施工时,堆放机具、砖块等物品不得超过使用荷载。如超过荷载时,必须经过验算采取有效加固措施后,方可进行堆放及施工。

⑨ 不得站在墙顶上做划线、吊线、清扫墙面等工作;上下脚手架应走斜道,严禁踏上窗台出入。

⑩ 在架子上砍砖时,操作人员应面向里把碎砖打在脚手板上,严禁把砖头打向架外;挂线用的坠砖,应绑扎牢固,以免坠落伤人。禁止用手向上抛砖运送,人工传递时应稳递稳接,两人位置避免在同一垂直线上作业。

⑪ 用于垂直运输的吊笼、滑车、绳索、刹车等,必须满足负荷要求,牢固无损;吊运时不得超载,并需经常检查,发现问题及时修理。

⑫ 起吊砖笼和砂浆料斗时,砖和砂浆不能装得过满。吊臂工作范围内不得有人停留。

⑬ 砖运输车辆两车前后距离平道上不小于 2m,坡道上不小于 10m;装砖时要先取高处后取低处,防止垛倒砸人。

⑭ 已砌好的山墙,应临时用联系杆(如檩条等)放置各跨山墙上,使其联系稳定,或采取其他有效的加固措施。

⑮ 冬期施工时,脚手板上如有冰霜、积雪,应先清除后才能上架子进行操作。

⑯ 在同一垂直面内上下交叉作业时,必须设置安全隔板,下方操作人员应戴好安全帽。

⑰ 砌砖使用的工具、材料应放在稳妥的地方,工作完毕应将脚手板和砖墙上的碎砖、灰浆等清扫干净,防止掉落伤人。

⑱ 砂浆搅拌机运转时,严禁将锹、耙等工具伸入罐内,必须进罐扒砂浆时,要停机进行。工作完毕,应将拌筒清洗干净。搅拌机应有专用开关箱,并应装有漏电保护器,停机时应拉断电闸,下班时电闸箱应上锁。

⑲ 采用手推车运输砂浆时,不得争先抢道,装车不应过满;卸车时应有挡车措施,不得用力过猛或撒把,以防车把伤人。

⑳ 使用井架提升砂浆时,应设置制动安全装置,升降应有明确信号,操作人员未离开提升台时,不得发升降信号。

(2)环保措施

① 砖堆放及停放搅拌机的地面必须夯实,用混凝土硬化,并做好排水措施。

② 现场拌制砂浆时,应采取措施防止水泥、砂子扬尘污染环境。

③ 施工中的噪声排放,昼间＜70dB,夜间＜55dB。施工现场烟尘排放浓度＜400mg/m³。夜间照明不影响周围社区。

④ 施工垃圾分类处理,尽量回收利用。

3.3.3 混凝土小型空心砌块砌体工程

3.3.3.1 一般规定

(1)施工采用的小砌块的产品龄期不应小于 28d。

(2)小砌块墙内不得混砌黏土砖或其他墙体材料(不同墙体材料及强度等级的块材不

得混砌)。当需局部嵌砌时,应采用强度等级不低于 C20 的适宜尺寸的配套预制混凝土砌块。墙体孔洞不得用异物填塞。

(3)砌筑小砌块时,应清除表面污物、剔除外观质量不合格的小砌块。

(4)承重墙体使用的小砌块应完整、无缺损、无裂缝。

(5)砌筑小砌块砌体,宜采用专用砂浆砌筑,防潮层以上的小砌块砌体;当采用其他砌筑砂浆时,应采取改善砂浆和易性和黏结性的措施。

(6)底层室内地面以下或防潮层以下的砌体,应采用水泥砂浆砌筑,应采用强度等级不低于 C20(或 Cb20)的混凝土灌实小砌块的孔洞。

(7)在散热器、厨房、卫生间等设备的卡具安装处砌筑的小砌块,宜在施工前用强度等级不低于 C20(或 Cb20)的混凝土将其孔洞灌实。

(8)在砌体中设置临时性施工洞口时,洞口净宽度不应超过 1m,洞边离交接处的墙面距离不得小于 600mm,并应在洞口两侧每隔 2 皮小砌块高度设置长度为 600mm 的 φ4 点焊钢筋网片及经过计算的钢筋混凝土过梁。

(9)墙体转角处和纵横交接处应同时砌筑。临时间断处应砌成斜槎,斜槎水平投影长度不应小于斜槎高度。临时施工洞口可预留直槎,但在补砌洞口时,应在直槎上下搭砌的小砌块孔洞内用强度等级不低于 Cb20 或 C20 的混凝土灌实(图 3-153)。小砌块墙与后砌隔墙交接处,应沿墙高每 400mm 在水平灰缝内设置不少于 2φ4、横筋间距不大于 200mm 的焊接钢筋网片,钢筋网片伸入后砌隔墙内不小于 600m(图 3-154)。

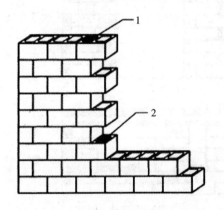

图 3-153 施工临时洞口直搓砌筑示意图
1—先砌洞口灌孔混凝土(随砌随灌);
2—后砌洞口灌孔混凝土(随砌随灌)

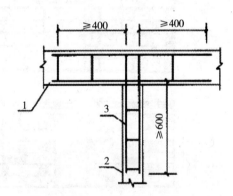

图 3-154 砌块墙与后砌
隔墙交接处钢筋网片
1—砌块墙;2—后砌隔墙;
3—φ4 焊接钢筋网片

(10)在砌体中留槽洞及埋设管道时,应符合下列要求:

① 在截面长边小于 500mm 的承重墙体、独立柱内不得埋设管线;

② 墙体中应避免穿行暗线或预留、开凿沟槽,无法避免时应采取必要的措施或按削弱后的截面验算墙体的承载力。但对受力较小或未灌孔的砌块砌体,允许在墙体的竖向孔洞中设置管线。

(11)砌筑普通混凝土小型空心砌块砌体时,不需要对小砌块浇水湿润,尤其是插填聚苯板或其他绝热保温材料的小砌块。如遇天气干燥炎热,对无聚苯板或其他绝热保温材料的小砌块,宜在砌筑前对其喷水湿润;对轻骨料混凝土小砌块,应提前浇水湿润,块体的相对含水率宜为 40%~50%。雨天及小砌块表面有浮水时,不得施工。

(12)芯柱处小砌块墙体砌筑应符合下列规定:

① 每一楼层芯柱处第一皮砌体应采用开口小砌块;

② 筑时应随砌随清除小砌块孔内的毛边,并将灰缝中挤出的砂浆刮净。

(13)正常施工条件下,小砌块墙体(柱)每日砌筑高度宜控制在 1.4m 或一步脚手架高度内,每步架墙(柱)砌筑完后,应随即刮平墙体灰缝。

(14)小砌块砌体的水平灰缝厚度和竖向灰缝宽度宜为 10mm,但不应小于 8mm,也不应大于 12mm,且灰缝应横平竖直。

3.3.3.2 施工准备

1)技术准备

(1)施工前,进行图纸会审,复核设计作法是否符合现行国家规范的要求。复核建筑物或构筑物的标高是否引自标准水准点或设计指定的水准点。

(2)绘制小砌块排列图(图 3-155),选定小砌块吊装路线、吊装次序和组砌方法。

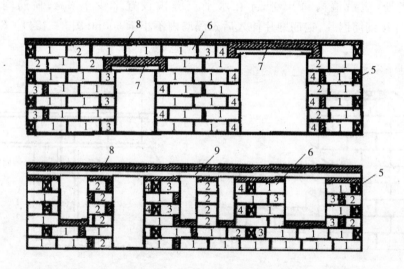

图 3-155 砌块排列图

1—主规格砌块;2、3、4—副规格砌块;5—丁砌砌块;6—顺砌砌块;7—过梁;8—镶砖;9—圈梁

2)材料准备

普通混凝土小型空心砌块(或轻骨料混凝土小型空心砌块等)、水泥、中砂、石子、石灰膏(或生石灰、磨细生石灰)或电石膏、黏土膏、外加剂、钢筋等。

根据《混凝土小型空心砌块建筑技术规程》JGJ/T 14,砌块房屋所用的材料,除满足承载力计算要求外,对地面以下或防潮层以下的砌体、潮湿房间的墙,所用材料的最低强度等级应符合表 3-13 的要求。

表 3-13　地面以下或防潮层以下的墙体、潮湿房间的墙所用材料的最低强度等级

基土潮湿程度	混凝土小砌块	水泥砂浆
稍潮湿的	MU7.5	Mb5
很潮湿的	MU10	Mb7.5
含水饱和的	MU15	Mb10
注:①砌块孔洞应采用强度等级不低于 C20 的混凝土灌实。 ②对安全等级为一级或设计使用年限大于 50 年的房屋,表中材料强度等级应至少提高一级。		

3)主要机具

(1)机械设备

应备有砂浆搅拌机、筛砂机、淋灰机、塔式起重机或其他吊装机械、卷扬机或其他提升机械等。参见第 3.1.1 节机械设备。

(2)主要工具

① 测量、放线、检验工具主要有龙门板、皮数杆、水准仪、经纬仪、2m 靠尺、楔形塞尺、托线板、线坠、百格网、钢卷尺、水平尺、小线、砂浆试模、磅秤等。参见第 3.1.2 节主要工具。

② 施工操作工具

A. 砌块夹具

分为单块夹、多块夹(图 3-156)。

B. 钢丝绳索具

分为单块索、多块索(图 3-157)。

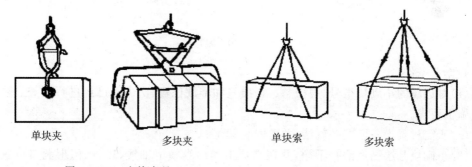

单块夹　　　　多块夹　　　　单块索　　　　多块索

图 3-156　砌块夹具　　　　　　图 3-157　索具

C. 台灵架

用于安装砌块,它由起重拔杆、支架、底盘和卷扬机等组成(图 3-158)。

D. 小推车

用做水平运输用(图 3-36)。

E. 其他工具

砌筑砌块、镶砖、铺灰缝和灌竖缝砂浆可采用瓦刀、铁板、木槌、竹片、灌缝夹板(图 3-159)和蜕尺(图 3-160)。

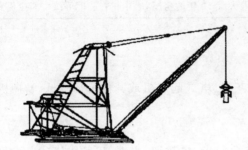

图 3-158 台灵架

图 3-159
灌缝夹板

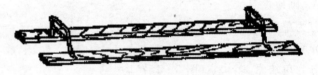

（a）单面蜕尺   （b）双面蜕尺

图 3-160 蜕尺

4）作业条件

（1）对进场的小砌块型号、规格、数量、质量和堆放位置、次序等已经进行检查、验收,能满足施工要求。

（2）所需机具设备已准备就绪,并已安装就位。

（3）小砌块基层已经清扫干净,并在基层上弹出纵横墙轴线、边线、门窗洞口位置线及其他尺寸线。

（4）在房屋四角或楼梯间转角等处设立皮数杆,并办好预检手续。

（5）上道工序已经验收合格,并办理交接手续。

（6）砌筑砂浆和灌孔洞用混凝土根据设计要求,经试验确定配合比。

3.3.3.3 施工操作工艺

1）小砌块墙体施工

（1）工艺流程

放线（验线）→立皮数杆→基层表面清理、湿润→排列砌块→拉线→（砂浆搅拌）砌筑→预留洞→质量验收

(2)施工要点

① 定位放线：砌筑前应在基础面或楼面上定出各层的轴线位置和标高，并用1∶2水泥砂浆或C15细石混凝土找平。

② 立皮数杆、拉线：在房屋四角或楼梯间转角处设立皮数杆，皮数杆间距不得超过15m。根据砌块高度和灰缝厚度计算皮数杆和排数，皮数杆上应画出各皮小砌块的高度及灰缝厚度。在皮数杆上相对小砌块上边线之间拉准线，小砌块依准线砌筑。

③ 拌制砂浆：砂浆拌制宜采用机械搅拌，搅拌加料顺序和时间应符合有关规定，参见第3.2节。

④ 砌筑

砌筑厚度小于等于240mm的小砌块墙体时，可单面挂线砌筑；砌筑厚度大于240mm的小砌块墙体时，宜在墙体内外侧同时挂两根水平准线砌。

小砌块墙的砌筑形式应每皮顺砌，上、下竖向相互错开（图3-161）；小砌块墙体应孔对孔、肋对肋有错缝搭砌。单排孔小砌块的搭接长度应为块体长度的1/2；多排孔小砌块的搭接长度可适当调整，但不宜小于砌块长度的1/3，且不应小于90mm。墙体的个别部位不能满足上述要求时，应在水平灰缝中设置2根直径不小于4mm的焊接钢筋网片，竖向通缝仍不得超过两皮小砌块。独立砖柱不得有竖向通缝。横向钢筋的间距不应大于200mm，网片每端应伸出该垂直缝不小于400mm，钢筋网片宜采用平焊网片，并应保证钢筋被砂浆或灌浆包裹，如图3-162所示。

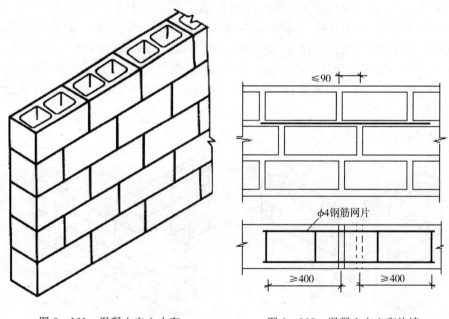

图3-161 混凝土空心小砌 块墙的立面组砌形式

图3-162 混凝土空心砌块墙 灰缝中设置拉结钢筋或网片

190mm厚的非承重小砌块墙体可与承重墙同时砌筑。小于190mm厚的非承重小砌块墙宜后砌，且应按设计要求从承重墙预留出不少于600mm长的2ϕ6@400拉结筋或ϕ4@400T（L）形点焊钢筋网片；当需同时砌筑时，小于190mm厚的非承重小砌块墙不得与设有的芯柱的承重墙互相搭砌,但可与无芯柱的承重墙搭砌。两种砌筑方式均应在两墙交接处的水平灰缝中埋置 $2\phi6@400$ 拉结筋或 $\phi4@400T(L)$ 形点焊钢筋网片。

砌入墙(柱)内的钢筋网片、拉结筋和拉结件的防腐要求应符合设计规定。砌筑时,应将其放置在水平灰缝砂浆层中,不得有露筋现象。钢筋网片应采用点焊工艺制作,且纵横筋相交处不得重叠点焊,应控制在同一平面内。2 根 $\phi4$ 纵筋应分置于小砌块内、外壁厚的中间位置,$\phi4$ 横筋间距应为 200mm。

小砌块墙体宜采用铺灰反砌法(小砌块应将生产时的底面朝上反砌于墙上)逐块坐(铺)浆砌筑。先用大铲或瓦刀在墙顶上摊铺砂浆,铺灰长度不宜超过 750mm,再在已砌砌块的端面上刮砂浆,双手端起小砌块,并且使其底面向上,摆放在砂浆层上,与前一块挤紧,使上下砌块的孔洞对准,挤出的砂浆随手刮去。若使用一端有凹槽的砌块,应将有凹槽的一端接着平头的一端砌筑。

砌筑小砌块时,宜使用专用铺灰器铺放砂浆,且应随铺随砌。当未采用专用铺灰器时,砌筑时的一次铺灰长度不宜大于 2 块主规格块体的长度。水平灰缝应满铺下皮小砌块的全部壁肋或单排、多排孔小砌块的封底面;竖向灰缝宜将小砌块一个端面朝上满铺砂浆,上墙应挤紧,并应加浆插捣密实。

砌筑应尽量采用主规格砌块(T 字交接处和十字交接处等部位除外),小砌块砌筑应从外墙转角或定位处开始,内外墙同时砌筑,纵横墙交错搭接。临时间断处应砌成斜槎,斜槎水平投影长度不应小于斜槎高度。施工洞口可预留直槎,但在洞口砌筑和补砌时,应在直槎上下搭砌的小砌块孔洞内用强度等级不低于 C20(或 Cb20)的混凝土灌实。

外墙转角处应使小砌块隔皮露端面,如图 3-163 所示。空心砌块墙的 T 字交接处,应隔皮使横墙砌块端面露头。当该处无芯柱时,应在纵墙上交接处砌两块一孔半的辅助规格砌块,隔皮砌在横墙露头砌块下,其半孔应位于中间(图 3-164)。当该处有芯柱时,应在纵墙上交接处砌一块三孔大规格砌块,隔皮相互垂直相交,砌块的中间孔正对横墙露头砌块靠外的孔洞(图 3-165)。

所有露端面用水泥砂浆抹平。

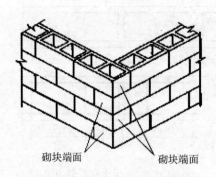

图 3-163 空心砌块墙转角砌法
(为表示小砌块孔洞情况,图中将孔洞朝上绘制,砌筑时孔洞应朝下)

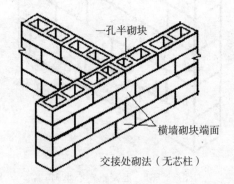

图 3-164 混凝土空心砌块 T 字交接处

混凝土砌块房屋,宜将纵横墙交接处,距墙中心线每边不小于 300mm 范围内的孔洞,采用不低于 Cb20 混凝土沿全墙高灌实。

混凝土砌块墙体的下列部位,如未设圈梁或混凝土垫块,应采用不低于 Cb20 混凝土将孔洞灌实。

① 搁栅、檩条和钢筋混凝土楼板的支承面下,高度不应小于 200mm 的砌体;

② 屋架、梁等构件的支承面下,长度不应小于 600mm,高度不应小于 600mm 的砌体;

③ 挑梁支撑面下,距墙中心线每边不应小于 300mm,高度不应小于 600mm 的砌体。

门窗洞口两侧 200mm 范围内、转角处 450mm 范围内,不得设置脚手眼。

基础或每一楼层砌筑完成后,应校核墙体的轴线位置和标高,对允许范围内的轴线偏差,应在基础顶面或本层楼面上校正,标高偏差宜逐皮调整上部墙体的水平灰缝厚度。

混合结构中的各楼层内隔墙砌至离上层楼板的梁、板底尚有 100mm 间距时暂停砌筑,且顶皮应采用封底小砌块反砌或用 Cb20 混凝土填实孔洞的小砌块正砌砌筑。当暂停时间超过 7d 时,可

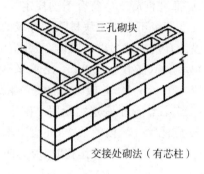

图 3-165　混凝土空心砌块 T 字交接处

用实心小砌块斜砌楔紧,且小砌块灰缝及与梁、板间的空隙应用砂浆填实;房屋顶层内隔墙的墙顶应离开该处屋面板板底 15mm,缝内宜用弹性腻子或 1:3 石灰砂浆嵌塞。

现浇圈梁、挑梁、楼板等构件,支承墙的顶皮的小砌块应正砌,其孔洞应预先用混凝土填实至 140mm 高度,尚余 50mm 高的洞孔应与现浇构件同时浇灌密实。

圈梁等现浇构件的侧模板高度除应满足梁的高度外,尚应向下延伸紧贴墙体两侧,延伸部分不宜少于 2~3 皮小砌块高度。

固定现浇圈梁、挑梁等构件侧模的水平拉杆、扁铁或螺栓所需的穿墙孔洞,宜在砌体灰缝中预留,或采用设有穿墙孔洞的异型小砌块,不应在小砌块上打洞。内墙可利用侧砌的小砌块孔洞进行支模,模板拆除后应用实心小砌块或 C20 混凝土填实孔洞。

预制梁、板直接安放在墙上时,应将墙的顶皮小砌块应正砌,并用 Cb20 凝土填实孔洞,或用填实的封底小砌块反砌,也可丁砌三皮实心小砌块(90mm×190mm×53mm)。

安放预制梁、板时,支座面应先找平后坐浆,不得两者合一,不得干铺,并按设计要求与墙体支座处的现浇圈梁进行可靠的锚固,预制楼板安装也可采用硬架支模法施工,参见附录 1-2 附图 1-2-7。

钢筋混凝土窗台梁、板的两端伸入墙内部位应预留孔洞。洞口的大小、位置应与此部位的上下皮小砌块孔洞完全一致,窗洞两侧的芯柱孔洞应竖向贯通。

墙体施工段的分段位置宜设在伸缩缝、沉降缝、防震缝、构造柱或门窗洞口处。相邻施工段的高度差不得大于一个楼层或 4m。

墙体的伸缩缝、沉降缝、防震缝中夹杂的落灰与杂物应及时清除。

2)芯柱施工

(1)芯柱部位宜采用不封底的通孔小砌块,当采用半封底小砌块时,砌筑前必须打掉孔洞毛边。

(2)每根芯柱的柱脚部位应采用带清扫口的 U 型、E 型或 C 型等异形小砌块砌筑。砌筑芯柱部位的砌块时,应随砌随刮去孔洞内壁凸出的砂浆,直至一个楼层高度,并应及时清除芯柱孔洞内掉落的砂浆及其他杂物。

(3)芯柱的纵向钢筋应采用带肋钢筋,并从每层墙(柱)顶向下穿入小砌块孔洞,通过清扫口与从圈梁(基础圈梁、楼层圈梁)或连系梁伸出的竖向插筋绑扎搭接,搭接长度符合设计要求。

(4)灌孔混凝土应符合下列规定:

强度等级不应小于块材强度等级的 1.5 倍;

设计有抗冻性要求的墙体,灌孔混凝土应根据使用条件和设计要求进行冻融试验;

坍落度不宜小于 180mm,泌水率不宜大于 3.0%,3d 龄期的膨胀率不应小于 0.025%,且不应大于 0.50%,并应具有良好的黏结性。

(5)芯柱混凝土宜选用专用小砌块灌孔混凝土。浇筑芯柱混凝土应符合下列规定:

① 应清除孔洞内的杂物,并应用水冲洗,湿润孔壁。

② 当用模板封闭操作孔时,应有防止混凝土漏浆的措施。

③ 砌筑砂浆强度大于 1.0MPa 后,方可浇筑芯柱混凝土,每层应连续浇筑。

④ 浇筑芯柱混凝土前,应先浇 50mm 厚与芯柱混凝土配比相同的去石水泥砂浆,再浇筑混凝土;每浇筑 500mm 左右高度,应捣实一次,或边浇筑边用插入式振捣器捣实。

⑤ 每次连续浇筑的高度宜为半个楼层,但不应大于 1.8m。

⑥ 应预先计算每个芯柱的混凝土用量,按计量浇筑混凝土。

⑦ 施工缝宜留在块材的半高处,施工缝的界面应在接续施工前进行清洁处理。芯柱与圈梁交接处,可在圈梁下 50mm 处留置施工缝。

⑧ 芯柱混凝土在预制楼盖处应贯通(楼板在芯柱部位应留缺口或设置现浇钢筋混凝土板带),不得削弱芯柱截面尺寸。芯柱贯穿楼板构造如图 3-166 所示。

3.3.3.4 质量检查

(1)小砌块、水泥、钢筋、预拌砂浆、专用砌筑砂浆、复合夹心墙的保温材料、外加剂等原材料进场时,应检查其质量合格证

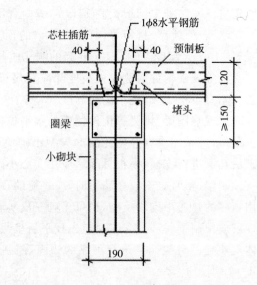

图 3-166　芯柱贯穿楼板构造
1—芯柱插筋;2—堵头;3—1ϕ8;4—圈梁

书;对有复检要求的原材料应及时送检,检验结果应满足设计及国家现行相关标准要求。

(2)小砌块的质量检查,应包括其品种、规格、尺寸、外观质量及强度等级,符合设计及产品标准要求后方可使用。

(3)小砌块砌体工程施工中,应对下列主控项目及一般项目进行检查,并应形成检查记录:

① 主控项目包括：

A. 小砌块强度等级；

B. 砂浆强度等级；

C. 芯柱混凝土强度等级；

D. 砂浆水平灰缝和竖向灰缝的饱满度；

E. 转角、交接处砌筑；

F. 芯柱质量检查；

G. 斜槎留置。

② 一般项目包括：

A. 轴线位移；

B. 每层及全高的墙面垂直度；

C. 水平灰缝厚度；

D. 竖向灰缝宽度；

E. 基础、墙、柱顶面标高；

F. 表面平整度；

G. 后塞口的门窗洞口尺寸；

H. 窗口偏移；

I. 水平灰缝平直度；

J. 清水墙游丁走缝。

(4)小砌块砌体工程施工过程中,应对拉结钢筋或钢筋网片进行隐蔽前的检查。

(5)对小砌块砌体的芯柱检查应符合下列规定：

① 对小砌块砌体的芯柱混凝土密实性,应采用锤击法进行检查,也可采用钻芯法或超声法进行检测；

② 楼盖处芯柱尺寸及芯柱设置应逐层检查。

3.3.3.5 质量标准

1)主控项目

(1)小砌块和芯柱混凝土、砌筑砂浆的强度等级必须符合设计要求。

抽检数量：每一生产厂家,每1万块小砌块为一验收批,不足1万块按一批计,抽检数量为一组。用于多层以上建筑的基础和底层的小砌块抽检数量不应少于2组。砂浆试块的抽检数量应执行第3.2章砌筑砂浆、第3.2.3.3条砂浆试块抽样及强度评定的有关规定。

检验方法：检查小砌块和芯柱混凝土、砌筑砂浆试块试验报告。

(2)砌体水平灰缝和竖向灰缝的砂浆饱满度,按净面积计算不得低于90%。

抽检数量：每检验批抽查不应少于5处。

检验方法：用专用百格网检测小砌块与砂浆黏结痕迹,每处检测3块小砌块,取其平均值。

(3)墙体转角处和纵横墙交接处应同时砌筑。临时间断处应砌成斜槎,斜槎水平投影长度不应小于斜槎高度。施工洞口可预留直槎,但在洞口砌筑和补砌时,应在直槎上下搭砌的小砌块孔洞内用强度等级不低于C20(或Cb20)的混凝土灌实。

抽检数量：每检验批抽查不应少于5处。

检验方法：观察检查。

(4)小砌块砌体的芯柱在楼盖处应贯通，不得削弱芯柱截面尺寸；芯柱混凝土不得漏灌。

抽检数量：每检验批抽查不应少于5处。

检验方法：观察检查。

2)一般项目

(1)砌体的水平灰缝厚度和竖向灰缝宽度宜为10mm，但不应大于12mm，也不应小于8mm。

抽检数量：每检验批抽查不应少于5处。

抽检方法：水平灰缝用尺量5皮小砌块的高度折算；竖向灰缝宽度用尺量2m砌体长度折算。

(2)小砌块砌体尺寸、位置的允许偏差应按表3-12的规定执行。

3.3.3.6　成品保护

(1)装卸小砌块时，严禁倾卸丢掷，并应堆放整齐。

(2)在砌体砌块上，不宜拉锚缆风绳，不宜吊挂重物，也不宜作为其他施工临时设施、支撑的支承点，如果确实需要时，应采取有效的构造措施。

(3)砌块和楼板吊装就位时，避免冲击已完墙体。

(4)其他成品保护措施参见3.3.2.8节第9)条砖砌体成品保护的相关内容。

3.3.3.7　安全、环保措施

(1)吊装砌块夹具应经过试验检查，应安全、灵活、可靠，方可使用。

(2)砌块在楼面卸下堆放时，严禁倾卸及撞击楼板。在楼板上堆放砌块时，宜分散堆放，不得超过楼板的设计允许承载能力。

(3)已经就位的砌块，必须立即进行竖缝灌浆；对稳定性较差的窗间墙、独立柱和挑出墙面较多的部位，应加临时稳定支撑，以保证其稳定性。

(4)在台风季节，应及时进行圈梁施工，加盖楼盖，或采取其他稳定措施。雨天施工应有防雨措施，不得使用湿砌块。雨后施工，应复核墙体的垂直度，是否有不均匀沉降，是否产生了裂缝。

(5)其他安全及环保措施参见第3.3.2.8节第10)条砖砌体安全及环保措的相关内容。

3.3.4　框架结构填充墙

3.3.4.1　一般规定

(1)钢筋混凝土结构砌体填充墙宜优先采用轻质砌体材料。填充墙的厚度：外围护墙不应小于120mm，内隔墙不应小于90mm。

(2)适用于烧结空心砖、蒸压加气混凝土砌块、轻骨料混凝土小型空心砌块等填充墙砌体工程。适用于钢筋混凝土结构房屋中的砌体填充墙(包括外围护墙和内隔墙)与混凝土主体结构的拉结构造及填充墙之间的拉结构造。适用于非抗震设计及抗震设防烈度为

6～8度的地区。适用于环境类别为1、2类,用于2类环境类别时应对连接钢筋、铁件、预埋件等进行防腐防锈处理。

（3）填充墙使用的块材应有产品合格证、产品性能检测报告和砂浆配合比试验报告。块材、水泥、钢筋等尚应有材料主要性能的进场复检检验报告。

（4）烧结空心砖、蒸压加气混凝土砌块、轻骨料混凝土小型空心砌块等的运输、装卸过程中,严禁抛掷和倾倒;块材进入施工现场后应按品种、规格、强度等级分类堆放整齐,堆置高度不宜超过2m,并应有防潮湿、防雨雪措施。蒸压加气混凝土砌块在运输与堆放中应防止雨淋。

（5）吸水率较小的轻骨料混凝土小型空心砌块及采用薄灰砌筑法施工的蒸压加气混凝土砌块,砌筑前不应对其浇（喷）水浸润;在气候干燥炎热的情况下,对吸水率较小的轻骨料混凝土小型空心砌块宜在砌筑前喷水湿润。

（6）采用普通砌筑砂浆砌筑填充墙时,烧结空心砖、吸水率较大的轻骨料混凝土小型空心砌块应提前1～2d浇（喷）水湿润。蒸压加气混凝土砌块采用蒸压加气混凝土砌块砌筑砂浆或普通砌筑砂浆砌筑时,应在砌筑当天对砌块砌筑面喷水湿润。块体湿润程度宜符合下列规定:

① 烧结空心砖的相对含水率60%～70%;

② 吸水率较大的轻骨料混凝土小型砌块、蒸压加气混凝土砌块的相对含水率40%～50%。

（7）在没有采取有效措施的情况下,不应在下列部位或环境中使用轻骨料泪凝土小型空心砌块或蒸压加气混凝土砌块砌体:

① 建筑物防潮层以下墙体;

② 长期浸水或化学侵蚀环境;

③ 砌体表面温度高于80℃的部位;

④ 长期处于有振动源环境的墙体。

（8）在厨房、卫生间、浴室等处采用轻骨料混凝土小型空心砌块、蒸压加气混凝土砌块砌筑墙体时,墙底部宜现浇混凝土坎台等,其高度宜为150mm。

（9）填充墙拉结筋处的下皮小砌块宜采用半盲孔小砌块或用混凝土灌实孔洞的小砌块;薄灰砌筑法施工的蒸压加气混凝土砌块砌体,拉结筋应放置在砌块上表面设置的沟槽内。

（10）蒸压加气混凝土砌块、轻骨料混凝土小型空心砌块不应与其他块体混砌,不同强度等级的同类砌块也不得混砌（注:窗台处和因安装门窗需要,在门窗洞口处两侧填充墙上、中、下部可采用其他块体局部嵌砌;对与框架柱、梁不脱开方法的填充墙,填塞填充墙顶部与梁之间缝隙可采用其他块体。）。

（11）砌筑砂浆应按照《砌筑砂浆配合比设计规程》JGJ/T 98 的要求进行试配,砂浆基本性能检验方法应符合《建筑砂浆基本性能试验方法》JGJ 70 的规定。水泥砂浆应在拌成后3h内使用完毕;当施工期间最高温度超过30℃时,必须在拌成后2h内使用完毕。砂浆拌合后和使用中出现泌水现象时,应在砌筑前再次拌合。有条件地区可推荐采用预拌砂浆或干粉砂浆。

3.3.4.2 材料要求

(1)填充墙体应优先采用轻质砌体材料。填充墙砌体材料的强度等级应符合下列规定:

① 混凝土小型空心砌块(简称小砌块)强度等级不低于 MU3.5,用于外墙及潮湿环境的内墙时不应低于 MU5.0;全烧结陶粒保温砌块仅用于内墙(不得用于外墙),其强度等级不应低于 MU2.5、密度不应大于 $800kg/m^3$。

② 烧结空心砖的强度等级不应低于 MU3.5,用于外墙及潮湿环境的内墙时不应低于 MU5.0。

③ 烧结多孔砖的强度等级不应低于 MU7.5。

④ 蒸压加气混凝土砌块的强度等级不应低于 A2.5,用于外墙及潮湿环境的内墙时不应低于 A3.5.

(2)填充墙砌筑砂浆的强度等级:普通砖砌体砌筑砂浆强度等级不应低于 M5.0;蒸压加气混凝土砌块砂浆强度等级不应低于 Ma5.0;混凝土砌块砌筑砂浆强度等级不应低于 Mb5.0;蒸压普通砖砌筑砂浆强度等级不应低于 Ms5.0。

(3)室内地坪以下及潮湿环境应采用水泥砂浆、预拌砂浆或专用砂浆;蒸压加气混凝土砌块砌体应采用专用砂浆砌筑。

(4)砌筑填充墙时,轻骨料混凝土小型空心砌块和蒸压加气混凝土砌块的产品龄期不应小于 28d,蒸压加气混凝土砌块的含水率宜小于 30%。

(5)构造柱、水平系梁等构件混凝土强度等级不应低于 C20,用于 2 类环境时,混凝土强度等级不应低于 C20;灌芯混凝土强度等级不应低于 Cb20。

(6)钢筋:箍筋采用 HPB300(ϕ),拉结钢筋采用 HPB300(ϕ)或 HRB335(Φ)或 HRB400(Φ);构造柱、水平系梁主筋采用 HRB335(Φ)或 HRB400(Φ)。也可采用满足伸长率要求的冷轧带肋钢筋。

(7)预埋件:预埋件锚板宜采用 Q235—B 级钢,锚筋应采用 HPB300、HRB335 或 HRB400,严禁采用冷加工钢筋。设置预埋件的结构构件,混凝土强度等级不应低于 C20。

(8)焊条:焊条的型号为 E4303、E5003,并应符合《钢筋焊接及验收规程》JGJ 18 的规定。

3.3.4.3 填充墙与框架的连接

填充墙与框架的连接,可根据设计要求采用脱开或不脱开方法。有抗震设防要求时宜采用填充墙与框架脱开的方法。

(1)填充墙与框架采用脱开方法连接

当填充墙与框架采用脱开的方法时,宜符合下列要求:

① 填充墙两端与框架柱,填充墙顶面与框架梁之间留出不小于 20mm 的间隙;

② 填充墙端部应设置构造柱,柱间距宜不大于 20 倍墙厚且不大于 4m,柱宽度不小于 100mm,柱竖向钢筋不宜小于 $4\phi10$,箍筋宜为 ϕ^R5,间距不宜大于 400mm。竖向钢筋与框架梁或其挑出部分的预埋件或预留钢筋连接,绑扎接头时不小于 $30d$,焊接时(单面焊)不小于 $10d$(d 为钢筋直径);柱顶与框架梁(板)应预留不小于 15mm 的缝隙,用硅酮胶或其他弹性密封材料封缝,当填充墙有宽度大于 2100mm 的洞口时,洞口两侧应加设宽度不小

于 50mm 的单筋混凝土柱。当填充墙长度超过 5m 或墙长大于 2 倍层高时，中间应加设构造柱。

③ 填充墙两端宜卡入设在梁、板底及柱侧的卡口铁件内；墙侧卡口板的竖向间距不宜大于 500mm，墙顶卡口板的水平间距不宜大于 1500mm。

④ 墙体高厚比不能满足要求或墙体高度超过 4m 时宜在墙高中部设置与柱连通的且沿墙全长贯通的钢筋混凝土水平系梁。水平系梁的截面高度不小于 60mm。填充墙高不宜大于 6m。

⑤ 填充墙与框架柱、梁的缝隙可采用聚苯乙烯泡沫塑料板条或聚氨酯发泡充填，并用硅酮胶或其他弹性密封材料封缝。

(2)填充墙与框架采用不脱开方法连接

当填充墙与框架采用不脱开的方法时，宜符合下列规定：

① 墙厚不大于 240mm 时，宜沿柱高每隔 400mm 配置 2 根直径 6mm 拉结钢筋；墙厚大于 240mm 时，宜沿柱高每隔 400mm 配置 3 根直径 6mm 拉结钢筋。钢筋伸入填充墙长度不宜小于 700mm，且拉结钢筋应错开截断，相距不宜小于 200mm。填充墙墙顶应与框架梁紧密结合。可用与水平面成 45°～60°的斜砌砖顶紧(图 3 - 167)。

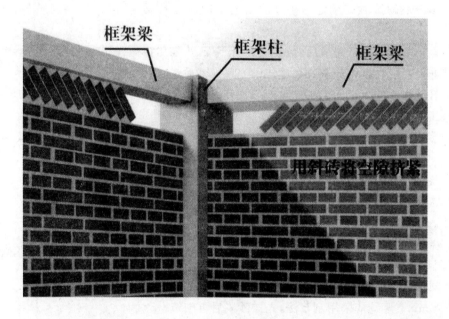

图 3 - 167　框架连接

② 当填充墙有洞口时，宜在窗洞口的上端或下端、门洞口的上端设置钢筋混凝土带，钢筋混凝土带应与过梁的混凝土同时浇筑，其过梁的断面及配筋由设计确定。钢筋混凝土带的混凝土强度等级不小于 C20。当有洞口的填充墙尽端至门窗洞口边距离小于 240mm 时，宜采用钢筋混凝土门窗框。

③ 填充墙长度超过 5m 或墙长大于 2 倍层高时，墙顶与梁宜有拉结措施，墙体中部应加设构造柱；墙高度超过 4m 时宜在墙高中部设置与柱连接的水平系梁；墙超过 6m 时，宜沿墙高每 2m 设置与柱连接的水平系梁；梁的截面高度不小于 60mm。

④ 楼梯间和人流通道处的填充墙,应采用钢丝网砂浆面层加强。

⑤ 构造柱、水平系梁最外层钢筋的保护层厚度不应小于 20mm;灰缝中拉结钢筋外露砂浆保护层的厚度不应小于 15mm。

⑥ 钢筋连接

A. 构造柱、水平系梁纵向钢筋采用绑扎搭接时,全部纵筋可在同一连接区段搭接,钢筋搭接长度 50d。

B. 墙体拉结筋的连接:采用焊接接头时,单面焊的焊接长度 10d;采用绑扎搭接连接时,搭接长度 55d 且不小于 400mm。

3.3.4.4 框架填充墙施工要求

(1)填充墙的砌筑,应待承重主体结构检验批验收合格后进行。填充墙与承重主体结构间的空(缝)隙部位施工,应在填充墙砌筑 14d 后进行。

(2)砌体填充墙砌至接近梁、板底时,应留一定空隙,待砌体变形稳定后并应至少间隔 7d 后,再将其补砌挤紧。

(3)防潮层以下应采用实心砖或预先将孔灌实的多孔砖或灌孔小型混凝土空心砌块砌筑。

(4)填充墙砌筑时应错缝搭砌。拉结筋不应放在孔洞上,应保证钢筋被砂浆或灌浆包裹。

(5)砌体填充墙砌筑完成后,应让其充分干燥、收缩后再做面层(一般 7d 以后)。

(6)非烧结块材墙体抹灰宜在墙体砌完成 60d 后进行,最短不应少于 45d。

(7)轻骨料混凝土小型空心砌块应采用整块砌块砌筑;当蒸压加气混凝土砌块需断开时,应采用无齿锯切割,裁切长度不应小于砌块总长度的 1/3。

(8)蒸压加气混凝土砌块、轻骨料混凝土小型空心砌块等不同强度等级的同类砌块不得混砌,亦不应与其他墙体材料混砌。

(9)烧结空心砖砌体施工

① 烧结空心砖砌体采用普通砌筑砂浆砌筑时,烧结空心砖应提前 1~2d 浇(喷)水湿润,块体的相对含水率宜为 60%~70%。

② 烧结空心砖墙应侧立砌筑,孔洞应呈水平方向。空心砖墙底部宜砌筑 3 皮普通砖,且门窗洞口两侧一砖范围内应采用烧结普通砖砌筑。

③ 砌筑空心砖墙的水平灰缝厚度和竖向灰缝宽度宜为 10mm,且不应小于 8mm,也不应大于 12mm。竖缝应采用刮浆法,先抹砂浆后再砌筑。

④ 砌筑时,墙体的第一皮空心砖应进行试摆。排砖时,不够半砖处应采用普通砖或配砖补砌,半砖以上的非整砖宜采用无齿锯加工制作。

⑤ 烧结空心砖砌体组砌时,应上下错缝,交接处应咬搓搭砌,掉角严重的空心砖不宜使用。转角及交接处应同时砌筑,不得留直搓,留斜搓时,斜搓高度不宜大于 1.2m。

⑥ 外墙采用空心砖砌筑时,应采取防雨水渗漏的措施。

(10)混凝土小型空心砌块砌筑

① 吸水率较大的轻骨料混凝土小型空心砌块采用普通砌筑砂浆砌筑时应提前 1~2d 浇(喷)水湿润,砌块的相对含水率宜为 40%~50%。

② 砌块应每皮顺砌,上下皮应对孔,竖缝应互相错开 1/2 主规格小砌块长度。

③ 轻骨料混凝土小型空心砌块砌体的砌筑要求应符合第 3.3.3 节的规定。

④ 当小砌块墙体孔洞中需填充隔热或隔声材料时,应砌一皮填充一皮,且应填满,不得捣实。

⑤ 轻骨料混凝土小型空心砌块填充墙砌体,在纵横墙交接处及转角处应同时砌筑;当不能同时砌筑时,应留成斜槎,斜槎水平投影长度不应小于高度的 2/3。

⑥ 当砌筑带保温夹心层的小砌块墙体时,应将保温夹心层一侧靠置室外,并应对孔错缝。左右相邻小砌块中的保温夹心层应互相衔接,上下皮保温夹心层间的水平灰缝处宜采用保温砂浆砌筑。

(11)蒸压加气混凝土砌块砌筑

① 蒸压加气混凝土砌块的含水率宜小于 30%。

② 蒸压加气混凝土砌块应将沾有油污的表面切掉,其切割面不应有切割附着屑。

③ 切锯砌块应采用专用工具,不得用斧子或瓦刀任意砍劈。洞口两侧,应选用规格整齐的砌块砌筑。

④ 蒸压加气混凝土砌块采用蒸压加气混凝土砌块砌筑砂浆或普通砌筑砂浆砌筑时,应在砌筑当天对砌块砌筑面喷水湿润,砌块的相对含水率宜为 40%～50%。

⑤ 填充墙砌筑时应上下错缝,搭接长度不宜小于砌块长度的 1/3,且不应小于 150mm。当不能满足时,在水平灰缝中应设置 2φ6 钢筋或 φ4 钢筋网片加强,加强筋从砌块搭接的错缝部位起,每侧搭接长度不宜小 700mm。

⑥ 蒸压加气混凝土砌块采用薄层砂浆砌筑法砌筑时,应符合下列规定:

A. 砌筑砂浆应采用专用黏结砂浆;

B. 砌块不得用水浇湿,其灰缝厚度宜为 2～4mm;

C. 砌块与拉结筋的连接,应预先在相应位置的砌块上表面开设凹槽;砌筑时,钢筋应居中放置在凹槽砂浆内;

D. 砌块砌筑过程中,当在水平面和垂直面上有超过 2mm 的错边量时,应采用钢齿磨板和磨砂板磨平,方可进行下道工序施工。

⑦ 采用非专用黏结砂浆砌筑时,水平灰缝厚度和竖向灰缝宽度不应超过 15mm。

(12)构造柱施工

① 设置混凝土构造柱的墙体,应按绑扎钢筋→砌筑墙体→支设模板→浇筑构造柱混凝土的施工顺序进行。

② 墙体与构造柱连接处宜砌成马牙槎。马牙槎伸入墙体 60～100mm、槎高 200～300mm 并应为砌体材料高度的整倍数。

③ 构造柱两侧模板必须紧贴墙面,支撑必须牢固,严禁板缝漏浆。

④ 浇筑构造柱混凝土前应清除落地灰等杂物并将模板浇水湿润,然后注入 50mm 厚与混凝土配比(去掉石子)相同的水泥砂浆,再分段浇灌、振捣混凝土。振捣时振捣棒不应直接触碰墙体。

(13)芯柱施工

① 每层每根芯柱应采用单孔 U 型或 L 型小砌块砌筑留设清扫口,砌筑时应随砌随清

除孔洞灰缝处内挤灰。

② 每层墙体砌筑到要求标高后,应及时清扫芯柱孔洞内壁及芯柱孔道内掉落的砂浆等杂物。

③ 芯柱钢筋从上向下穿入砌块孔洞,通过清扫口与基础梁、楼面梁伸出的预留钢筋绑扎搭接。

④ 用模板封闭芯柱的清扫口时,必须采取防止混凝土漏浆的措施。

⑤ 浇筑芯柱混凝土前,应现浇 50mm 厚的水泥砂浆,水泥砂浆应与芯柱混凝土成分相同。

⑥ 芯柱混凝土要具有较好的流动性和低收缩性能,技术要求应符合《混凝土小型空心砌块灌孔混凝土》JC861 的规定,并经试验验证符合要求后,方可使用。

⑦ 芯柱混凝土宜采用坍落度为 70～80mm 的细石混凝土。当采用泵送混凝土时,坍落度宜为 140～160mm。

⑧ 芯柱混凝土必须待墙体砌筑砂浆强度等级达到 1MPa 时方可浇灌。芯柱混凝土按连续浇灌、分层(300～500mm 高度)捣实的原则进行操作,不得留施工缝。混凝土注入芯孔后要用小直径($d<30$mm)振捣棒略加振捣,待 3～5min 多余的水分被块体吸收后再进行二次振捣,以保证芯柱灌实。

⑨ 芯柱的施工除应满足以上要求外,还要符合第 3.3.3.3 节,第 2)条的要求。

3.3.4.5 砌体填充墙结点构造

(1)框架柱中预留拉结钢筋详图,如附录 3-2 附图 3-2-1 所示。

(2)混凝土结构中预留拉结钢筋,如附录 3-2 附图 3-2-2 所示。

(3)构造柱、芯柱、水平系梁、过梁预留筋详图,如附录 3-2 附图 3-2-3 所示。

(4)墙体水平拉结筋连接详图,如附录 3-2 附图 3-2-4 所示。

(5)填充墙与框架柱拉结详图,如附录 3-2 附图 3-2-5 所示。

(6)填充墙与框架柱拉结剖面图,如附录 3-2 附图 3-2-6 所示。

(7)混凝土结构中预埋件详图,如附录 3-2 附图 3-2-7 所示。

(8)构造柱详图,如附录 3-2 附图 3-2-8 所示。

(9)填充墙与构造柱拉结及填充墙顶部构造详图,如附录 3-2 附图 3-2-9 所示。

3.3.4.6 质量检查

(1)填充墙砌体的质量检查,除应符合本章规定外,尚应符合本教材第 3.3.2.8 节第 7)条第(1)款、第(2)款;第 3.3.3.4 节第(1)条、第(2)条的规定。

(2)填充墙砌体工程施工中,应对下列主控项目及一般项目进行检查,并应形成检查记录:

① 主控项目包括:

A. 块体强度等级;

B. 砂浆强度等级;

C. 与主体结构连接;

D. 植筋实体检测。

② 一般项目包括：

A. 轴线位置；

B. 每层墙面垂直度；

C. 表面平整度；

D. 后塞口的门窗洞口尺寸；

E. 窗口偏移；

F. 水平灰缝砂浆饱满度；

G. 竖缝砂浆饱满度；

H. 拉结筋、网片位置；

I. 拉结筋、网片埋置长度；

J. 砌块搭砌长度；

K. 灰缝厚度；

L. 灰缝宽度。

3.3.4.7 质量标准

1）主控项目

（1）烧结空心砖、小砌块和砌筑砂浆的强度等级应符合设计要求。

抽检数量：烧结空心砖每 10 万块为一验收批，小砌块每 1 万块为一验收批，不足上述数量时按一批计，抽检数量为一组。砂浆试块的抽检数量执行第 3.2 章砌筑砂浆、第 3.2.3.3 条砂浆试块抽样及强度评定的有关规定。

检验方法：检查砖、小砌块进场复验报告和砂浆试块试验报告。

（2）填充墙砌体应与主体结构可靠连接，其连接构造应符合设计要求，未经设计同意，不得随意改变连接构造方法。每一填充墙与柱的拉结筋的位置超过一皮块体高度的数量不得多于一处。

抽检数量：每检验批抽查不应少于 5 处。

检验方法：观察检查。

（3）填充墙与承重墙、柱、梁的连接钢筋，当采用化学植筋的连接方式时，应进行实体检测。锚固钢筋拉拔试验的轴向受拉非破坏承载力检验值应为 6.0kN。抽检钢筋在检验值作用下应基材无裂缝、钢筋无滑移宏观裂损现象；持荷 2min 期间荷载值降低不大于 5%。检验批验收可按附录 3-3 通过正常检验一次、二次抽样判定。填充墙砌体植筋锚固力检测记录可按附录 3-4 附表 3-4-1 填写。

抽检数量：按表 3-14 确定

检验方法：原位试验检查。

表 3-14　检验批抽检锚固钢筋样本最小容量

检验批的容量	样本最小容量	检验批的容量	样本最小容量
≤90	5	281～500	20
91～150	8	501～1200	32
151～280	13	1201～3200	50

2)一般项目

(1)填充墙砌体尺寸、位置的允许偏差及检验方法应符合表 3-15 的规定。

抽检数量:每检验批抽查不应少于 5 处。

表 3-15　填充墙砌体尺寸、位置的允许偏差及检验方法

序	项目		允许偏差(mm)	检验方法
1	轴线位移		10	用尺检查
2	垂直度 (每层)	≤3m	5	用 2m 托线板或吊线、尺检查
		>3m	10	
3	表面平整度		8	用 2m 靠尺和楔形尺检查
4	门窗洞口高、宽(后塞口)		±10	用尺检查
5	外墙上、下窗口偏移		20	用经纬仪或吊线检查

(2)填充墙砌体的砂浆饱满度及检验方法应符合表 3-16 的规定。

表 3-16　填充墙砌体的砂浆饱满度及检验方法

砌体分类	灰缝	饱满度及要求	检验方法
空心砖砌体	水平	≥80%	采用百格网检查块体底面或侧面砂浆的黏结痕迹面积
	垂直	填满砂浆,不得有透明缝、瞎缝、假缝	
蒸压加气混凝土砌块、轻骨料混凝土小型空心砌块砌体	水平	≥80%	
	垂直	≥80%	

抽检数量:每检验批抽查不应少于 5 处。

(3)填充墙留置的拉结钢筋或网片的位置应与块体皮数相符合。拉结钢筋或网片应置于灰缝中,埋置长度应符合设计要求,竖向位置偏差不应超过一皮高度。

抽检数量:每检验批抽查不应少于 5 处。

检验方法:观察和用尺量检查。

(4)砌筑填充墙时应错缝搭砌,蒸压加气混凝土砌块搭砌长度不应小于砌块长度的1/3;轻骨料混凝土小型空心砌块搭砌长度不应小于 90mm;竖向通缝不应大于 2 皮。

抽检数量:每检验批抽检不应少于 5 处。

检查方法:观察和用尺检查。

(5)填充墙的水平灰缝厚度和竖向灰缝宽度应正确。烧结空心砖、轻骨料混凝土小型空心砌块砌体的灰缝应为 8~12mm。蒸压加气混凝土砌块砌体当采用水泥砂浆、水泥混合砂浆或蒸压加气混凝土砌块砌筑砂浆时,水平灰缝厚度及竖向灰缝宽度不应超过15mm;当蒸压加气混凝土砌块砌体采用蒸压加气混凝土砌块黏结砂浆时,水平灰缝厚度和竖向灰缝宽度宜为 3~4mm。

抽检数量:每检验批抽查不应少于 5 处。

检查方法:水平灰缝厚度用尺量 5 皮小砌块的高度折算;竖向灰缝宽度用尺量 2m 砌

体长度折算。

3.3.5　石砌体施工

3.3.5.1　一般规定

(1)本节适用于毛石、毛料石、粗料石、细料石等砌体工程。

(2)石砌体采用的石材应质地坚实,无裂纹和无明显风化剥落,无细长扁薄和尖锥,毛石应呈块状,其中部厚度不宜小于150mm。用于清水墙、柱表面的石材,尚应色泽均匀;石材的放射性应经检验,其安全性应符合现行国家标准《建筑材料放射性核素限量》GB6566的有关规定。

(3)石材表面的泥垢、水锈等杂质,砌筑前应清除干净。

(4)梁、板类受弯构件石材,不应存在裂痕。梁的顶面和底面应为粗糙面,两侧面应为平整面;板的顶面和底面应平整面,两侧面应为粗糙面。

(5)砌筑毛石基础的第一皮石块应坐浆,并将大面向下;砌筑料石基础的第一皮石块应用丁砌层坐浆砌筑。

(6)石砌体应采用铺浆法砌筑,砂浆应饱满,叠砌面的粘灰面积应大于80%。

(7)毛石砌体的第一皮及转角处、交接处和洞口处,应用较大的平毛石砌筑。每个楼层(包括基础)砌体的最上一皮,宜选用较大的毛石砌筑。

(8)毛石砌筑时,对石块间存在的较大的缝隙,应先向缝内填灌砂浆并捣实,然后用小石块嵌填,不得先填小石块后填灌砂浆,石块间不得出现无砂浆相互接触现象。

(9)砌筑毛石挡土墙应按分层高度砌筑,并应符合下列规定:

① 每砌3~4皮为一个分层高度,每个分层高度应将顶层石块砌平;

② 两个分层高度间分层处的错缝不得小于80mm。

(10)料石挡土墙,当中间部分用毛石砌时,丁砌料石伸入毛石部分的长度不应小于200mm。

(11)毛石、毛料石、粗料石、细料石砌体灰缝厚度应均匀,灰缝厚度应符合下列规定:

① 毛石砌体外露面的灰缝厚度不宜大于40mm;

② 毛料石和粗料石的灰缝厚度不宜大于20mm;

③ 细料石的灰缝厚度不宜大于5mm。

(12)石砌体勾缝时,应符合下列规定:

① 勾平缝时,应将灰缝嵌塞密实,缝面应与石面相平,并应把缝面压光;

② 勾凸缝时,应先用砂浆将灰缝补平,待初凝后再抹第二层砂浆,压实后应将其捋成宽度为40mm的凸缝;

③ 勾凹缝时,应将灰缝嵌塞密实,缝面宜比石面深10mm,并把缝面压平溜光。

(13)砌筑挡土墙,应按设计要求架立坡度样板收坡或收台,并应设置伸缩缝和泄水孔,泄水孔宜采取抽管或埋管方法留置。

(14)挡土墙的泄水孔当设计无规定时,施工应符合下列规定:

① 泄水孔应均匀设置,在每米高度上间隔2m左右设置一个泄水孔;

② 泄水孔直径不应小于50mm;

③ 泄水孔与土体间铺设长宽各为 300mm、厚 200mm 的卵石或碎石作疏水层。

(15)挡土墙内侧回填土必须分层夯填,分层松土厚宜为 300mm。墙顶土面应有适当坡度使流水流向挡土墙外侧面。

(16)在毛石和实心砖的组合墙中,毛石砌体与砖砌体应同时砌筑,并每隔 4 皮～6 皮砖用 2 皮～3 皮丁砖与毛石砌体拉结砌合;两种砌体间的空隙应填实砂浆。

(17)毛石墙和砖墙相接的转角处和交接处应同时砌筑。转角处、交接处应自纵墙(或横墙)每隔 4 皮～6 皮砖高度引出不小于 120mm 与横墙(或纵墙)相接。

(18)石砌体的转角处和交接处应同时砌筑。对不能同时砌筑而又需留置的临时间断处,应砌成斜槎。

(19)毛石墙的厚度不宜小于 350mm,毛料石柱较小边长不宜小于 400mm。

(20)石砌体每天的砌筑高度不得大于 1.2m。

3.3.5.2 施工准备

1)技术准备

(1)进行图纸会审,复核设计作法是否符合现行国家规范的要求。

(2)复核建筑物或构筑物的标高是否引自标准水准点或设计指定的水准点。

(3)施工前,应编制施工方案和技术交底,必要时应先做样板,经业主(监理)或设计认可后再全面施工。

2)材料准备

毛石(或料石)、水泥、中砂(或粗砂)、石灰膏(或生石灰、磨细生石灰)或电石膏、黏土膏、外加剂、钢筋等,参见第 2.1.3 条及 3.2.2 条。

3)主要机具

(1)机械设备

参见第 3.1.1 节机械设备。

(2)主要工具

① 测量、放线、检验:应备有龙门板、皮数杆、水准仪、经纬仪、2m 靠尺、楔形塞尺、线坠、钢卷尺、水平尺、角尺、小线、砂浆试模、磅秤等,参见第 3.1.2 节。

② 施工操作:应备有大铲、瓦刀、手锤、大锤、灰槽、泥桶、筛子、勾缝条、手推胶轮车、灰浆车、翻斗车、扫帚、钢筋卡子,参见第 3.1.3 节。

4)作业条件

(1)根据图纸要求,做好测量放线工作,设置水准基点桩和立好皮数杆。有坡度要求的砌体,立好坡度门架。

(2)毛石应按需要的数量堆放于砌筑部位附近;料石应按规格和数量在砌筑前组织人员集中加工,按不同规格分类堆放、堆码,以备使用。

(3)所需机具设备已准备就绪,并已安装就位。

(4)基槽或基础垫层均已完成,并验收,办理隐检手续。

(5)基础清扫后,在基层上弹出纵横墙轴线、边线、门窗洞口位置线及其他尺寸线,并复核其标高。

(6)墙体石体砌筑前,应办理完地基基础工程隐检手续,回填完基础两侧及房心土方,安装好暖气盖板。

(7)砌筑砂浆应根据设计要求,经试验确定配合比。

3.3.5.3　施工操作工艺

1)基础施工

(1)工艺流程

设置标志板、皮数杆、放线→垫层清理、湿润→(石料)试排、摆底→(砂浆拌制)砌筑→检查、验收

(2)施工要点

① 毛石基础

A. 检查放线、立皮数杆:在砌筑前,应先弄清图样,了解基础断面形式是台阶形还是梯形,然后按图样要求核查龙门板的标高、轴线位置、基槽的宽度和深度,清除槽内杂物、污泥、积水,再在槽内撒垫石碴进行夯实。还应及时修正偏差和修整基槽的边坡。

毛石基础大放脚应放出基础轴线和边线,在垫层转角处、交接处及高低处立好基础皮数杆。基础皮数杆要进行抄平,使杆上所示底层室内地面标高与设计的底层室内地面标高一致。皮数杆上标明退台及分层砌石的高度,皮数杆之间要拉上准线。阶梯形基础还应定出立线和卧线,立线是控制基础大放脚每阶的宽度,卧线是控制每层高度及平整度,并逐层向上移动,如图3-168所示。

B. 基层表面清理、湿润:毛石基础砌筑前,基础垫层表面应清扫干净,洒水湿润。

C. 砌筑前,应对弹好的线进行复查,位置、尺寸应符合设计要求,根据现场石料的规格、尺寸、颜色进行试排,摆底并确定组砌方法。

D. 试排、摆底:毛石基础大放脚,应根据放出的边线进行摆底工作,与砖基础大放脚相似,毛石基础大放脚的摆底,关键要处理好大放脚的转角,做好槽墙和山墙丁字相交接槎部位的处理。大角处应选择比较方正的石块砌筑,俗称放角石。角石应

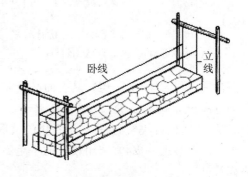

图3-168　立线和卧线

三个面比较平整、外形比较方正,并且高度适合大放脚收退的断面高度。角石立好后,以此石厚为基准把水平线挂在石厚高度处,再依线摆砌外皮毛石和内皮毛石,此两种毛石要有所选择,至少有两个面较平整,使底面窝砌平稳,外侧面平齐。外皮毛石摆砌好后,再填中间的毛石(俗称腹石)。

砌毛石基础应双面拉准线。第一皮按所放的基础边线砌筑,以上各皮按准线砌筑。

E. 砂浆拌制:砂浆拌制宜采用机械搅拌,投料顺序为:砂→水泥→掺合料→水。其他要求见第3.2.3节的有关规定。毛石基础砂浆不低于M5。

F. 砌筑:

a. 毛石基础宜分皮卧砌,错缝搭砌,搭接长度不得小于80mm,各皮石块间应利用毛石自然形状经敲打修整,使能与先砌毛石基础基本吻合、搭砌紧密;内外搭砌时,不得采用先

砌外面石块后中间填心的砌筑方法,中间不得有铲口石、斧刃石和过桥石(图 3 - 169)。石块间较大的空隙应先填塞砂浆后用碎石嵌实,不得采用先塞碎石后塞砂浆或干填碎石的方法。

毛石砌体的灰缝应饱满密实,表面灰缝厚度不宜大于 40mm,石块间不得有相互接触现象。砌筑时,不应出现通缝、干缝、空缝和孔洞。

b. 毛石基础的收退

毛石基础收退,应掌握错缝搭砌的原则。第一台砌好后应适当找平,再把立线收到第二个台阶,每阶高度一般为 300~400mm,并至少二皮毛石,第二阶毛石收退砌筑时,要拿石块错缝试摆,上级阶梯的石块应至少压砌下级阶梯的 1/2,相邻阶梯的毛石应相互错缝搭砌,阶梯形毛石基础每阶收退宽度不应大于 200mm,如图 3 - 170a、b 所示。

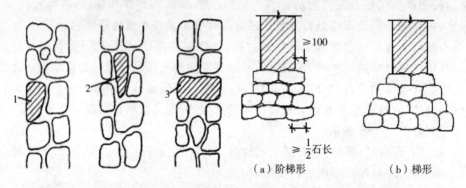

图 3 - 169图　铲口石、斧刃石、过桥石示意
1—铲口石;2—斧刃石;3—过桥石

（a）阶梯形　　（b）梯形

图 3 - 170　毛石基础

每砌完一级台阶(或一层),其表面必须大致平整,不可有尖角、驼角、放置不稳等现象。

如有高出标高的石尖,可用手锤修正。毛石底座浆应饱满,一般砂浆先虚铺 40~50mm 厚,然后把石块砌上去,利用石块的重量把砂浆挤摊开来铺满石块底面。

毛石基础最上一皮,宜选用较大的平毛石砌筑。转角处、交接处和洞口处也应选用平毛石砌筑。

c. 有高低台的毛石基础,应从低处砌起,并由高台向低台搭接,搭接长度不小于基础高度。

d. 毛石基础转角处和交接处应同时砌筑,如不能同砌又必须留槎时,应留成斜槎,斜槎长度应不小于斜槎高度,斜槎面上毛石不应找平,继续砌时应将斜槎面清理干净,浇水湿润。

e. 毛石基础大放脚收退到正墙身处,同样应做好定位和抄平工作,并引中心至大脚顶面和墙角侧边,再分出边线,基础正墙主要依据基础上的墨线和在墙角处竖立的标高杆(相当于砌砖墙的皮数杆)进行砌筑。

毛石墙基正墙砌筑,要求确保墙体的整体性和稳定性,不应有干垫和双垫,每一层石块和水平方向间隔 1m 左右,要砌一层贯通墙厚压住内外皮毛石的拉结石(亦称满墙石),如果墙厚大于 400mm,至少压满墙厚 2/3 能拉住内外石块。上下层拉结石呈现梅花状互相错开,防止砌成夹心墙。夹心墙严重影响墙体的牢固和稳定,对质量很不利,如图 3 - 171

砌体结构施工

（a）（b）所示。砌筑正墙还应注意，墙中洞口应预留出来，不得砌完后凿洞。沉降缝处应分两段砌，不应搭接。毛石基础正墙身一般砌到室外自然地坪下 100mm 左右。

f. 抹找平层和结束毛石基础

毛石基础正墙身的最上一皮摆放，应选用较为直长、上表面平整的毛石作为丁砌块，顶面找平一般抹 50mm 厚的 C20 细石混凝土，基础表面要加防水剂抹光。基础墙身石缝应用小扦子嵌填密实、找平结束即完成毛石基础的全部工作，正墙表面应加强养护。

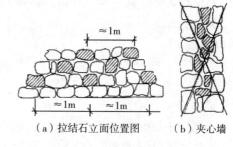

（a）拉结石立面位置图　　（b）夹心墙

图 3 - 171　正墙砌筑拉结石形式

② 料石基础

各种砌筑用料石的宽度、厚度均不宜小于 200mm，长度不宜大于厚度的 4 倍。除设计有特殊要求外，料石加工的允许偏差应符合表 3 - 17 的规定。

表 3 - 17　料石加工的允许偏差

料石种类	允许偏差	
	宽度、厚度（mm）	长度（mm）
细料石	±3	±5
粗料石	±5	±7
毛料石	±10	±15

A. 立皮数杆、垫层清理、湿润、试排、摆底、砂浆拌制：见本节"毛石基础"的相关规定。

B. 砌筑：

a. 料石砌体的水平灰缝应平直，竖向灰缝应宽窄一致，其中细料石砌体灰缝不宜大于 5mm，粗料石和毛料石砌体灰缝不宜大于 20mm。

b. 料石基础砌筑形式有丁顺叠砌和丁顺组砌。丁顺叠砌是一皮顺石与一皮丁石相隔砌筑，上下皮竖缝相互错开 1/2 石宽；丁顺组砌是同皮内 1～3 块顺石与一块丁石相隔砌筑，丁石中距不大于 2m，上皮丁石坐中于下皮顺石，上下皮竖缝相互错开至少 1/2 石宽（图 3 - 172）。

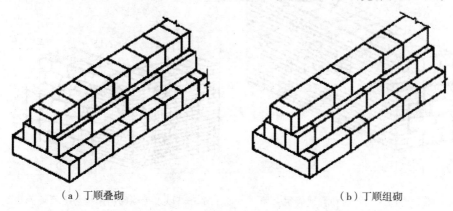

（a）丁顺叠砌　　　　　　　　　（b）丁顺组砌

图 3 - 172　料石基础砌筑形式

c. 阶梯形料石基础,上阶料石应至少压砌下阶料石的1/3。

d. 砌筑时,砂浆铺设厚度应略高于规定灰缝厚度,一般高出厚度为6～8mm。

e. 其他砌筑要点同本节"毛石基础"相关内容。

2)墙体施工

(1)工艺流程

立皮数杆、放线→基层清理→(石料)试排、摆底→(砂浆拌制)砌筑→检查、验收。

(2)施工要点

① 毛石墙

A. 立皮数杆、基层清理、湿润、试排、摆底、砂浆拌制:砌毛石墙应双面拉准线。第一皮按墙边线砌筑,以上各皮按准线砌筑。其他内容见本节"毛石基础"的相关规定。

B. 砌筑:

a. 毛石墙应分皮卧砌,各皮石块间应利用自然形状,经敲打修整使能与先砌石块基本吻合、搭砌紧密,上下错缝,内外搭砌,不得采用外面侧立石块,中间填心的砌筑方法,中间不得有铲口石(尖石倾斜向外的石块)、斧刃石(下尖上宽的三角形石块)和过桥石(仅在两端搭砌的石块)。

b. 毛石墙必须设置拉结石,拉结石应均匀分布,相互错开,一般每0.7m²墙面至少设置一块,且同皮内的中距不大于2m。拉结石长度:墙厚小于或等于400mm,应与墙厚度相等;墙厚大于400mm,可用两块拉结石内外搭接,搭接长度不应小于150mm,且其中一块长度不应小于墙厚的2/3。

c. 在毛石墙和普通砖的组合墙中,毛石与砖应同时砌筑,并每隔5～6皮砖用2～3皮丁砖与毛石拉结砌合,砌合长度应不小于120mm,两种材料间的空隙应用砂浆填满(图3-173)。

d. 毛石墙与砖墙相接的转角处应同时砌筑。砖墙与毛石墙在转角处相接,可从砖墙每隔4～6皮砖高度砌出不小于120mm长的阳槎与毛石墙相接(图3-174)。亦可从毛石墙每隔4～6皮砖高度砌出不小于120mm长的阳槎与砖墙相接(图3-175)。阳槎均应深入相接墙体的长度方向。

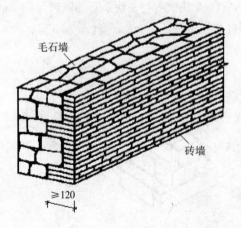

图3-173 毛石墙和普通砖组合墙

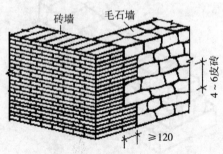

图3-174 砖墙砌出阳槎与毛石墙相接

e. 毛石墙与砖墙交接处应同时砌筑。砖纵墙与毛石横墙交接处,应自砖墙每隔4～6皮砖高度引出不小于120mm长的阳槎与毛石墙相接(图3-176)。

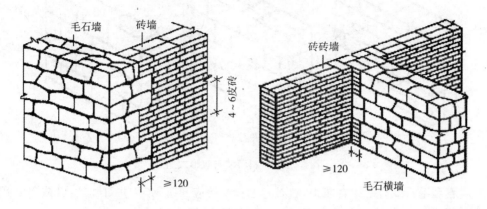

图3-175　毛石墙砌出阳槎与砖墙相接　　图3-176　交接处砖纵墙与毛石横墙交接

f. 砌筑毛石挡土墙时,除符合上述砌筑要点外,尚应注意以下几点:毛石的中部厚度不小于200mm;每砌3～4皮毛石为一个分层高度,每个分层高度应找平一次;外露的灰缝宽度不得大于40mm,上下皮毛石的竖向灰缝应相互错开80mm以上(图3-177)。

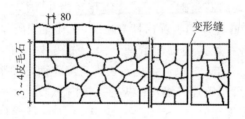

图3-177　毛石挡土墙立面

② 料石墙

A. 立皮数杆、基层清理、湿润、试排、摆底、砂浆拌制:同本节"毛石墙"的相关规定。

B. 砌筑:

料石墙砌筑形式有二顺一丁、丁顺叠砌、丁顺组砌和全顺叠砌。二顺一丁是两皮顺石与一皮丁石相间,宜用于墙厚等于两块料石宽度时;丁顺组砌是同皮内每1～3块顺石与一块丁石相隔砌筑,丁石中距不大于2m,上皮丁石坐中于下皮顺石,上下皮竖缝相互错开至少1/2石宽,宜用于墙厚等于或大于两块料石宽度时;全顺是每皮均为顺砌石,上下皮错缝相互错开1/2石长,宜用于墙厚等于石宽时(图3-178)。

砌料石墙面应双面挂线(除全顺砌筑形式外),第一皮可按所放墙边线砌筑,以上各皮均按准线砌筑,可先砌转角处和交接处,后砌中间部分。

料石墙的第一皮及每个楼层的最上一皮应丁砌。

料石可与毛石或砖砌成组合墙。料石与毛石的组合墙,料石在外,毛石在里;料石与砖的组合墙,料石在里,砖在外,也可料石在外,砖在里。

砌筑时,砂浆铺设厚度应略高于规定灰缝厚度,其高出厚度:细料石、半细料石宜为3～5mm,粗料石、毛料石宜为6～8mm。

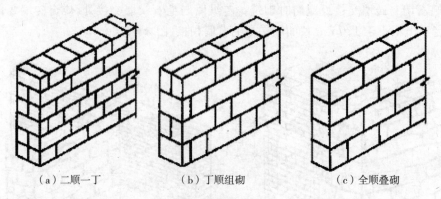

| （a）二顺一丁 | （b）丁顺组砌 | （c）全顺叠砌 |

图 3 - 178　料石墙砌筑形式

在料石和毛石或砖的组合墙中，料石和毛石或砖应同时砌起，并每隔 2～3 皮料石用丁砌石与毛石或砖拉结砌合，丁砌料石的长度宜与组合墙厚度相同。

料石墙的转角处及交接处应同时砌筑，如不能同时砌筑，应留置斜槎。

料石清水墙中不得留脚手眼。

③ 料石柱

A. 料石柱有整石柱和组砌柱两种。整石柱每一皮料石是整块的，只有水平灰缝无竖向灰缝；组砌柱每皮由几块料石组砌，上下皮竖缝相互错开（图 3 - 179）。

B. 料石柱砌筑前，应在柱座面上弹出柱身边线，在柱座侧面弹出柱身中心线。

C. 砌整石柱时，应将石块的叠砌面清理干净。先在柱座面上抹一层水泥砂浆，厚约 10mm，再将石块对准中心线砌上，以后各皮石块砌筑应先铺好砂浆，对准中心线，将石块砌上。石块如有竖向偏移，可用铜片或铝片在灰缝边缘内垫平。

D. 砌组砌柱时，应按规定的组砌形式逐皮砌筑，上下皮竖缝相互错开，无通天缝，不得使用垫片。

E. 砌筑料石柱，应随时用线坠检查整个柱身的垂直度，如有偏斜应拆除重砌，不得用敲击方法去纠正。

④ 石墙面勾缝

A. 石墙面勾缝前，拆除墙面或柱面上临时装设的缆风绳、挂钩等物。清除墙面或柱面上黏结的砂浆、泥浆、杂物和污渍等。

B. 剔缝：将灰缝刮深 10～20mm，不整齐处加以修整。用水喷洒墙面或柱面，使其湿润，随后进行勾缝。

C. 勾缝砂浆宜用 1：1.5 水泥砂浆。

D. 勾缝线条应顺石缝进行，且均匀一致，深浅及厚度相同，压实抹光，搭接平整。阳角勾缝要两面方正，阴角勾缝不能上下直通。勾缝不得有丢缝、开裂或黏结不牢的现象。

E. 勾缝完毕，应清扫墙面或柱面，早期应洒水养护。

3.3.5.4　质量检查

(1) 料石进场时应检查其品种、规格、颜色以及强度等级的检验报告，并应符合设计要求，石材材质应质地坚实，无风化剥落和裂缝。

(2) 应对现场二次加工的料石进行检查，其检查结果应符合第 3.3.5.3 节第 1) 条第 (2)

②款的规定。

（3）石砌体工程施工中,应对下列主控项目及一般项目进行检查,并应形成检查记录:

① 主控项目包括:

A. 石材强度等级;

B. 砂浆强度等级;

C. 灰缝的饱满度。

② 一般项目包括:

A. 轴线位置;

B. 基础和墙体顶面标高;

C. 砌体厚度;

D. 每层及全高的墙面垂直度;

E. 表面平整度;

F. 清水墙面水平灰缝平直度;

G. 组砌形式。

3.3.5.5 质量标准

1)主控项目

（1）石材及砂浆强度等级必须符合设计要求。

抽检数量:同一产地的同类石材抽检不应小于一组。砂浆试块的抽检数量参见第3.2.3.3条的有关规定。

检验方法:料石检查产品质量证明书,石材、砂浆检查试块试验报告。

（2）砌体灰缝的砂浆饱满度不应小于80%。

抽检数量:每检验批抽查不应少于5处。

检验方法:观察检查。

2)一般项目

（1）石砌体尺寸、位置的允许偏差及检验方法应符合表3-17的规定。

表3-17 石砌体尺寸、位置的允许偏差及检验方法

项次	项目	允许偏差(mm)							检验方法
		毛石砌体		料石砌体					
				毛料石		粗料石		细料石	
		基础	墙	基础	墙	基础	墙	墙、柱	
	轴线位置	20	15	20	15	15	10	10	用经纬仪和尺检查,或用其他测量仪器检查
1	基础和墙砌体顶面标高	±25	±15	±25	±15	±15	±15	±10	用水准仪和尺检查
2	砌体厚度	+30	+20 −10	+30	+20 −10	+15	+10 −5	+10 −5	用尺检查

项次	项目		允许偏差(mm)							检验方法
			毛石砌体		料石砌体					
					毛料石		粗料石		细料石	
			基础	墙	基础	墙	基础	墙	墙、柱	
3	墙面垂直度	每层	—	20	—	20	—	10	7	用经纬仪、吊线和尺检查，或用其他测量仪器检查
		全高	—	30	—	30	—	25	10	
4	表面平整度	清水墙、柱	—	—	—	20	—	10	5	细料石用2m靠尺和楔形塞尺检查，其他用两直尺垂直于灰缝拉2m线和尺检查
		混水墙、柱	—	—	—	30	—	15	—	
4	清水墙水平灰缝平直度		—	—	—	—	—	10	5	拉10m线和尺检查

抽检数量：每检验批抽查不应少于5处。

(2)石砌体的组砌形式应符合下列规定：

① 内外搭砌，上下错缝，拉结石、丁砌石交错设置；

② 毛石墙拉结石每0.7m²墙面不应少于1块。

检查数量：每检验批抽查不应少于5处。

检验方法：观察检查。

3.3.5.6 成品保护

(1)避免在已完成的砌体上修凿石块和堆放石料；砌筑挡土墙时，严禁居高临下抛石，冲击已砌好的墙体。

(2)墙体表面要清理干净，不得在墙上开凿孔洞；在垂直运输井架进出料口周围的细料石墙、柱、垛应用塑料纺织布、草帘或木板遮盖，防止沾污墙面。

(3)门窗、过梁底部的模板应在灰缝砂浆强度达到设计规定的70%以上时，方可拆除。

(4)在夏季高温和冬期低温下施工时，应用草袋或草垫适当覆盖墙体，避免砂浆中水分蒸发过快或受冻破坏。

(5)石砌体砌筑完成后，未经有关人员的检查验收，轴线桩、水准桩、皮数杆应加以保护，不得碰坏拆除。

(6)砌体中埋设的构造筋应注意保护，不得随意踩踏弯折。

(7)料石柱砌筑完后，应立即加以围护，严禁碰撞。

3.3.6 砌体冬期施工

3.3.6.1 一般规定

(1)当室外日平均气温连续 5d 稳定低于 5℃时,砌体工程应采取冬期施工措施。

注:①气温根据当地气象资料确定。

② 冬期施工期限以外,当日最低气温低于 0℃时,也应按本节的规定执行。

(2)冬期施工的砌体工程质量验收除应符合本节要求外,尚应符合现行行业标准《建筑工程冬期施工规程》JGJ/T 104 的有关规定。

(3)砌体工程冬期施工应有完整的冬期施工方案。

(4)冬期施工砂浆试块的留置,除应按常温规定要求外,尚应增加 1 组与砌体同条件养护的试块,用于检验转入常温 28d 的强度。如有特殊需要,可另外增加相应龄期的同条件养护试块。

(5)地基土有冻胀性时,应在未冻的地基上砌筑,并应防止在施工期间和回填土地基受冻。

(6)冬期施工中砖、小砌块浇(喷)水湿润应符合下列规定:

① 烧结普通砖、烧结多孔砖、蒸压灰砂砖、蒸压粉煤灰砖、烧结空心砖、吸水率较大的轻骨料混凝土小型空心砌块在气温高于 0℃条件下砌筑时,应浇水湿润,且应即时砌筑;在气温低于、等于 0℃条件下砌筑时,可不浇水,但必须增大砂浆稠度。

② 普通混凝土小型空心砌块、混凝土多孔砖、混凝土实心砖及采用薄灰砌筑法的蒸压加气混凝土砌块施工时,不应对其浇(喷)水湿润。

③ 抗震设防烈度为 9 度的建筑物,当烧结普通砖、烧结多孔砖、蒸压粉煤灰砖、烧结空心砖无法浇水湿润时,如无特殊措施,不得砌筑。

(7)采用暖棚法施工,块材在砌筑时的温度不应低于 5℃,距离所砌的结构底面 0.5m 处的棚内温度也不应低于 5℃。

(8)在暖棚内的砌体养护时间,应根据暖棚内温度,按表 3-18 确定。

表 3-18 暖棚法砌体的养护时间

暖棚的温度(℃)	5	10	15	20
养护时间(d)	≥6	≥5	≥4	≥3

(9)采用外加剂法配制的砌筑砂浆,当设计无要求,且最低气温等于或低于 -15℃时,砂浆强度等级应较常温施工提高一级。

(10)配筋砌体不得采用掺氯盐的砂浆施工。

(11)土方回填时,每层铺土厚度应比常温施工时减少 20%~25%,预留沉陷量应比常温施工时增加。对于大面积回填土和有路面的路基及其人行道范围内的平整场地填方,可采用含有冻土块的土回填,但冻土块的粒径不得大于 150mm,其含量不得超过 30%。铺填时冻土块应分散开,并应逐层夯实。

(12)砌筑间歇期间,宜及时在砌体表面进行保护性覆盖,砌体面层不得留有砂浆。继续砌筑前,应将砌体表面清理干净。

(13)施工日记中应记录大气温度、暖棚内温度、砌筑时砂浆温度、外加剂掺量等有关资料。

3.3.6.2 施工准备

1)技术准备

(1)在入冬前应组织专人编制冬期施工方案。编制的原则是:确保工程质量;经济合理,使增加的费用为最少;所需的热源和材料有可靠的来源,并尽量减少能源消耗;确实缩短工期。

(2)进入冬期施工前,对掺外加剂人员、测温保温人员、锅炉司炉工和火炉管理人员,应专门组织技术业务培训,学习本工作范围内的有关知识,明确职责,经考试合格后,方准上岗工作。

(3)做好冬期施工砂浆及掺外加剂的试配试验工作,提出施工配合比。

2)材料准备

根据实物工程量提前组织有关外加剂和保温材料进场,并配备施工用的测温工具。

3)主要机具

根据现场条件配备加热用的锅炉、电暖器及其他热源。

4)作业条件

砌体工程的冬期施工,有外加剂法、冻结法和暖棚法等。由于掺外加剂砂浆在负温条件下强度可以持续增长,砌体不会发生沉降变形,施工工艺简单,因此,砖石工程的冬期施工,应以外加剂法为主。对保温、绝缘、装饰等方面有特殊要求的工程,可采用冻结法或其他施工方法。

3.3.6.3 材料与质量控制

(1)普通砖、空心砖、灰砂砖、混凝土小型空心砌块、加气混凝土砌块和石材在砌筑前,应清除表面污物、冰雪等,不得使用遭水浸和受冻后的砖或砌块。

(2)砌体施工时,应将各种材料按类别堆放,并应进行覆盖。

(3)砂浆宜优先采用普通硅酸盐水泥拌制。冬期砌筑不得使用无水泥拌制的砂浆。

(4)石灰膏、电石膏等应防止受冻,如遭冻结,应经融化后使用;

(5)拌制砂浆用砂,不得含有冰块和大于 10mm 的冻结块;

(6)砌筑工程冬季施工用砂浆应选用外加剂法。

(7)拌合砂浆宜采用两步投料法。水的温度不得超过 80℃,砂的温度不得超过 40℃。水泥不得与 80℃以上热水直接接触。砂浆的稠度宜较常温适当增加,且不得二次加水调整砂浆和易性。

① 水的加热方法:当有供气条件时,可将蒸汽直接通入水箱,也可用铁桶等烧水;

② 砂子可用蒸汽排管、火坑加热,也可将汽管插入砂内直接送汽。直接通汽需注意砂的含水率的变化。采用蒸汽排管或火坑加热时,可在砂上浇些温水(加水量不超过 5%),以免冷热不均,也可加快加热速度。砂不得在钢板上灼炒。

③ 水、砂的温度应经常检查,每 1 小时不少于一次。温度计停留在砂内的时间不应少于 3min,在水内停留的时间不应少于 1min。

(8)砂浆使用温度应符合下列规定。

① 采用掺外加剂法时,不应低于 +5℃;

② 采用氯盐砂浆法时,不应低于 +5℃;

③ 采用暖棚法时,不应低于+5℃;

④ 采用冻结法时,当室外空气温度分别为0~-10℃、-11~-25℃、-25℃以下时,砂浆使用最低温度分别为10℃、15℃、20℃。

(9)冬期搅拌砂浆的时间应适当延长,一般比常温时增加0.5~1倍。

(10)当采用掺盐砂浆法施工时,宜将砂浆强度等级按常温施工的强度等级提高一级。

(11)采取以下措施减少砂浆在搅拌、运输、存放过程中的热量损失:

① 砂浆的搅拌应在采暖的房间或保温棚内进行,环境温度不可低于5℃;冬期施工砂浆要随拌随运(直接倾入运输车内),不可积存和二次倒运。

② 在安排冬期施工方案时,应把缩短运距作为搅拌站设置的重要因素之一考虑。当用手推车输送砂浆时,车体应加保温装置。

③ 冬期砂浆应储存在保温灰槽中,砂浆应随拌随用。砂浆的储存时间,对于普通砂浆和掺外加剂砂浆分别不宜超过15min和20min。

④ 保温槽和运输车应及时清理,每日下班后用热水清洗,以免冻结。

3.3.6.4 施工方法

1)掺盐砂浆法

(1)掺盐砂浆法的原理和适应范围

掺盐砂浆法就是在砌筑砂浆内掺入一定数量的抗冻化学剂来降低水溶液的冰点,以保证砂浆中有液态水存在,使水化反应在一定负温下不间断进行,使砂浆在负温下强度能够继续缓慢增长。同时,由于降低了砂浆中水的冰点,砖石砌体的表面不会立即结冰而形成冰膜,故砂浆和砖石砌体能较好地黏结。

掺盐砂浆中的抗冻化学剂,可采用氯盐或亚硝酸盐等外加剂。氯盐应以氯化钠为主,当气温低于-15℃时,可与氯化钙复合使用。

采用掺盐砂浆法具有施工简便、施工费用低、货源易于解决等优点,所以在我国砖石砌体冬期施工中普遍采用掺盐砂浆法。但氯盐砂浆吸湿性大,使结构保温性能下降,并有析盐现象等。配筋砌体不得采用掺氯盐的砂浆施工。

下列情况不得采用掺氯盐的砂浆砌筑砌体:

① 对装饰工程有特殊要求的建筑物;

② 使用环境湿度大于80%的建筑物;

③ 配筋、钢埋件无可靠防腐处理措施的砌体;

④ 接近高压电线的建筑物(如变电所、发电站等);

⑤ 经常处于地下水位变化范围内,以及在地下未设防水层的结构。

(2)掺盐砂浆法的施工工艺

采用掺盐法进行施工,应按不同负温界限控制掺盐量,当砂浆中氯盐掺量过少,砂浆内会出现大量的冰结晶体,水化反应极其缓慢,会降低早期强度。如果氯盐掺量大于10%。砂浆的后期强度会显著降低,同时导致砌体析盐量过大,增大吸湿性,降低保温性能。当气温低于-15℃时,也可与氯化钙复合使用。氯盐掺量可根据气温情况按表3-19选用。

表 3－19　砂浆掺盐量(占用水量的%)

氯盐及砌体材料种类		日最低气温(℃)			
		≥－10	－11～－15	－16～－20	－21～－25
氯化钠(单盐)	砖、砌块	3	5	7	—
	砌石	4	7	10	—
(双盐)	氯化钠	—	—	5	7
	氯化钙	—	—	2	3
注:掺盐量以无水盐计					

砌筑时砂浆温度不应低于5℃。当设计无要求,且最低气温高于或等于－15℃时,砌筑承重砌体砂浆强度等级应按常温施工提高1级。拌和砂浆前要对原材料加热,且应优先加热水。当满足不了温度时,再进行砂的加热。当拌和水的温度超过60℃时,拌制时的投料顺序是:水和砂先拌,然后再投放水泥,掺盐砂浆中掺入微沫剂时,应先加氯盐溶液后加微沫剂溶液。外加剂溶液应设专人配制,并应先配制成规定浓度溶液置于专用容器中,然后再按规定加入搅拌机中拌制成所需砂浆。砂浆应采用机械进行拌和,搅拌时间应比常温季节增加一倍。拌和后的砂浆应注意保温。

氯盐砂浆中复掺引气型外加剂时,应在氯盐砂浆搅拌的后期掺入。

由于氯盐对钢筋有腐蚀作用,掺盐法用于设有构造配筋的砌体时,钢筋可以涂樟丹2～3道或者涂沥青1～2道,以防钢筋锈蚀。

掺盐砂浆法砌筑砖砌体,应采用"三一"砌砖法进行操作。砌筑时要求灰浆饱满,灰缝厚度均匀,水平缝和垂直缝的厚度和宽度,应控制在8～10mm。采用掺盐砂浆法砌筑砌体,砌体转角处和交接处应同时砌筑,对不能同时砌筑而又必须留置的临时间断处,应砌成斜槎。砌体表面不应铺设砂浆层,宜采用保温材料加以覆盖,继续施工前,应先用扫帚扫净砖表面,然后再施工。

氯盐砂浆砌体施工时,每日砌筑高度不宜超过1.2m,墙体留置的洞口,距交接墙处不应小于500mm。

2)暖棚法

(1)暖棚法适用于地下工程、基础工程以及量小又急需砌筑使用的砌体结构。

(2)采用暖棚法施工时,砖石和砂浆在砌筑时的温度不应低于5℃,而距离所砌的结构底面0.5m处的棚内温度也不应低于5℃。

(3)砌体在暖棚内的养护时间,根据暖棚内的温度,应按表3－18确定。

3)冻结法

冻结法是指采用不掺化学外加剂的普通水泥砂浆或水泥混合砂浆进行砌筑的一种冬期施工方法。

(1)冻结法的原理和适应范围

冻结法的砂浆内不掺任何抗冻化学剂,允许砂浆在铺砌完后就受冻。受冻的砂浆可以获得较大的冻结强度,而且冻结的强度随气温降低而增高。但当气温升高而砌体解冻时,砂浆强度仍然等于冻结前的强度。当气温转入正温后,水泥水化作用又重新进行,砂浆强度可继续增长。

冻结法允许砂浆在砌筑后遭受冻结,且在解冻后其强度仍可继续增长。所以对有保温、绝缘、装饰等特殊要求的工程和受力配筋砌体,均可采用冻结法施工。

冻结法施工的砂浆,经冻结、融化和硬化三个阶段后,砂浆强度,砂浆与砖石砌体间的黏结力都有不同程度的降低。砌体在融化阶段,由于砂浆强度接近于零,将会增加砌体的变形和沉降。所以对下列结构不宜选用:空斗墙;毛石墙;承受侧压力的砌体;在解冻期间可能受到振动或动荷载的砌体,在解冻期间不允许发生沉降的砌体。

(2)冻结法的施工工艺

采用冻结法施工时,应采用"三一"砌筑法,对于房屋转角处和内外墙交接处的灰缝应特别仔细砌合。砌筑时一般采用一顺一丁的砌筑方法。冻结法施工中宜采用水平分段施工,墙体一般应在一个施工段范围内,砌筑至一个施工层的高度,不得间断。

砌体的解冻。砌体解冻时,由于砂浆的强度接近于零,所以增加了砌体解冻期间的变形和沉降,其下沉量比常温施工增加10%～20%。解冻期间,由于砂浆遭冻后强度降低,砂浆与砌体之间的黏结力减弱,所以砌体在解冻期间的稳定性较差。用冻结法砌筑的砌体,在开冻前需进行检查,开冻过程中应组织观测。如发现裂缝、不均匀下沉等情况,应分析原因并立即采取加固措施。

① 采用冻结法施工的砌体,在解冻期内应制定观测加固措施,并应保证对强度、稳定和均匀沉降的要求。在验算解冻期的砌体强度和稳定时,可按砂浆强度为零进行计算。

② 当设计无要求,且日最低气温高于-25℃时,砌筑承重砌体砂浆强度等级应较常温施工提高一级;当日最低气温等于或低于-25℃时,应提高两级。砂浆强度等级不得低于M2.5,重要结构其等级不得低于M5。

③ 采用冻结法砌筑时,砂浆使用最低温度应符合表3-20规定。

④ 采用冻结法施工,当设计无规定时,宜采取下列构造措施:

A. 在楼板水平面位置墙的拐角、交接和交叉处应配置拉结筋,并按墙厚计算,每120mm配1Φ6,其伸入相邻墙内的长度不得小于1m。在拉结筋末端应设置弯钩。

B. 每一层楼的砌体砌筑完毕后,应及时吊装(或浇筑)梁、板,并应采取适当的锚固措施。

C. 采用冻结法砌筑的墙,与已经沉降的墙体交接处,应留沉降缝。

表3-20 冻结法砌筑时砂浆最低温度

室外空气温度(℃)	砂浆最低气温(℃)
0～-10	10
-11～-25	15
低于-25	20

⑤ 为保证砌体在解冻期间的稳定性和均匀沉降,施工操作时应遵守下列规定:

施工应按水平分段进行,工作段宜划在变形缝处。每日的砌筑高度及临时间断处的高度差,均不得大于1.2m。

对未安装楼板或屋面板的墙体,特别是山墙,应及时采取临时加固措施,以保证墙体稳定。

跨度大于 0.7m 的过梁,应采用预制构件。跨度较大的梁、悬挑结构,在砌体解冻前应在下面设临时支撑,当砌体强度达到设计值的 80% 时,方可拆除临时支撑。

在门窗框上部应留出缝隙,其缝隙高度在砖砌体中不应小于 5mm,在料石砌体中不应小于 3mm。

留置在砌体中的洞口和沟槽等,宜在解冻前填砌完毕。

⑥ 砌筑完的砌体在解冻前,应清除房屋中剩余的建筑材料等临时荷载。

⑦ 下列砖石砌体,不得采用冻结法施工:

A. 毛石砌体;

B. 砖薄壳、双曲砖拱、筒式拱及承受侧压力的砌体;

C. 在解冻期间可能受到振动或其他动力荷载的砌体;

D. 在解冻时,砌体不允许产生沉降的结构。

3.3.6.5 成品保护

(1)冬期施工时对砌筑完成砌体进行适当覆盖、围挡,防止受冻破坏。

(2)严禁碰撞已砌墙体,避免造成砂浆强度破坏,影响后期强度。

(3)冬期大风时对砌筑墙体进行临时支撑,保证墙体的稳定性。

(4)其他成品保护要求参照常温条件下成保护要求。

3.3.6.6 安全、环保措施

(1)冬施前对全体施工人员进行技术安全教育及冬施技术交底。

(2)保温材料选用环保、阻燃材料,严禁采用国家明令禁用材料。

(3)所用防冻剂等外加剂不得降低结构强度,并应满足国家相关环保要求。

(4)对采暖设施做好防火、防电防护措施。

(5)对砌筑用脚手架使用前进行检查,并应有防滑措施,如有雨雪必须及时清理,防止结冰。

(6)施工人员要有必要的保温防护措施。

(7)其他安全环保要求参照常温条件下要求。

3.3.7 雨期施工

(1)组织专人编制雨期施工方案,购置防雨材料及设备。并对操作人员进行技术交底,施工现场应做好排水措施,砌筑材料应防止雨水冲淋。

(2)试验人员要及时检测砂子含水率的变化,及时调整砂浆、混凝土配合比,保证砂浆、混凝土的强度。

(3)堆放砌块的场地,应有防雨和排水措施。

(4)砌筑工程应分段施工,工作面不宜过大,以便防护。

(5)不得用过湿的砌块,以免砌筑时砂浆流失,使砌块滑移和墙体干缩后造成裂缝。

(6)下雨时,砌筑砂浆应减小稠度,并加以覆盖。受雨水冲刷过的新砌砌体应翻砌最上面两皮砖。大雨时,停止砌砖。

(7)每日的砌筑高度不宜过高,以保证墙体的稳定。一般而言,每日砌筑高度不超过 1.2m。

(8)每班收工时,砌体的立缝应填满砂浆,顶面不宜铺砂浆,应平铺一层干砖,或用纺织袋布盖好,防止雨水冲刷砂浆而影响墙体质量。

(9)雨后继续砌筑时,必须复核已完砌体的垂直度、平整度和标高。

3.4 砌体分部工程验收

(1)砌体工程验收前,应提供下列文件和记录:

① 设计变更文件;

② 施工执行的技术标准;

③ 原材料出厂合格证书、产品性能检测报告和进场复验报告;

④ 混凝土及砂浆配合比通知单;

⑤ 混凝土及砂浆试件抗压强度试验报告单;

⑥ 砌体工程施工记录;

⑦ 隐蔽工程验收记录;

⑧ 分项工程检验批的主控项目、一般项目验收记录;

⑨ 填充墙砌体植筋锚固力检测记录;

⑩ 重大技术问题的处理方案和验收记录;

⑪ 其他必要的文件和记录。

(2)砌体子分部工程验收时,应对砌体工程的观感质量做出总体评价。

(3)当砌体工程质量不符合要求时,应按现行国家标准《建筑工程施工质量统一验收标准》GB50300 有关规定执行。

(4)有裂缝的砌体应按下列情况进行验收:

① 对不影响结构安全性的砌体裂缝,应予以验收,对明显影响使用功能和观感质量的裂缝,应进行处理。

② 对有可能影响结构安全性的砌体裂缝,应由有资质的检测单位检测鉴定,需返修或加固处理的,待返修或加固处理满足使用要求后进行二次验收。

3.5 砌体工程检验批质量验收记录

根据《砌体结构工程施工质量验收规范》GB50203 的规定:

(1)为统一砌体结构工程检验批质量验收记录用表,特列出表 A.0.1-l~表 A.0.1-5,以供质量验收采用。

(2)对配筋砌体工程检验批质量验收记录,除应采用表 A.0.1-4 外,尚应配合采用表 A.0.1-1 或表 A.0.1-2。

(3)对表 A.0.1-1~表 A.0.1-5 中有数值要求的项目,应填写检测数据。

表 A.0.1-1 砖砌体工程检验批质量验收记录

工程名称		分项工程名称		验收部位	
施工单位				项目经理	
施工执行标准名称及编号				专业工长	
分包单位				施工班组长	

	质量验收规范的规定		施工单位检查评定记录	监理(建设)单位验收记录
主控项目	1. 砖强度等级	设计要求 MU		
	2. 砂浆强度等级	设计要求 M		
	3. 斜槎留置	5.2.3 条		
	4. 转角、交接处	5.2.3 条		
	5. 直槎拉结钢筋及接槎处理	5.2.4 条		
	6. 砂浆饱满度	≥80%(墙)		
		≥90%(柱)		
一般项目	1. 轴线位移	≤10mm		
	2. 垂直度(每层)	≤5mm		
	3. 组砌方法	5.3.1 条		
	4. 水平灰缝厚度	5.3.2 条		
	5. 竖向灰缝宽度	5.3.2 条		
	6. 基础、墙、柱顶面标高	±15mm 以内		
	7. 表面平整度	≤5mm(清水)		
		≤8mm(混水)		
	8. 门窗洞口高、宽(后塞口)	±10mm 以内		
	9. 窗口偏移	≤20mm		
	10. 水平灰缝平直度	≤7mm(清水)		
		≤10mm(混水)		
	11. 清水墙游丁走缝	≤20mm		
施工单位检查评定结果		项目专业质量检查员： 年 月 日		项目专业质量(技术)负责人： 年 月 日
监理(建设)单位验收结论		监理工程师(建设单位项目工程师)： 年 月 日		

注：本表由施工项目专业质量检查员填写，监理工程师(建设单位项目技术负责人)组织项目专业质量(技术)负责人等进行验收。

表 A.0.1-2　混凝土小型空心砌体工程检验批质量验收记录

工程名称			分项工程名称		验收部位	
施工单位					项目经理	
施工执行标准名称及编号					专业工长	
分包单位					施工班组长	

	质量验收规范的规定		施工单位检查评定记录	监理（建设）单位验收记录
主控项目	1. 小砌块强度等级	设计要求 MU		
	2. 砂浆强度等级	设计要求 M		
	3. 混凝土强度等级	设计要求 C		
	4. 转角、交接处	6.2.3 条		
	5. 斜槎留置	6.2.3 条		
	6. 施工洞口砌法	6.2.3 条		
	7. 芯柱贯通楼盖	6.2.4 条		
	8. 芯柱混凝土灌实	6.2.4 条		
	9. 水平灰缝饱满度	≥90％		
	10. 竖向灰缝饱满度	≥90％		
一般项目	1. 轴线位移	≤10mm		
	2. 垂直度（每层）	≤5mm		
	3. 水平灰缝厚度	8mm～12mm		
	4. 竖向灰缝宽度	8mm～12mm		
	5. 顶面标高	±15mm 以内		
	6. 表面平整度	≤5mm（清水）		
	7. 门窗洞口	≤8mm（混水）		
	8. 窗口偏移	±10mm 以内		
	9. 水平灰缝平直度	≤20mm		
		≤7mm（清水）		
		≤10mm（混水）		
施工单位检查评定结果	项目专业质量检查员：　　　　　　项目专业质量（技术）负责人： 　　　　　　年　月　日　　　　　　　　　　　年　月　日			
监理（建设）单位验收结论	监理工程师（建设单位项目工程师）： 　　　　　　　　　　　　　　　　　　年　月　日			

注：本表由施工项目专业质量检查员填写，监理工程师（建设单位项目技术负责人）组织项目专业质量（技术）负责人等进行验收。

表 A.0.1-3　石砌体工程检验批质量验收记录

工程名称			分项工程名称		验收部位	
施工单位					项目经理	
施工执行标准名称及编号					专业工长	
分包单位					施工班组长	

主控项目	质量验收规范的规定		施工单位检查评定记录								监理(建设)单位验收记录
主控项目	1. 石材强度等级	设计要求 MU									
主控项目	2. 砂浆强度等级	设计要求 M									
主控项目	3. 砂浆饱满度	≥80%									
一般项目	1. 轴线位移	7.3.1 条									
一般项目	2. 砌体顶面标高	7.3.1 条									
一般项目	3. 砌体厚度	7.3.1 条									
一般项目	4. 垂直度(每层)	7.3.1 条									
一般项目	5. 表面平整度	7.3.1 条									
一般项目	6. 水平灰缝平直度	7.3.1 条									
一般项目	7. 组砌形式	7.3.2 条									

施工单位检查评定结果	项目专业质量检查员：　　　　项目专业质量(技术)负责人： 　　　年　月　日　　　　　　　　　　年　月　日
监理(建设)单位验收结论	监理工程师(建设单位项目工程师)： 　　　　　　　　　　　　　　年　月　日

注：本表由施工项目专业质量检查员填写,监理工程师(建设单位项目技术负责人)组织项目专业质量(技术)负责人等进行验收。

表 A.0.1-4 配筋砌体工程检验批质量验收记录

	工程名称		分项工程名称		验收部位	
	施工单位				项目经理	
	施工执行标准名称及编号				专业工长	
	分包单位				施工班组长	

	质量验收规范的规定		施工单位检查评定记录	监理(建设)单位验收记录
主控项目	1. 钢筋品种、规格、数量和设置部位	8.2.1条		
	2. 混凝土强度等级	设计要求 C		
	3. 马牙槎尺寸	8.2.3条		
	4. 马牙槎拉结筋	8.2.3条		
	5. 钢筋连接	8.2.4条		
	6. 钢筋锚固长度	8.2.4条		
	7. 钢筋搭接长度	8.2.4条		
一般项目	1. 构造柱中心线位置	≤10mm		
	2. 构造柱层间错位	≤8mm		
	3. 构造柱垂直度(每层)	≤10mm		
	4. 灰缝钢筋防腐	8.3.2条		
	5. 网状配筋规格	8.3.3条		
	6. 网状配筋位置	8.3.3条		
	7. 钢筋保护层厚度	8.3.4条		
	8. 凹槽中水平钢筋间距	8.3.4条		
施工单位检查评定结果	项目专业质量检查员:　　　　　　项目专业质量(技术)负责人: 　年　月　日　　　　　　　　　　年　月　日			
监理(建设)单位验收结论	监理工程师(建设单位项目工程师): 　　　　　　　　　　　　　　　　　年　月　日			

注:本表由施工项目专业质量检查员填写,监理工程师(建设单位项目技术负责人)组织项目专业质量(技术)负责人等进行验收。

表 A.0.1-5　填充墙砌体工程检验批质量验收记录

工程名称			分项工程名称		验收部位	
施工单位					项目经理	
施工执行标准名称及编号					专业工长	
分包单位					施工班组长	

	质量验收规范的规定			施工单位检查评定记录							监理(建设)单位验收记录	
主控项目	1. 块体强度等级		设计要求 MU									
	2. 砂浆强度等级		设计要求 M									
	3. 与主体结构连接		9.2.2 条									
	4. 植筋实体检测		9.2.3 条	见填充墙砌体植筋锚固力检测记录								
一般项目	1. 轴线位移		≤10mm									
	2. 墙面垂直度(每层)	≤3m	≤5mm									
		>3m	≤10mm									
	3. 表面平整度		≤8mm									
	4. 门窗洞口		±10mm									
	5. 窗口偏移		≤20mm									
	6. 水平缝砂浆饱满度		9.3.2 条									
	7. 竖向缝砂浆饱满度		9.3.2 条									
	8. 拉结筋、网片位置		9.3.3 条									
	9. 拉结筋、网片埋置长度		9.3.3 条									
	10. 搭砌长度		9.3.4 条									
	11. 灰缝厚度		9.3.5 条									
	12. 灰缝宽度		9.3.5 条									

施工单位检查评定结果	项目专业质量检查员： 　　　　　年　月　日	项目专业质量(技术)负责人： 　　　　　年　月　日
监理(建设)单位验收结论	监理工程师(建设单位项目工程师)： 　　　　　　　　　　　年　月　日	

　　注：本表由施工项目专业质量检查员填写,监理工程师(建设单位项目技术负责人)组织项目专业质量(技术)负责人等进行验收。

附录 3-1 砌体工程施工质量控制等级评定及检查

A.0.1 施工前及施工中对承担砌体结构工程施工的总承包商及施工分包商的施工质量控制等级,应分别对其近期施工的工程及本工程施工情况按附表3-1-1进行评定及检查。

A.0.2 当施工质量控制等级的有关要素检查结果低于相应质量控制等级要求时,应采取有效措施使之恢复到要求后,再进行正常施工。

附表 3-1-1 砌体工程施工质量控制等级评定(检查)记录

工程名称			施工日期	
建设单位			项目负责人	
施工总承包单位			项目负责人	
监理单位			总监理工程师	
施工单位			项目经理	
设计或规范规定的施工质量控制等级				
《砌体结构工程施工质量验收规范》GB 50203 的规定				检查情况记录
现场质量管理	A 级	监督检查制度健全,并严格执行;施工方有在岗专业技术管理人员,人员齐全,并持证上岗		
	B 级	监督检查制度基本健全,并能执行;施工方有在岗专业技术管理人员,人员齐全,并持证上岗		
	C 级	有监督检查制度;施王方有在岗专业技术管理人员		
砂浆、混凝土强度	A 级	试块按规定制作,强度满足验收规定,离散性小		
	B 级	试块按规定制作,强度满足验收规定,离散性较小		
	C 级	试块按规定制作,强度满足验收规定,离散性大		
砂浆拌合方式	A 级	机械拌合;配合比计量控制严格		
	B 级	机械拌合;配合比计量控制一般		
	C 级	机械或人工拌合;配合比计量控制较差		
砌筑工人	A 级	中级工以上,其中高级工不少于30%		
	B 级	高、中级工不少于70%		
	C 级	初级工以上		
核验等级				
处理意见				
会签栏	监理单位(签章)	施工总承包单位(签章)	施工单位(签章)	
			项目经理	专业技术负责人
	年 月 日	年 月 日	年 月 日	年 月 日

附录 3－2　框架填充墙节点构造

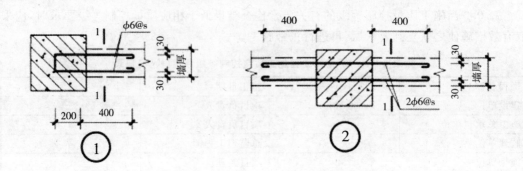

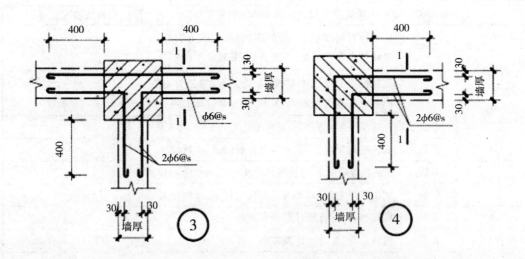

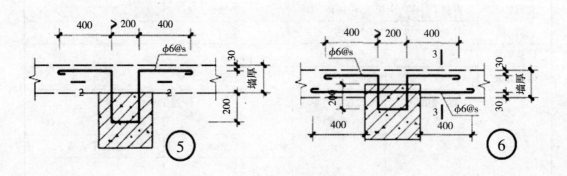

砌体结构施工

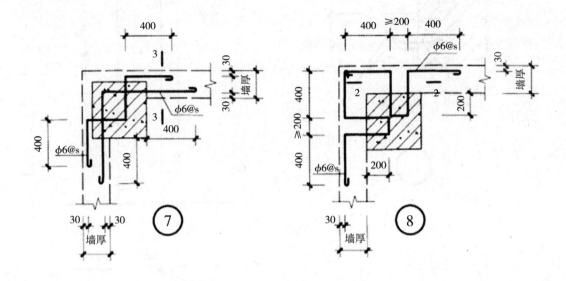

注:1. 填充墙体与主体结构的拉结筋应在主体结构施工时预留。

　　2. 1—1—3—3 剖面如附图 3-2-2 所示。

　　3. 当拉结筋采用 HRB335 或 HRB400 钢筋时,拉结筋末端不设 180°弯钩。

　　4. 间距 s 值如附图 3-2-2 所示。

附图 3-2-1　框架柱中预留拉结钢筋详图

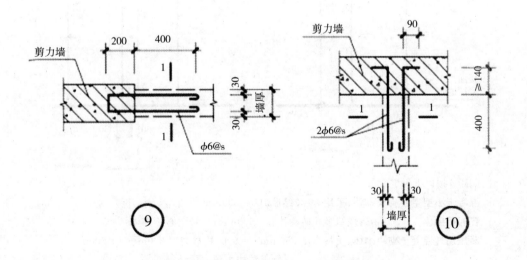

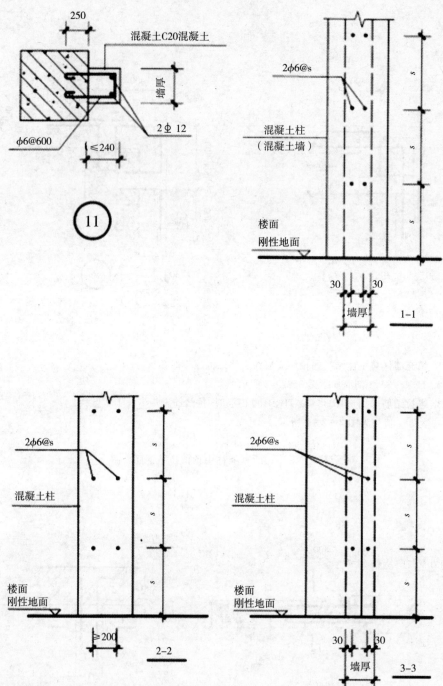

注：间距 s 按以下规定取值：

混凝土小型空心砌块砌体：采用 $\phi6$ 拉结筋时 $s=600mm$，采用 $\phi4$ 钢筋网片时 $s=400mm$；

普通砖砌体：$s=500mm$；烧结多孔砖砌体：$s=500mm$；烧结空心砖砌体：$s=500mm$；

蒸压加气混凝土砌块砌体：块材高度 250mm，$s=500$；块材高度 300mm，$s=600mm$。

附图 3-2-2　混凝土结构中预留拉结钢筋

砌体结构施工

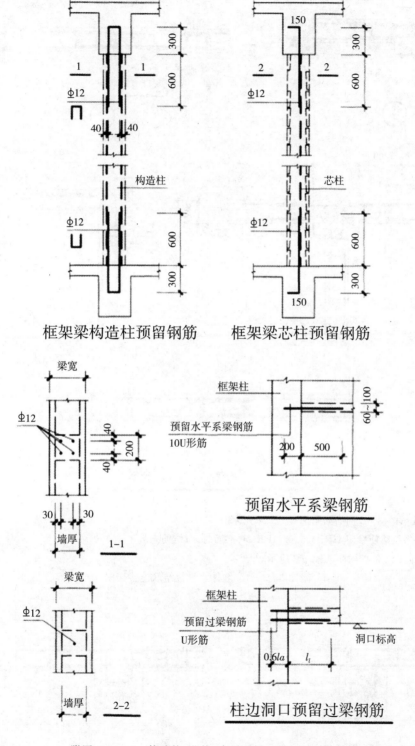

框架梁构造柱预留钢筋   框架梁芯柱预留钢筋

预留水平系梁钢筋

柱边洞口预留过梁钢筋

附图 3-2-3 构造柱、芯柱、水平系梁、过梁预留筋详图

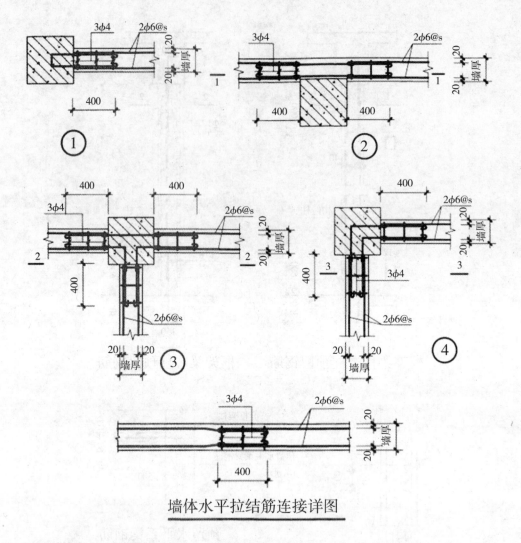

墙体水平拉结筋连接详图

注:1. 1－1～3－3 剖面如附图 3－2－6 所示。

  2. 当拉结筋采用 HRB335 或 HRB400 钢筋时,拉结筋末端不设 180°弯钩;

  3. 间距 s 值如附图 3－2－2 所示。

附图 3－2－4　墙体水平拉结筋连接详图

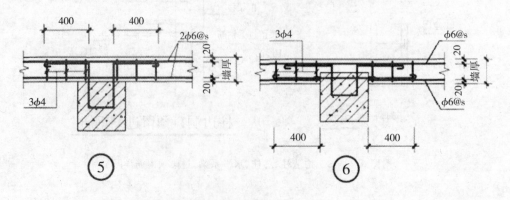

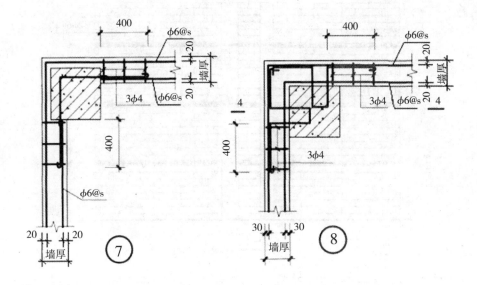

1. 4—4 剖面如附图 3-2-6 所示。

2. 当拉结筋采用 HRB335 或 HRB400 钢筋时,拉结筋末端不设 180°弯钩;

3. 间距 s 值如附图 3-2-2 所示。

附图 3-2-5　填充墙与框架柱拉结详图

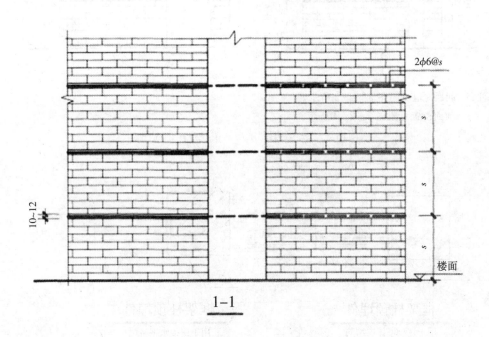

1—1

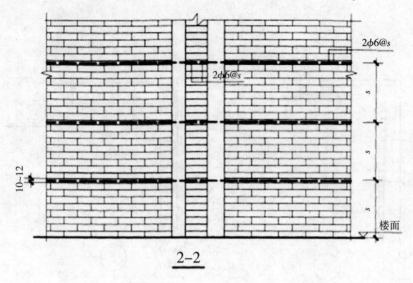

2-2

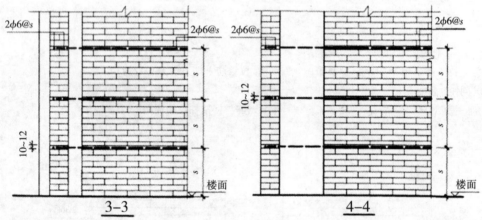

3-3 4-4

注:1. 间距 s 值见附图 3-2-2 所示。

2. 剖面位置见附图 3-2-4 所示。

附图 3-2-6 填充墙与框架柱拉结剖面图

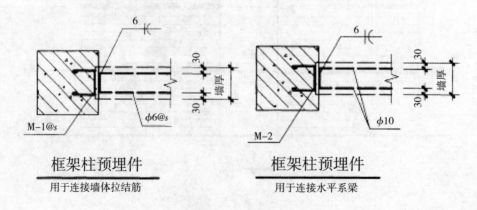

框架柱预埋件

用于连接墙体拉结筋

框架柱预埋件

用于连接水平系梁

砌体结构施工

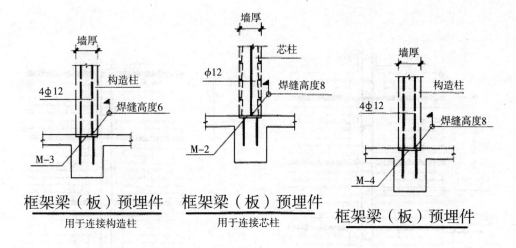

框架梁（板）预埋件
用于连接构造柱

框架梁（板）预埋件
用于连接芯柱

框架梁（板）预埋件

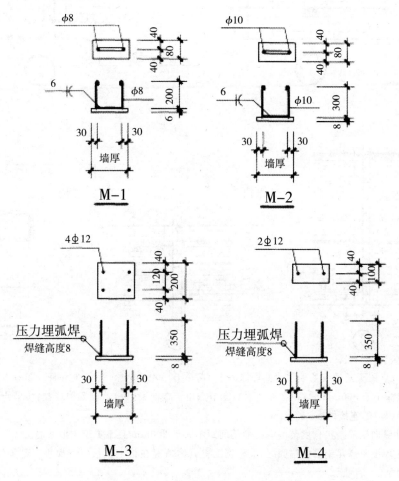

M-1

M-2

M-3

M-4

附图 3-2-7　混凝土结构中预埋件详图

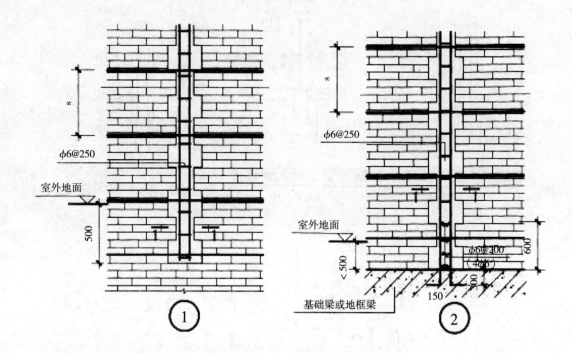

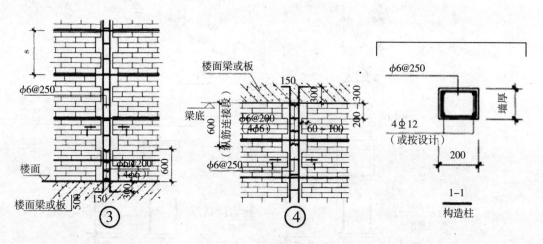

注:1. ①节点用于基础或基础梁顶面埋深大于(或等于)500mm 时(距室外地面),②节点用于基础或基础梁顶面埋深小于 500mm 时(距室外地面),③节点用于楼面梁(板)上设置构造柱,④节点用于构造柱顶部与楼面梁(板)的连接做法。

2. 构造柱纵向钢筋搭接长度范围内的箍筋间距不大于 200mm 且不少于 4 根箍筋。

3. 当楼板厚度不满足钢筋的锚固时,应根据工程具体情况在板上或板下将楼板局部加厚,加厚部分与楼板同时浇筑。

附图 3-2-8　构造柱详图

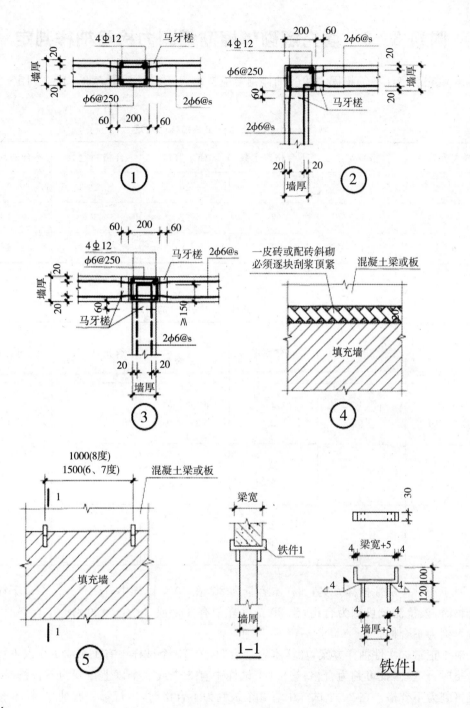

注：

1. 本页图用于墙体厚度不大于240mm的填充墙。当填充墙厚度大于240mm时，拉结筋宜配置3Φ6拉结筋。

2. 小砌块填充墙墙顶与上部结构接触处宜用一皮混凝土砖或混凝土配砖斜砌顶紧。

附图3-2-9 填充墙与构造柱拉结及填充墙顶部构造详图

引自《砌体填充墙结构构造》12G614—1

附录 3-3　填充墙砌体植筋锚固力检验抽样判定

1. 填充墙砌体植筋锚固力检验抽样判定应按附表 3-3-1、附表 3-3-2 判定。

附表 3-3-1　正常一次性抽样的判定

样本容量	合格判定数	不合格判定数	样本容量	合格判定数	不合格判定数
5	0	1	20	2	3
8	1	2	32	3	4
13	1	2	50	5	6

附表 3-3-2　正常二次性抽样的判定

抽样次数与样本容量	合格判定数	不合格判定数	抽样次数与样本容量	合格判定数	不合格判定数
(1) - 5 (2) - 10	0 1	2 2	(1) - 20 (2) - 40	1 3	3 4
(1) - 8 (2) - 16	0 1	2 2	(1) - 32 (2) - 64	2 6	5 7
(1) - 13 (2) - 26	0 3	3 4	(1) - 50 (2) - 100	3 9	6 10

对于正常一次性抽样方案,如样本容量为 20,在 20 个试样中有 2 个或 2 个以下被判为不合格时,该检测批可判为合格;当 20 个试样中有 3 个或 3 个以上被判为不合格时,该检测批可判为不合格。

对于正常二次性抽样方案,如样本容量为 20,在 20 个试样中有 1 个或 1 个以下被判为不合格时,该检测批可判为合格;当 20 个试样中有 3 个或 3 个以上被判为不合格时,该检测批可判为不合格。在 20 个试样中有 2 个被判为不合格时,进行第二次抽样,样本容量也为 20 个,两次抽样的样本容量为 40,当第一次的不合格试样与第二次的不合格试样之和为 3 或小于 3 时,该检测批可判为合格;当第一次的不合格试样与第二次的不合格试样之和为 4 或大于 4 时,该检测批可判为不合格。

附录 3-4 填充墙砌体植筋锚固力检测记录

填充墙砌体植筋锚固力检测记录应按附表 3-4-1 填写。

附表 3-4-1 填充墙砌体植筋锚固力检测记录

共 页 第 页

工程名称		分项工程名称		植筋日期	
施工单位		项目经理			
分包单位		施工班组组长		检测日期	
检测执行标准及编号					

试件编号	实测荷载（kN）	检测部位		检测结果	
		轴线	层	完好	不符合要求情况

监理（建设）单位验收结论	
备注	1. 植筋埋置深度（设计） mm； 2. 设备型号： 3. 基材混凝土设计强度等级为（C ）； 4. 锚固钢筋拉拔承载力检测值：6.0kN。

复核：　　　检测：　　　记录：

砌筑用脚手架

砌筑用脚手架,是砌筑过程中堆放材料和工人进行操作的不可缺少的临时设施,它直接影响到工程质量、施工安全和劳动生产率。实践证明,砌墙时在距地面 0.6m 左右生产率最高。为提高劳动生产率,也有将脚手架做成自升式的,它随着砌体的砌筑而不断上升,使砌筑工人始终保持最优的砌筑高度,获得最佳工作条件。但我们在房屋建筑中,并不能使各种建筑物在建造过程中脚手架全部做成可升式的。那么,究竟墙体的砌筑高度为多少,才开始搭设脚手架呢?实践证明,考虑砌砖工作效率及施工组织等因素,每次搭设脚手架的高度为 1.2m 左右,称为"一步架高",又叫砖墙的可砌高度。在地面或楼面上砌墙,砌到 1.2m 高左右,要停止砌砖,搭设脚手架。

脚手架按其搭设位置分为外脚手架和内脚手架;按其所用材料分为木脚手架、竹脚手架、钢管脚手架;按其构造形式分为多立杆式脚手架、门型脚手架、框型脚手架、桥式脚手架、悬挑式脚手架、挂式脚手架、爬升式脚手架等。目前工程施工中主要使用的是钢管脚手架,房屋建筑中扣件式多立杆钢管脚手架(图 4-1)出现较多,而桥梁工程中以碗扣式脚手架为主。

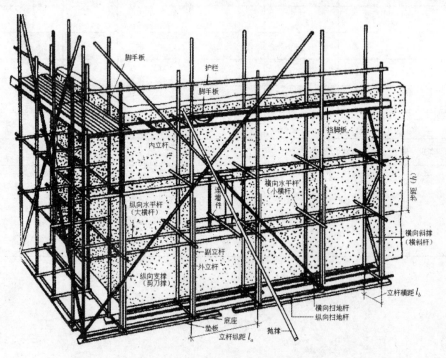

图 4-1 扣件式多立杆钢管脚手架各杆件位置

外脚手架是在建筑物的外侧(沿建筑物周边)搭设的一种脚手架,外脚手架应从地面搭起,所以,也叫底撑式脚手架,一般来讲建筑物多高,其架子就要搭多高。既可用于外墙砌筑,又可用于外装修施工。常用的有多立杆式脚手架、碗扣式钢管脚手架、门式脚手架、框式脚手架等。多立杆式脚手架按材料分为木脚手架、竹脚手架、钢管脚手架。随着中国建筑市场的日益成熟和完善,竹木式脚手架已逐步淘汰出建筑市场,只在一些偏远落后的地区使用;而门式脚手架、框式脚手架、碗扣式脚手架等一般只在市政、桥梁等少量工程中使用,普通扣件式钢管脚手架因其维修简单和使用寿命长以及投入成本低等多种优点,占据中国国内 70％以上的市场,并有较大的发展空间。

搭设脚手架时要满足以下基本要求:

(1)满足使用要求。

脚手架的宽度应满足工人操作、材料堆放及运输的要求。脚手架的宽度一般为 2m 左右,最小不得小于 1.5m。

(2)有足够的强度、刚度及稳定性。

在施工期间,在各种荷载作用下,脚手架不变形,不摇晃,不倾斜。脚手架的标准荷载值,取脚手板上实际作用荷载,其控制值为 $3kN/m^2$(砌筑用脚手架)。在脚手架上堆砖,只许单行摆三层。脚手架所用材料的规格、质量应经过严格检查,符合有关规定;脚手架的构造应合乎规定,搭设要牢固,有可靠的安全防护措施并在使用过程中经常检查。

(3)搭拆简单,搬运方便,能多次周转使用。

(4)因地制宜,就地取材,尽量节约用料。

4.1 扣件式钢管脚手架

扣件式钢管脚手架的搭设、验收、检查评定应符合现行行业标准《建筑施工扣件式钢管脚手架安全技术规范》JGJ 130—2011 的规定。

4.1.1 有关术语

(1)扣件式钢管脚手架:为建筑施工而搭设的、承受荷载的由扣件和钢管等构成的脚手架与支撑架。

(2)单排扣件式钢管脚手架:只有一排立杆,横向水平杆的一端搁置固定在墙体上的脚手架,简称单排架。

(3)双排扣件式钢管脚手架:由内外两排立杆和水平杆等构成的脚手架,简称双排架。

(4)满堂扣件式钢管脚手架:在纵、横方向,由不少于三排立杆并与水平杆、水平剪刀撑、竖向剪刀撑、扣件等构成的脚手架。该架体顶部作业层施工荷载通过水平杆传递给立杆,顶部立杆呈偏心受压状态,简称满堂脚手架。

(5)开口型脚手架:沿建筑周边非交圈设置的脚手架为开口型脚手架,其中呈直线型的脚手架为一字型脚手架。

(6)封圈型脚手架:沿建筑周边交圈设置的脚手架。

（7）防滑扣件：根据抗滑要求增设的非连接用途扣件。

（8）底座：设于立杆底部的垫座，包括固定底座、可调底座。

（9）水平杆：脚手架中的水平杆件。沿脚手架纵向设置的水平杆为纵向水平杆；沿脚手架横向设置的水平杆为横向水平杆。

（10）扫地杆：贴近楼地面设置，连接立杆根部的纵、横向水平杆件，包括纵向扫地杆、横向扫地杆。

（11）脚手架高度：自立杆底座下皮至架顶栏杆上皮之间的垂直距离。

（12）脚手架长度：脚手架纵向两端立杆外皮间的水平距离。

（13）脚手架宽度：脚手架横向两端立杆外皮之间的水平距离，单排脚手架为外立杆外皮至墙面的距离。

（14）步距：上下水平杆轴线间的距离。

（15）立杆纵（跨）距：脚手架纵向相邻立杆之间的轴线距离。

（16）立杆横距：脚手架横向相邻立杆之间的轴线距离，单排脚手架为外立杆轴线至墙面的距离。

（17）主节点：立杆、纵向水平杆、横向水平杆三杆紧靠的扣接点。

4.1.2 构配件

4.1.2.1 钢管

（1）脚手架钢管应采用现行国家标准《直缝电焊钢管》GB/T 13793 或《低压流体输送用焊接钢管》GB/T 3091 中规定的 Q235 普通钢管；钢管的钢材质量应符合现行国家标准《碳素结构钢》GB/T 700 中 Q235 级钢的规定。

（2）脚手架钢管宜采用 $\phi48.3×3.6$ 钢管。每根钢管的最大质量不应大于 25.8kg。

（3）钢管上严禁打孔。

（4）钢管的检查与验收

① 新钢管的检查应符合下列规定：

A. 应有产品质量合格证；

B. 应有质量检验报告，钢管材质检验方法应符合现行国家标准《金属拉伸试验方法》（GB/T 228）的有关规定，其质量应符合第 4.1.2.1 条第（1）款的规定。

C. 钢管表面应平直光滑，不应有裂缝、结疤、分层、错位、硬弯、毛刺、压痕和深的划道；

D. 钢管外径、壁厚、端面等的偏差，应分别符合表 4-1 的规定；

E. 钢管必须涂有防锈漆。

② 旧钢管的检查应符合下列规定：

A. 表面锈蚀深度应符合表 4-1 序号 3 的规定。锈蚀检查应每年一次。检查时，应在锈蚀严重的钢管中抽取三根，在每根锈蚀严重的部位横向截断取样检查，当锈蚀深度超过规定值时不得使用。

B. 钢管弯曲变形应符合表 4-1 序号 4 的规定。

表 4-1 构配件的允许偏差

序号	项目		允许偏差 Δ(mm)	示意图	检查工具
1	焊接钢管尺寸(mm) 外径 48.3 壁厚 3.6		±0.5 ±0.36		游标卡尺
2	钢管两端面切斜偏差		1.70		塞尺、 拐角尺
3	钢管外表面锈蚀深度		≤0.18		游标卡尺
4	钢管 弯曲	a. 各种杆件 钢管的端部 弯曲 l≤1.5m	≤5		钢板尺
		b. 立杆钢管弯曲 3m<l≤4m 4m<l≤6.5m	≤12 ≤20		
		c. 水平杆、斜杆的 钢管弯曲 l≤6.5m	≤30		
5	冲压钢脚手板 a. 板面翘曲 l≤4m l>4m		≤12 <16		钢板尺
	b. 板面扭曲(任一角翘起)		≤5		
6	可调托撑支托板变形		1.0		钢板尺、 塞尺

4.1.2.2 扣件

(1)扣件式钢管脚手架应采用可锻铸铁或铸钢制作的扣件,其材质应符合现行国家标准《钢管脚手架扣件》(GB 15831)的规定;当采用其他材料制作的扣件,应经试验证明其质量符合该标准的规定后方可使用。

(2)脚手架采用的扣件,在螺栓拧紧扭力矩达 65kN·m 时,不得发生破坏。

(3)扣件的分类

扣件是用于固定脚手架、井架等支撑体系的连接部件,简称扣件。扣件按制作材料分为：用可锻铸铁或铸钢制作及用钢板冲压形成的扣件,如图4-2所示。

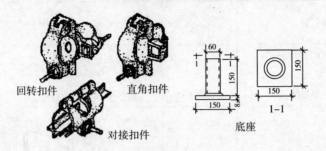

图 4-2　扣件形式及底座

(4)扣件的形式

直角扣件:也叫十字扣件,用于连接扣紧两根互相垂直相交的钢管。

回转扣件:用于连接扣紧两根呈任意角度相交的钢管。

对接扣件:也叫一字扣件,用于钢管的对接按长。

底座:用于承受脚手架立柱的荷载。

(5)螺栓:用 Q235 钢制成,并作镀锌处理,以防锈蚀。

(6)钢板冲压扣件

钢板冲压扣件,按《钢板冲压扣件》(GB 24910)规定执行。

扣件表面应进行镀锌处理,镀锌层厚度宜为 0.05~0.08mm。

① 扣件代号

扣件代号:CYK——钢板冲压扣件。

型式代号:Z——直角;U——旋转;D——对接;DZ——底座。

变形更新代号:用大写汉语拼音字母表示。

② 扣件型号

扣件型号由扣件代号、扣件型号、主要参数、变形更新代号和所执行标准号组成。型号说明如下:

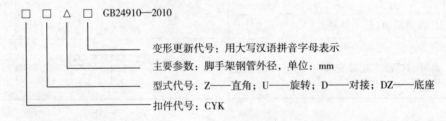

③ 标记示例

示例1:脚手架钢管外径为 48.3mm,第一次变型更新的直角扣件

标记为:CYKZ48A　GB 24910—2010

示例2 脚手架钢管外径为 48.3mm,第二次变型更新的底座

标记为:CYKDZ48B　GB 24910—2010

④ 外观质量要求

A. 盖板与座的张开距离应比钢管外径大 10mm。

B. 活动部位应转动灵活,旋转扣件两旋转面的间隙应小于 1mm。

C. 产品的型号、商标、生产年号应在醒目处冲压出,字迹、图案应清晰完整。

⑤ 标志、包装、运输和储存

A. 标志

产品上应标识:生产年号、商标、产品型号。

产品标志应设置在产品合格证上,应标明:生产商名称、商标、产品名称和规格、数量、生产日期、检验员印记。

B. 包装

扣件应分类包装,捆扎牢固。包装内应有产品合格证,包装上应标明:生产商名称、地址;商标;全国工业产品生产许可证标志和编号;执行标准;产品名称和型号;数量。

C. 运输和储存

产品在运输、储存时,应采取防潮、防腐蚀措施。

(7)可锻铸铁或铸钢扣件

可锻铸铁或铸钢扣件,按《钢管脚手架扣件》(GB 15831)规定执行。

扣件铸铁的材料应采用 GB/T 9440 中所规定的力学性能不低于 KTH330—08 牌号的可锻铸铁或 GB/T 11352 中 ZG230—450 铸钢。

① 扣件代号

扣件代号:GK——钢管脚手架扣件。

型式代号:Z——直角;U——旋转;D——对接;DZ——底座。

变形更新代号:A、B、C……分别为第 1 次更新、第 2 次更新、第 3 次更新……

② 扣件型号

扣件型号由扣件代号、扣件型号、主要参数、变形更新代号和所执行标准号组成。型号说明如下:

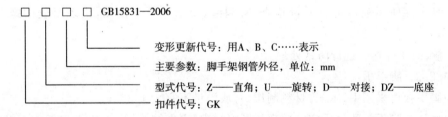

③ 标记示例

示例 1:脚手架钢管外径为 48.3mm,第 1 次变型更新的直角扣件

标记为:GKZ48A　GB 15831—2006

示例 2 脚手架钢管外径为 48.3mm,第 1 次变型更新的对接扣件

标记为:GKD48A　GB 15831—2006

④ 外观和附件质量要求

扣件各部位不应有裂纹。

盖板与座的张开距离不得小于 50mm,当钢管公称外径为 51mm 时,不得小于 55mm。

扣件表面大于 10mm^2 的砂眼不应超过 3 处,且累计面积不应大于 50mm^2。

扣件表面粘砂面积累计不应大于 150mm²。

扣件表面凸(或凹)的高(或深)值不应大于 1mm。

扣件与钢管接触部位不应有氧化皮,其他部位氧化皮面积累计不应大于 150mm²。

铆接处应牢固,不应有裂纹。

T 型螺栓和螺母应符合 GB/T 3098.1、GB/T 3098.2 的规定。

活动部位应灵活转动,旋转扣件两旋转面的间隙应小于 1mm。

产品的型号、商标、生产年号应在醒目处冲压出,字迹、图案应清晰完整。

扣件表面应进行防锈处理(不应采用沥青漆),油漆应均匀美观,不应有堆漆或露铁。

⑤ 标志、包装、运输和储存

A. 标志

产品上应铸出:生产年号、商标、产品型号。

产品标志应设置在产品合格证上,应标明:生产厂名、商标、产品型号、数量、生产日期、检验员印记。

B. 包装

扣件应分类包装,捆扎牢固。每袋(箱)重量不超过 30kg,每包应有产品合格证,包装上应标明:生产厂名;许可证号标记和编号;产品型号;数量。

C. 运输

根据用户要求可采取各种运输方法。

D. 储存

产品存放应防锈、防潮。

(8)扣件的验收应符合下列规定:

① 扣件应有生产许可证、法定检测单位的测试报告和产品质量合格证。当对扣件质量有怀疑时,应按现行国家标准《钢管脚手架扣件》(GB 15831)的规定抽样检测;

② 旧扣件使用前应进行质量检查,有裂缝、变形的严禁使用,出现滑丝的螺栓必须更换;

③ 新、旧扣件均应进行防锈处理。

4.1.2.3　脚手板

(1)脚手板可采用钢、木、竹材料制作,每块质量不宜大于 30kg。

(2)冲压钢脚手板的材质应符合现行国家标准《碳素结构钢》(GB/T 700)中 Q235 级钢的规定,其质量与尺寸允许偏差应符合规定,并有防滑措施。

(3)木脚手板材质应符合现行国家标准《木结构设计规范》GB 50005 中 Ⅱa 级材质的规定。脚手板厚度不应小于 50mm,两端宜各设置直径不小于 4mm 的镀锌钢丝箍两道。

(4)竹脚手板宜采用由毛竹或楠竹制作的竹串片板、竹笆板;竹串片脚手架应符合现行行业标准《建筑施工木脚手架安全技术规范》JGJ 164 的相关规定。

(5)脚手板的检查应符合下列规定:

① 冲压钢脚手板的检查应符合下列规定:

新脚手板应有产品质量合格证;尺寸偏差应符合表 4-1 序号 5 的规定,且不得有裂纹、开焊与硬弯;新、旧脚手板均应涂防锈漆,应有防滑措施。

② 木脚手板的检查应符合下列规定：

木脚手板的宽度不宜小于 200m，厚度不应小于 50mm；腐朽的脚手板不得使用；竹笆脚手板、竹串片脚手板的材料应符合有关规定。

(6)冲压钢脚手板的偏差应符合表 4-1 序号 5 的规定。

4.1.2.4 悬挑脚手架用型钢

悬挑脚手架用型钢的材质应符合现行国家标准《碳素结构钢》GB/T 700 或《低合金高强度结构钢》GB/T 1591 的规定。

用于固定型钢悬挑梁的 U 型钢筋拉环或锚固螺栓材质应符合现行国家标准《钢筋混凝土用钢第 1 部分：热轧光圆钢筋》GB 1499.1 中 HPB235 级钢筋的规定。

4.1.3 扣件式多立杆钢管脚手架

扣件式多立杆钢管脚手架的外形如图 4-2 所示。

4.1.3.1 形式

扣件式多立杆钢管脚手架有敞开式，全封闭式、半封闭式和局部封闭式。

敞开式：仅在作业层设栏杆和挡脚板，以及立面挂大孔安全网，无其他封闭围护遮挡的脚手架。

局部封闭式：安全围护、遮挡面积小于 30% 的脚手架。

半封闭式：安全围护、遮挡面积占 30%～70% 的脚手架。

全封闭式：采用挡风材料、沿脚手架四周外侧全长和全高封闭的脚手架。

在搭设使用中，扣件式多立杆钢管脚手架分为双排和单排两种。双排脚手架靠墙面有里外两排立杆，单排脚手架仅有外面一排立杆，其小横杆的一端与大横杆（或立杆）相连，另一端搁在墙上（图 4-3）。

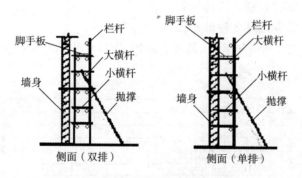

图 4-3 扣件式多立杆钢管脚手架

单排脚手架较双排脚手架节约材料，但由于稳定性较差，且需在墙上留置架眼，故其搭设高度和使用范围受到一定限制。双排脚手架在脚手架的里外侧均设有立杆，稳定性较好，但较单排脚手架费工费料。

4.1.3.2 主要杆件

扣件式多立杆钢管脚手架的主要杆件有立杆、大横杆、小横杆、斜撑、剪刀撑、抛撑等。

(1)立杆：又叫立柱、冲天、竖杆、站杆。

(2)大横杆：又叫牵杠、顺水杆、纵向水平杆。

（3）小横杆：又叫横楞、横担、楞木、排木、横向水平杆，六尺杆。

（4）横向斜撑：与双排脚手架内、外立杆或水平杆斜交呈之字形的斜杆（图4-4）。

（5）剪刀撑：又叫十字撑、十字盖，是设在脚手架外侧交叉成十字的双支斜杆，与地面成45°～60°的夹角（图4-5）。

（6）抛撑：又叫支撑，压栏子，用于脚手架侧面支撑，与脚手架外侧面斜交的杆件。与地面约成60°夹角的斜杆（图4-3）。

4.1.3.3 脚手架形象要求

（1）脚手架使用前，应进行外观检查，不得使用严重锈蚀的钢管，并视钢管防锈蚀情况分别作如下处理。

① 钢管涂层无锈蚀、破损者，宜再涂刷一遍面漆。

② 钢管涂层破损或锈蚀者，其管壁应先除锈，再涂刷两遍防锈底漆，两遍面漆。

根据钢管锈蚀情况，可采用人工除锈、机械除锈等方法，清除钢管表面的灰尘、污垢和锈蚀，露出金属光泽。

（2）根据《安全色》GB 2893要求，在不同的使用场合，脚手架钢管面层分别选用通体黄色、红色和白色、黄色和黑色间隔条纹3种形式。

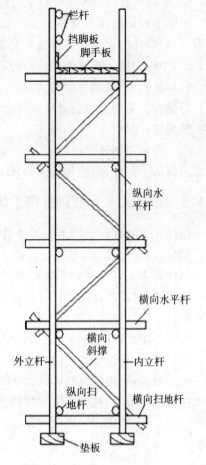

图4-4 斜撑

① 除整体脚手架水平防护管外，其余起防护、隔离作用的水平防护管（如洞口、临边水平防护管等），刷红色和白色间隔条纹，间距600mm。

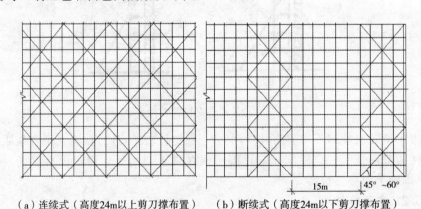

（a）连续式（高度24m以上剪刀撑布置）　（b）断续式（高度24m以下剪刀撑布置）

图4-5 剪刀撑

砌体结构施工

② 脚手架剪刀撑采用黄色和黑色间隔条纹,间距600mm。

③ 其余脚手架管统一刷黄色。

脚手架使用的其他金属件,如悬挑型钢等,要求同脚手架管,但其表面统一刷黄色。

脚手架管等涂刷的面漆,漆膜厚度、颜色宜均匀一致,表面宜光亮、光滑但不耀眼,不宜有脱皮、漏刷、反锈、气泡、流坠、堆积及混色等缺陷。脚手架搭设时应注意使小横杆、大横杆伸出脚手架外立杆的长度保持在100mm之内。

剪刀撑搭设前应进行充分策划,保证搭设的剪刀撑顺直、整齐、美观。

脚手架外网应采用密目式安全立网封闭。多层和高层建筑施工中的临边防护,在防护栏杆外侧也应加设此种立网作防护。

作业层脚手架外侧,沿外层脚手架作业层底部设高度不小于180mm的挡脚板,挡脚板外立面刷黄色和黑色间隔条纹,条纹宽200mm,并向一个方向倾斜60°角。挡脚板应绑扎牢固,平整、顺直、美观。

脚手架搭设完,经验收合格后,应在建筑物的每层,每隔20~30m设脚手架验收合格牌和警示牌。非作业层应设验收合格牌和"未经允许禁止入内、如需使用请与负责人×××联系"提示牌、"禁止入内"禁止标志牌,作业层应设验收合格牌、"使用前安全检查"警告标志牌和"脚手架使用须知"牌。

各种牌子的规格、样式和内容,应按照当地政府有关部门的规定采用。无统一要求时,应按本章附录4-1选用。

搭设的建筑物防护通道入口应悬挂各种提示、警告、禁止标志。至少包括:禁止吸烟、禁止酒后上岗等禁止标志牌,注意安全、当心落物、当心坠落、当心火灾、当心触电等警告标志牌,必须戴安全帽、必须正确使用防护用品等指令标志牌。

4.1.3.4 构造要求

(1)常用单、双排脚手架设计尺寸

常用密目式安全网全封闭单、双排脚手架结构的设计尺寸,可按表4-2、表4-3采用。

表4-2 常用密目式安全网全封闭双排脚手架的设计尺寸(m)

连墙件设置	立杆横距 l_b	步距 h	下列荷载时的立杆纵距 l_a(m)				脚手架允许搭设高度(H)
			2+0.35 (kN/m²)	2+2+2×0.35 (kN/m²)	3+0.35 (kN/m²)	3+2+2×0.35 (kN/m²)	
二步三跨	1.05	1.50	2.0	1.5	1.5	1.5	50
		1.80	1.8	1.5	1.5	1.5	32
	1.30	1.50	1.8	1.5	1.5	1.5	50
		1.80	1.8	1.2	1.5	1.2	30
	1.55	1.50	1.8	1.5	1.5	1.5	38
		1.80	1.8	1.2	1.5	1.2	22

连墙件设置	立杆横距 l_b	步距 h	下列荷载时的立杆纵距 l_a(m)				脚手架允许搭设高度(H)
			2+0.35 (kN/m²)	2+2+2×0.35 (kN/m²)	3+0.35 (kN/m²)	3+2+2×0.35 (kN/m²)	
三步三跨	1.05	1.50	2.0	1.5	1.5	1.5	43
		1.80	1.8	1.2	1.5	1.2	24
	1.30	1.50	1.8	1.5	1.5	1.2	30
		1.80	1.8	1.2	1.5	1.2	17

注：①表中所示 2+2+2×0.35(kN/m²)，包括下列荷载：2+2(kN/m²)是二层装修作业层施工荷载标准值；2×0.35(kN/m²)为二层作业层脚手板自重荷载标准值

② 作业层横向水平杆间距，应不大于 $l_a/2$ 设置。

③ 地面粗糙度为 B 类，基本风压 $W_0=0.4\text{kN/m}^2$。

表 4-3　常用密目式安全立网全封闭式单排脚手架的设计尺寸(m)

连墙件设置	立杆横距 l_b	步距 h	下列荷载时的立杆纵距 l_a(m)		脚手架允许搭设高度(H)
			3+4×0.35 (kN/m²)	3+2+4×0.35 (kN/m²)	
二步三跨	1.20	1.50	2.0	1.8	24
		1.80	1.5	1.2	24
	1.40	1.50	1.8	1.5	24
		1.80	1.5	1.2	24
三步三跨	1.20	1.50	2.0	1.8	24
		1.80	1.2	1.2	24
	1.40	1.50	1.8	1.5	24
		1.80	1.2	1.2	24

注：同表 4-2。

单排脚手架搭设高度不应超过 24m；双排脚手架搭设高度不宜超过 50m，高度超过 50m 的双排脚手架，应采用分段搭设等措施。

（2）立杆

① 每根立杆底部应设置底座或垫板。

② 脚手架必须设置纵、横向扫地杆。纵向扫地杆应采用直角扣件固定在距钢管底端不大于 200mm 处的立杆上。横向扫地杆应采用直角扣件固定在紧靠纵向扫地杆下方的立杆上。

③ 脚手架立杆基础不在同一高度上时，必须将高处的纵向扫地杆向低处延长两跨与立杆固定，高低差不应大于 1m。靠边坡上方的立杆轴线到边坡的距离不应小于 500mm（图 4-6）。

④ 单、双排脚手架底层步距均不应大于 2m。

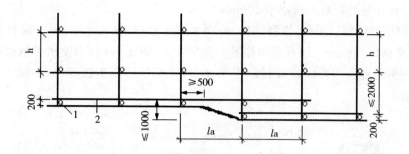

图 4-6 纵、横向扫地杆构造

1—横向扫地杆；2—纵向扫地杆

⑤ 单排、双排与满堂脚手架立杆接长除顶层顶步外，其余各层各步接头必须采用对接扣件连接。

⑥ 脚手架立杆的对接、搭接应符合下列规定：

A. 当立杆采用对接接长时，立杆的对接扣件应交错布置，两根相邻立杆的接头不应设置在同步内，同步内隔一根立杆的两个相隔接头在高度方向错开的距离不宜小于 500mm；各接头中心至主节点的距离不宜大于步距的 1/3。

B. 当立杆采用搭接接长时，搭接长度不应小于 1m，并应采用不少于 2 个旋转扣件固定。端部扣件盖板的边缘至杆端距离不应小于 100mm。

⑦ 脚手架立杆顶端栏杆宜高出女儿墙上端 1m，宜高出檐口上端 1.5m。

(3)纵向水平杆(大横杆)的构造规定

① 纵向水平杆应设置在立杆内侧，单根杆长度不应小于 3 跨。

② 纵向水平杆接长应采用对接扣件连接或搭接，并应符合下列规定：

A. 两根相邻纵向水平杆的接头不应设置在同步或同跨内；不同步或不同跨两个相邻接头在水平方向错开的距离不应小于 500mm；各接头中心至最近主节点的距离不应大于纵距的 1/3(图 4-7)。

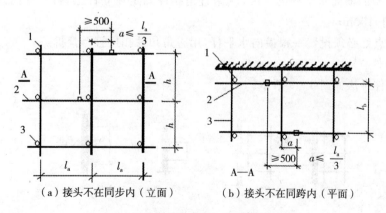

（a）接头不在同步内（立面）   （b）接头不在同跨内（平面）

图 4-7 纵向水平杆对接接头布置

1—立杆；2—纵向水平杆；3—横向水平杆

B. 搭接长度不应小于 1m，应等间距设置 3 个旋转扣件固定；端部扣件盖板边缘至搭接纵向水平杆杆端的距离不应小于100mm。

③ 当使用冲压钢脚手板、木脚手板、竹串片脚手板时，纵向水平杆（大横杆）应作为横向水平杆（小横杆）的支座，用直角扣件固定在立杆上（图4-8a）；当使用竹笆脚手板时，纵向水平杆应采用直角扣件固定在横向水平杆上，并应等间距布置，间距不应大于400mm（图4-8b）。

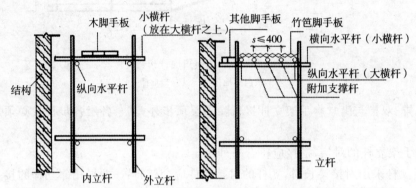

（a）铺木脚手板时纵向水平杆与立杆紧扣（b）铺竹笆脚手板时纵向水平杆与立杆紧扣

图4-8 纵向水平杆与立杆紧扣

（4）横向水平杆（小横杆）的构造规定

① 横向水平杆（小横杆）的构造应符合下列规定：

A. 作业层上非主节点处的横向水平杆，宜根据支承脚手板的需要等间距设置，最大间距不应大于纵距的1/2。

B. 当使用冲压钢脚手板、木脚手板、竹串片脚手板时，双排脚手架的横向水平杆两端均应采用直角扣件固定在纵向水平杆上；单排脚手架的横向水平杆的一端应用直角扣件固定在纵向水平杆上，另一端应插入墙内，插入长度不应小于180mm。

C. 当使用竹笆脚手板时，双排脚手架的横向水平杆的两端，应用直角扣件固定在立杆上；单排脚手架的横向水平杆的一端，应用直角扣件固定在立杆上，另一端插入墙内，插入长度不应小于180mm。

② 主节点处必须设置一根横向水平杆，用直角扣件扣接且严禁拆除。

（5）连墙件

① 连墙件做法如图4-9所示。

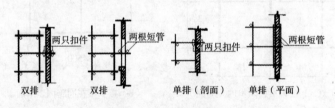

图4-9 连墙件做法

② 脚手架连墙件设置的位置、数量应按专项施工方案确定。

③ 脚手架连墙件数量的设置除应满足《建筑施工扣件式钢管脚手架安全技术规范》

(JGJ130)的计算要求外,还应符合表4-4的规定。

表4-4 连墙件布置最大间距

脚手架的高度		竖向间距(h)	水平间距(l_a)	每根连墙件覆盖面积(m^2)
双排落地	≤50m	3	$3l_a$	≤40
双排悬挑	>50m	2	$3l_a$	≤27
单排	≤24m	3	$3l_a$	≤40

注:h—步距;l_a—纵距。

④ 连墙件的布置应符合下列规定:

A. 应靠近主节点设置,偏离主节点的距离不应大于300mm;

B. 应从底层第一步纵向水平杆处开始设置,当该处设置有困难时,应采用其他可靠措施固定;

C. 应优先采用菱形布置,或采用方形、矩形布置。

⑤ 开口型脚手架的两端必须设置连墙件,连墙件的垂直间距不应大于建筑物的层高,并且不应大于4m。

⑥ 连墙件中的连墙杆应呈水平设置,当不能水平设置时,应向脚手架一端下斜连接。

⑦ 连墙件必须采用可承受拉力和压力的构造。对高度24m以上的双排脚手架,应采用刚性连墙件与建筑物连接。

⑧ 当脚手架下部暂不能设连墙件时应采取防倾覆措施。当搭设抛撑时,抛撑应采用通长杆件,并用旋转扣件固定在脚手架上,与地面的倾角应在45°～60°之间;连接点中心至主节点的距离不应大于300mm。抛撑应在连墙件搭设后再拆除。

⑨ 架高超过40m且有风涡流作用时,应采取抗上升翻流作用的连墙措施。

(6)剪刀撑与横向斜撑

双排脚手架应设剪刀撑与横向斜撑,单排脚手架应设剪刀撑。

① 剪刀撑

A. 单、双排脚手架剪刀撑的设置规定

a. 每道剪刀撑跨越立杆的根数应按表4-5的规定确定。每道剪刀撑宽度不应小于4跨,且不应小于6m,斜杆与地面的倾角应在45°～60°之间。

表4-5 剪刀撑跨越立杆的最多根数

剪刀撑斜杆与地面的倾角 α	45°	50°	60°
剪刀撑跨越立杆的最多根数 n	7	6	5

b. 剪刀撑斜杆的接长应采用搭接或对接,搭接应符合本节第4.1.3.4条第(2)、⑥B款的规定;

c. 剪刀撑斜杆应用旋转扣件固定在与之相交的横向水平杆的伸出端或立杆上,旋转扣件中心线至主节点的距离不应大于150mm。

B. 高度在24m及以上的双排脚手架应在外侧全立面连续设置剪刀撑(图4-5a);高度在24m以下的单、双排脚手架,均必须在外侧两端、转角及中间间隔不超过15m的立面上,各设置一道剪刀撑,并应由底至顶连续设置(图4-5b)。

② 双排脚手架横向斜撑

A. 双排脚手架横向斜撑的设置规定

a. 横向斜撑应在同一节间,由底至顶层呈之字形连续布置,斜撑的固定应符合本节第4.1.3.4条第(9)、②B款的规定;

b. 高度在24m以下的封闭型双排脚手架可不设横向斜撑,高度在24m以上的封闭型脚手架,除拐角应设置横向斜撑外,中间应每隔6跨距设置一道。

B. 开口型双排脚手架的两端均必须设置横向斜撑。

(7)抛撑

① 当脚手架下部暂不能设连墙杆时可搭设抛撑。

② 抛撑应采用通长杆件与脚手架可靠连接,与地面的倾角应在45°~60°之间;

③ 连接点中心至主节点的距离不应大于300mm。

④ 抛撑应在连墙杆搭设后方可拆除。

(8)脚手板

① 作业层脚手板应铺满、铺稳、铺实,离开墙面120~150mm。

② 冲压钢脚手板、木脚手板、竹串片脚手板等,应设置在三根横向水平杆上。当脚手板长度小于2m时,可采用两根横向水平杆支承,但应将脚手板两端与横向水平杆可靠固定,严防倾翻。

脚手板的铺设应采用对接平铺或搭接铺设。脚手板对接平铺时,接头处应设两根横向水平杆,脚手板外伸长度应取130~150mm,两块脚手板外伸长度的和不应大于300mm(图4-10a);脚手板搭接铺设时,接头应支在横向水平杆上,搭接长度不应小于200mm,其伸出横向水平杆的长度不应小于100mm(图4-10b)。

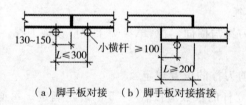

（a）脚手板对接　　（b）脚手板对接搭接

图4-10　脚手板对接、搭接构造

③ 竹笆脚手板应按其主竹筋垂直于纵向水平杆方向铺设,且应对接平铺,四个角应用直径不小于1.2mm的镀锌钢丝固定在纵向水平杆上。

④ 作业层端部脚手板探头长度应取150mm,其板的两端均应固定于支撑杆件上。

(9)遇到门窗洞口时的搭设方法

① 单、双排脚手架门洞宜采用上升斜杆、平行弦杆桁架结构形式(图4-11),斜杆与地面的倾角应在45°~60°之间。门洞桁架的型式宜按下列要求确定。

A. 当步距(h)小于纵距(l_a)时,应采用A型;

B. 当步距(h)大于纵距(l_a)时,应采用B型,并应符合下列规定:

$h=1.8\mathrm{m}$,纵距不应大于 1.5m;

$h=2.0\mathrm{m}$,纵距不应大于 1.2m。

② 单、双排脚手架门洞桁架的构造规定

单、双排脚手架门洞桁架的构造应符合下列规定:

A. 单排脚手架门洞处,应在平面桁架(图 4-11 中 A、B、C、D)的每一节间设置一根斜腹杆;双排脚手架门洞处的空间桁架,除下弦平面外,应在其余 5 个平面内的图示节间设置一根斜腹杆(图 4-11 中 1—1、2—2、3—3 剖面)。

B. 斜腹杆宜采用旋转扣件固定在与之相交的横向水平杆的伸出端上,旋转扣件中心线至主节点的距离不宜大于 150mm。当斜腹杆在 1 跨内跨越 2 个步距(图 4-11A 型)时,宜在相交的纵向水平杆处,增设一根横向水平杆,将斜腹杆固定在其伸出端上。

C. 斜腹杆宜采用通长杆件,当必须接长使用时,宜采用对接扣件连接,也可采用搭接,搭接长度不小于 1m,应采用不少于 2 个旋转扣件固定,端部扣件盖板的边缘至杆端距离不应小于 100mm。

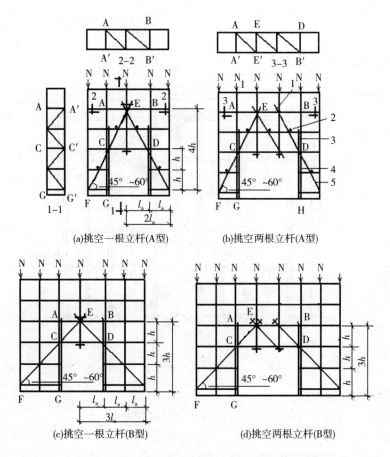

图 4-11　门洞处上升斜杆、平行弦杆桁架

1—防滑扣件;2—增设的横向水平杆;3—副立杆;4—主立杆;5—斜杆

③ 单排脚手架过窗洞时应增设立杆或增设一根纵向水平杆(图 4-12)。

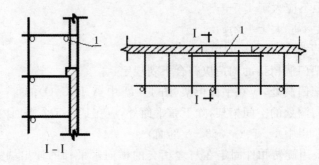

图 4-12 单排脚手架过窗洞构造
1—增设的纵向水平杆

④ 门洞桁架下的两侧立杆应为双管立杆,副立杆高度应高于门洞口 1～2 步。

⑤ 门洞桁架中伸出上下弦杆的杆件端头,均应增设一个防滑扣件(图 4-11),该扣件宜紧靠主节点处的扣件。

4.1.4 斜道

架体应设置供人员和材料上下的专用通道(图 4-13)。

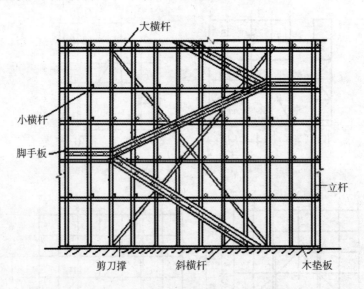

图 4-13 外脚手架中的斜道示意图

4.1.4.1 设置要求

人行并兼作材料运输的斜道的型式宜按下列要求确定:

(1)高度不大于 6m 的脚手架,宜采用一字型斜道;

(2)高度大于 6m 的脚手架,宜采用之字型斜道。

4.1.4.2 斜道的构造规定

(1)斜道应附着外脚手架或建筑物设置。

(2)运料斜道宽度不应小于 1.5m,坡度不应大于 1:6;人行斜道宽度不应小于 1m,坡度不应大于1：3。

（3）拐弯处应设置平台，其宽度不应小于斜道宽度。

（4）斜道两侧及平台外围均应设置栏杆及挡脚板。栏杆高度应为1.2m，挡脚板高度不应小于180mm。

（5）运料斜道两端、平台外围和端部均应按本节第4.1.3.4条第（5）、①～⑥款的规定设置连墙件；每两步应加设水平斜杆；应按本节第4.1.3.4条第（6）款的规定设置剪刀撑和横向斜撑。

4.1.4.3 斜道脚手板构造规定

斜道脚手板构造应符合下列规定：

（1）脚手板横铺时，应在横向水平杆下增设纵向支托杆，纵向支托杆间距不应大于500mm；

（2）脚手板顺铺时，接头应采用搭接，下面的板头应压住上面的板头，板头的凸棱处应采用三角木填顺；

（3）人行斜道和运料斜道的脚手板上应每隔250～300mm设置一根防滑木条，木条厚度宜为20～30mm。

4.1.5 满堂脚手架

满堂脚手架又称作满堂红脚手架，满堂脚手架定义为在纵、横方向，由不少于三排立杆并与水平杆、水平剪刀撑、竖向剪刀撑、扣件等构成的脚手架（图4-14）。该架体顶部作业层施工荷载通过水平杆传递给立杆，顶部立杆呈偏心受压状态。

图4-14 满堂脚手架

满堂脚手架主要用于单层厂房、展览大厅、体育馆等层高、开间较大的建筑顶部的装饰施工。由立杆、横杆、斜撑、剪刀撑等组成。

(1)常用敞开式满堂脚手架结构的设计尺寸(表 4-6)。

表 4-6 常用敞开式满堂脚手架结构的设计尺寸

序号	步距(m)	立杆间距(m)	支架高宽比不大于	下列施工荷载时最大允许高度(m)	
				2(kN/m²)	3(kN/m²)
1	1.7~1.8	1.2×1.2	2	17	9
2		1.0×1.0	2	30	24
3		0.9×0.9	2	36	36
4	1.5	1.3×1.3	2	18	9
5		1.2×1.2	2	23	16
6		1.0×1.0	2	36	31
7		0.9×0.9	2	36	36
8	1.2	1.3×1.3	2	20	13
9		1.2×1.2	2	24	19
10		1.0×1.0	2	36	32
11		0.9×0.9	2	36	36
12	0.9	1.0×1.0	2	36	33
13		0.9×0.9	2	36	36

注:①最少跨数应符合附录 4-2 表 4-2-1 规定。

② 脚手板自重标准值取 0.35kN/m²。

③ 地面粗糙度为 B 类,基本风压 $W=0.35$kN/m²。

④ 立杆间距不小于 1.2m×1.2m,施工荷载标准值不小于 3kN/m² 时,立杆上应增设防滑扣件,防滑扣件应安装牢固,且顶紧立杆与水平杆连接的扣件。

(2)满堂脚手架搭设高度不宜超过 36m;满堂脚手架施工层不得超过 1 层。

(3)满堂脚手架立杆的构造应符合第 4.1.3.4 条第(2)、①~③款的规定;立杆接长接头必须采用对接扣件连接,立杆对接扣件布置应符合第 4.1.3.4 条第(2)、⑥A 款的规定。水平杆的连接应符合第 4.1.3.4 条第(3)、②款的规定,水平杆长度不宜小于 3 跨。

(4)满堂脚手架应在架体外侧四周及内部纵、横向每 6m 至 8m 由底至顶设置连续竖向剪刀撑。当架体搭设高度在 8m 以下时,应在架顶部设置连续水平剪刀撑;当架体搭设高度在 8m 及以上时,应在架体底部、顶部及竖向间隔不超过 8m 分别设置连续水平剪刀撑。水平剪刀撑宜在竖向剪刀撑斜杆相交平面设置。剪刀撑宽度应为 6~8m。

(5)剪刀撑应用旋转扣件固定在与之相交的水平杆或立杆上,旋转扣件中心线至主节点的距离不宜大于 150mm。

(6)满堂脚手架的高宽比不宜大于 3,当高宽比大于 2 时,应在架体的外侧四周和内部水平间隔 6~9m,竖向间隔 4~6m 设置连墙件与建筑结构拉结,当无法设置连墙件时,应采取设置钢丝绳张拉固定等措施。

(7)最少跨数为 2、3 跨的满堂脚手架,宜按第 4.1.3.4 条第(5)款规定设置连墙件。

(8)当满堂脚手架局部承受集中荷载时,应按实际荷载计算并应局部加固。

(9)满堂脚手架应设爬梯,爬梯踏步间距不得大于 300mm。

(10)满堂脚手架操作层支撑脚手板的水平杆间距不应大于 1/2 跨距;脚手板的铺设应符合第 4.1.3.4 条第(8)款规定。

4.1.6 型钢悬挑脚手架

(1)一次悬挑脚手架高度不宜超过 20m。

(2)型钢悬挑梁宜采用双轴对称截面的型钢。悬挑钢梁型号及锚固件应按设计确定,钢梁截面高度不应小于 160mm。悬挑梁尾端应在两处及以上固定于钢筋混凝土梁板结构上。锚固型钢悬挑梁的 U 型钢筋拉环或锚固螺栓直径不宜小于 16m(图 4-15)。

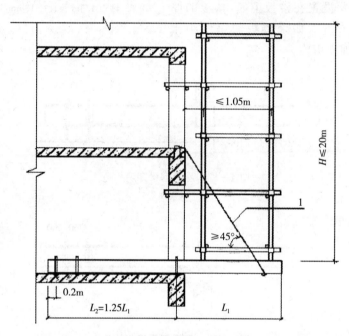

图 4-15 型钢悬挑脚手架构造
1—钢丝绳或钢拉杆

(3)用于锚固的 U 型钢筋拉环或螺栓应采用冷弯成型。

U 型钢筋拉环、锚固螺栓与型钢间隙应用钢楔或硬木楔楔紧。

(4)每个型钢悬挑梁外端宜设置钢丝绳或钢拉杆与上一层建筑结构斜拉结。钢丝绳、钢拉杆不参与悬挑钢梁受力计算;钢丝绳与建筑结构拉结的吊环应使用 HPB235 级钢筋,其直径不宜小于 20mm,吊环预埋锚固长度应符合现行国家标准《混凝土结构设计规范》GB 50010 中钢筋锚固的规定(图 4-15)。

(5)悬挑钢梁悬挑长度应按设计确定,固定段长度不应小于悬挑段长度的 1.25 倍。型钢悬挑梁固定端应采用 2 个(对)及以上 U 型钢筋拉环或锚固螺栓与建筑结构梁板固定,U 型钢筋拉环或锚固螺栓应预埋至混凝土梁、板底层钢筋位置,并应与混凝土梁、板底层钢筋焊接或绑扎牢固,其锚固长度应符合现行国家标准《混凝土结构设计规范》GB

50010 中钢筋锚固的规定(图 4 - 16、图 4 -
17、图 4 - 18)。

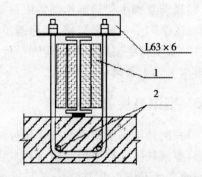

图 4 - 16　悬挑钢梁 U 型螺栓固定构造
1—木楔侧向楔紧;
2—两根 1.5m 长直径 18mmHRB335 钢筋

(6)当型钢悬挑梁与建筑结构采用螺栓钢
压板连接固定时,钢压板尺寸不应小于
100mm×10mm(宽×厚);当采用螺栓角钢压
板连接时,角钢的规格不应小于 63mm ×
63mm×6mm。

(7)型钢悬挑梁悬挑端应设置能使脚手架
立杆与钢梁可靠固定的定位点,定位点离悬挑
梁端部不应小于 100mm。

(8)锚固位置设置在楼板上时,楼板的厚
度不宜小于 120mm。如果楼板的厚度小于
120mm 应采取加固措施。

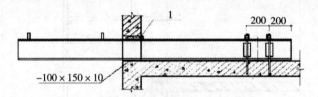

图 4 - 17　悬挑钢梁穿墙构造
1—木楔楔紧

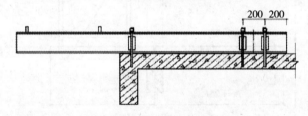

图 4 - 18　悬挑钢梁楼面构造

(9)悬挑梁间距应按悬挑架架体立杆纵距设置,每一纵距设置一根。

(10)悬挑架的外立面剪刀撑应自下而上连续设置。剪刀撑设置应符合本节第
4.1.3.4 条第(6)①B 款、第 4.1.3.4 条第(6)②B 款的规定。

(11)连墙件设置应符合本节第 4.1.3.4 条第(5)款的规定。

(12)锚固型钢的主体结构混凝土强度等级不得低于 C20。

4.1.7　施工

4.1.7.1　施工准备

1)技术准备

(1)根据现场情况、结构情况提出脚手架的选用方案;

(2)进行脚手架设计,完成相关图纸;

(3)编制详细的脚手架专项施工方案;

(4)编制安全作业指导书,对操作工人进行岗前培训及安全教育。

2)材料准备

(1)扣件用脚手架钢管应采用GB/T 3091中公称外径为48.3mm的普通钢管,其公称外径、壁厚的允许偏差及力学性能应符合GB/T 3091的规定。

(2)采用可锻铸铁制造的扣件。

(3)脚手板可采用钢、木、竹材料制作。

(4)连墙杆的材质可选用钢筋、钢管。

(5)应按规定和脚手架专项施工方案要求对钢管、扣件、脚手板、可调托撑等进行检查验收,不合格产品不得使用。

(6)经检验合格的构配件应按品种、规格分类,堆放整齐、平稳,堆放场地不得有积水。

3)机具设备

(1)垂直运输设备:塔吊、人货电梯、施工井架。

(2)搭设工具:活动扳手、力矩扳手。

(3)检测工具:钢板尺、游标卡尺、水平尺、角尺、卷尺、扭力扳手。

4)作业条件

(1)脚手架的地基必须处理好,且要符合施工组织设计的要求;

(2)应清除搭设场地杂物,平整搭设场地,并应使排水畅通;

(3)脚手架施工组织设计已审批。

4.1.7.2　地基与基础

(1)脚手架地基与基础的施工,应根据脚手架所受荷载、搭设高度、搭设场地土质情况与现行国家标准《建筑地基基础工程施工质量验收规范》GB 50202的有关规定进行。

(2)压实填土地基应符合现行国家标准《建筑地基基础设计规范》GB 50007的相关规定;灰土地基应符合现行国家标准《建筑地基基础工程施工质量验收规范》GB 50202的相关规定。

(3)立杆垫板或底座底面标高宜高于自然地坪50~100mm。

(4)脚手架基础经验收合格后,应按施工组织设计或专项方案的要求放线定位。

4.1.7.3　脚手架的搭设

1)工艺流程

在牢固的地基弹线、立杆定位→摆放扫地杆→竖立杆并与扫地杆扣紧→装扫地小横杆,并与立杆和扫地杆扣紧→装第一步大横杆并与各立杆扣紧→安第一步小横杆→安第二步大横杆→安第二步小横杆→加设临时斜撑杆,上端与第二步大横杆扣紧(装设连墙件后拆除)→安第三、四步大横杆和小横杆→安装连墙件→接立杆→加设剪刀撑→铺设脚手板、绑扎防护及挡脚板、立挂安全网。

2)操作要点

(1)单、双排脚手架必须配合施工进度搭设,一次搭设高度不应超过相邻连墙件以上两步;如果超过相邻连墙件以上两步,无法设置连墙件时,应采取撑拉固定等措施与建筑结构拉结。

(2)每搭完一步脚手架后,应按表4-7的规定校正步距、纵距、横距及立杆的垂直度。

表 4-7 脚手架搭设的技术要求、允许偏差与检验方法

项次	项目		技术要求	允许偏差（mm）	示意图	检查方法与工具
1	地基基础	表面	坚实平整	—	—	观察
		排水	不积水			
		垫板	不晃动			
		底座	不滑动			
			不沉降	−10		

| 2 | 单、双排与满堂脚手架立杆垂直度 | 最后验收垂直度 20～50m | — | ±100 | | 用经纬仪或吊线和卷尺 |

脚手架允许水平偏差（mm）			
搭设中检查偏差的高度（m）	总高度		
	50m	40m	20m
H=2	±7	±7	±7
H=10	±20	±25	±50
H=20	±40	±50	±100
H=30	±60	±75	
H=40	±80	±100	
H=50	±100		
中间档次用插入法			

| 3 | 满堂支撑架立杆垂直度 | 最后验收垂直度 30m | — | ±90 |

下列满堂支撑架允许水平偏差（mm）
搭设中检查偏差的高度（m） / 总高度
30m
H=2　±7
H=10　±30
H=20　±60
H=30　±90
中间档次用插入法

砌体结构施工

（续表）

项次	项目		技术要求	允许偏差（mm）	示意图	检查方法与工具
4	单双排、满堂脚手架间距	步距	——	±20	——	钢板尺
		纵距		±50		
		横距		±20		
5	满堂支撑架间距	步距		±20		钢板尺
		立杆间距		±30		
6	纵向水平杆高差	一根杆的两端	—	±20	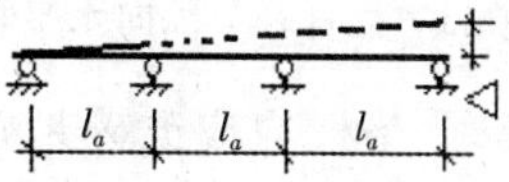	水平仪或水平尺
		同跨内两根纵向水平杆高差	—	±10	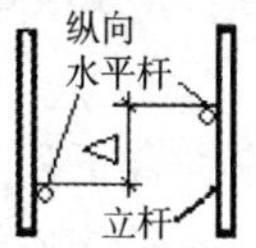	
7	剪刀撑斜杆与地面的倾角		45°～60°			角尺
8	脚手板外伸长度	对接	$a=130\sim150mm$ $l\leqslant300mm$	—	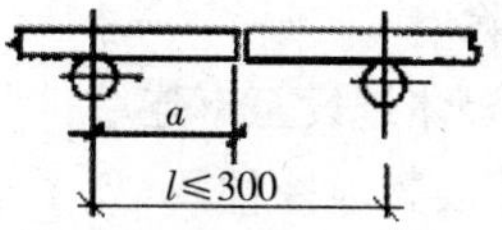	卷尺
		搭接	$a\geqslant100mm$ $l\geqslant200mm$	—	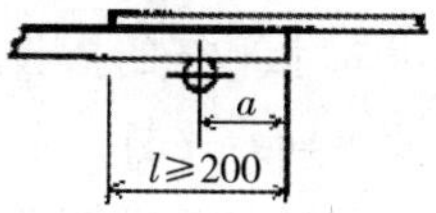	卷尺
9	扣件安装	主节点处各扣件中心点相互距离	$a\leqslant150mm$	—	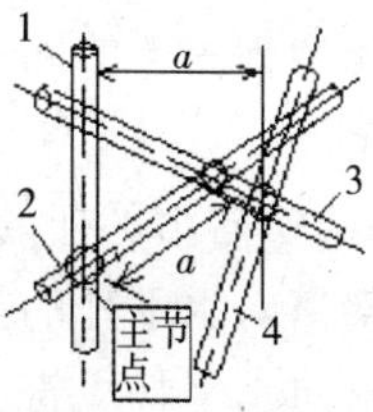	钢板尺
		同步立杆上两个相隔对接扣件的高差	$a\geqslant500mm$	—	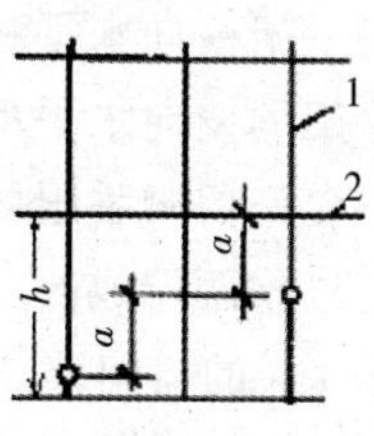	钢卷尺
		立杆上的对接扣件至主节点的距离	$a\leqslant h/3$	—		

4 砌筑用脚手架

项次	项目	技术要求	允许偏差（mm）	示意图	检查方法与工具
9	扣件安装	纵向水平杆上的对接扣件至主节点的距离 $a \leqslant l_a/3$	—		钢卷尺
		扣件螺栓杆拧紧扭力矩 40～65N·m	—		扭力扳手

注：图中：1—立杆；2—纵向水平杆；3—横向水平杆；4—剪刀撑

（3）底座、垫板均应准确地放在定位线上；垫板应采用长度不少于 2 跨、厚度不小于 50mm、宽度不小 200mm 的木垫板。

（4）立杆搭设

立杆搭设应符合下列规定：

①相邻立杆的对接连接应符合本节第 4.1.3.4 条第（2）⑥款的规定；

②脚手架开始搭设立杆时，应每隔 6 跨设置一根抛撑，直至连墙件安装稳定后，方可根据情况拆除；

③当架体搭设至有连墙件的主节点时，在搭设完该处的立杆、纵向水平杆、横向水平杆后，应立即设置连墙件。

（5）脚手架纵向水平杆的搭设

脚手架纵向水平杆的搭设应符合下列规定：

①脚手架纵向水平杆应随立杆按步搭设，并应采用直角扣件与立杆固定；

②纵向水平杆的搭设应符合本节第 4.1.3.4 条第（3）款的规定；

③在封闭型脚手架的同一步中，纵向水平杆应四周交圈设置，并应用直角扣件与内外角部立杆固定。

（6）脚手架横向水平杆的搭设

①脚手架横向水平杆的搭设应符合下列规定：

②搭设横向水平杆应符合本节第 4.1.3.4 条第（4）①款的规定；

③双排脚手架横向水平杆的靠墙一端至墙装饰面的距离不应大于 100mm；

单排脚手架的横向水平杆不应设置在下列部位：

设计上不允许留脚手眼的部位；

过梁上与过梁两端成 60°角的三角形范围内及过梁净跨度 1/2 的高度范围内；

宽度小于 1m 的窗间墙；

梁或梁垫下及其两侧各 500mm 的范围内；

砖砌体的门窗洞口两侧 200mm 和转角处 450mm 的范围内，其他砌体的门窗洞口两侧 300mm 和转角处 600mm 的范围内；

墙体厚度小于或等于 180mm；

独立或附墙砖柱，空斗砖墙、加气块墙等轻质墙体；

砌筑砂浆强度等级小于或等于 M2.5 的砖墙。

（7）脚手架纵向、横向扫地杆搭设应符合本节第 4.1.3.4 条第(2)②款、第(2)③款的规定。

（8）脚手架连墙件安装应符合下列规定：

①连墙件的安装应随脚手架搭设同步进行，不得滞后安装；

②当单、双排脚手架施工操作层高出相邻连墙件以上两步时，应采取确保脚手架稳定的临时拉结措施，直到上一层连墙件安装完毕后再根据情况拆除。

（9）脚手架剪刀撑与单、双排脚手架横向斜撑应随立杆、纵向和横向水平杆等同步搭设，不得滞后安装。

（10）脚手架门洞搭设应符合本节第 4.1.3.4 条第(9)款的规定。

（11）扣件安装

扣件安装应符合下列规定：

①扣件规格应与钢管外径相同；

②螺栓拧紧扭力矩不应小于 40N·m，且不应大于 65N·m；

③在主节点处固定横向水平杆、纵向水平杆、剪刀撑、横向斜撑等用的直角扣件、旋转扣件的中心点的相互距离不应大于 150mm；

④对接扣件开口应朝上或朝内；

⑤各杆件端头伸出扣件盖板边缘的长度不应小于 100mm。

（12）作业层、斜道的栏杆和挡脚板的搭设应符合下列规定（图 4-19）：

①栏杆和挡脚板均应搭设在外立杆的内侧；

②上栏杆上皮高度应为 1.2m；

③挡脚板高度不应小于 180mm；

④中栏杆应居中设置。

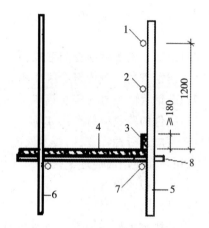

图 4-19　栏杆与挡脚板构造

1—上栏杆；2—中栏杆；3—挡脚板；
4—脚手板；5—外立杆；6—里立杆；
7—纵向水平杆；8—横向水平杆

（13）脚手板的铺设

①脚手板应铺满、铺稳，离墙面的距离不应大于 150mm；

②采用对接或搭接时均应符合本节第 4.1.3.4 条第(8)款的规定；脚手板探头应用直径 3.2mm 的镀锌钢丝固定在支承杆件上；

③在拐角、斜道平台口处的脚手板，应用镀锌钢丝固定在横向水平杆上，防止滑动。

4.1.7.4　脚手架的拆除

（1）脚手架拆除应按专项方案施工，拆除前应做好下列准备工作：

①应全面检查脚手架的扣件连接、连墙件、支撑体系等是否符合构造要求；

②应根据检查结果补充完善脚手架专项方案中的拆除顺序和措施，经审批后方可实施；

③拆除前应对施工人员进行交底；

④应清除脚手架上杂物及地面障碍物。

（2）单、双排脚手架拆除作业必须由上而下逐层进行，严禁上下同时作业；连墙件必须随脚手架逐层拆除，严禁先将连墙件整层或数层拆除后再拆脚手架；分段拆除高差大于两步时，应增设连墙件加固。

（3）当脚手架拆至下部最后一根长立杆的高度（约 6.5m）时，应先在适当位置搭设临时抛撑加固后，再拆除连墙件。当单、双排脚手架采取分段、分立面拆除时，对不拆除的脚手架两端，应先按本节第 4.1.3.4 条第（5）⑤款、第 4.1.3.4 条第（6）②款的规定设置连墙件和横向斜撑加固。

（4）架体拆除作业应设专人指挥，当有多人同时操作时，应明确分工、统一行动，且应具有足够的操作面。

（5）卸料时各构配件严禁抛掷至地面。

（6）运至地面的构配件应按本节有关规定及时检查、整修与保养，并应按品种、规格分别存放。

4.1.8 检查与验收

4.1.8.1 构配件检查与验收

（1）新钢管的检查应符合第 4.1.2.1 条第（4）①款的规定。

（2）旧钢管的检查应符合第 4.1.2.1 条第（4）②款的规定。

（3）扣件的验收应符合第 4.1.2.2 条第（8）款的规定。扣件进入施工现场应检查产品合格证，并应进行抽样复试，技术性能应符合现行国家标准《钢管脚手架扣件》GB 15831 的规定。扣件在使用前应逐个挑选，有裂缝、变形、螺栓出现滑丝的严禁使用。

（4）脚手板的检查

脚手板的检查应符合第 4.1.2.3 条第（5）款的规定。

（5）悬挑脚手架用型钢的质量应符合本节第 4.1.2.4 条的规定，并应符合现行国家标准《钢结构工程施工质量验收规范》GB 50205 的有关规定。

（6）构配件的偏差应符合表 4-1 的规定。

4.1.8.2 脚手架检查与验收

（1）脚手架及其地基基础应在下列阶段进行检查与验收：

①基础完工后及脚手架搭设前；

②作业层上施加荷载前；

③每搭设完 6～8m 高度后；

④达到设计高度后；

⑤遇有六级大风与大雨后；冻结地区开冻后；

⑥用超过一个月。

（2）脚手架检查依据的文件

进行脚手架检查、验收时应根据下列技术文件：

①本节第 4.1.8.2 条第（3）～（5）款的规定；

②专项施工方案及变更文件；

③技术交底文件。

④构配件质量检查表(《建筑施工扣件式钢管脚手架安全技术规范》JGJ 130 附录 D,表 D)。

(3)脚手架使用中,应定期检查下列项目:

①杆件的设置和连接,连墙件、支撑、门洞桁架等的构造应符合《建筑施工扣件式钢管脚手架安全技术规范》JGJ 130 和专项施工方案的要求;

②地基应无积水,底座应无松动,立杆应无悬空;

③扣件螺栓应无松动;

④高度在 24m 以上的双排、满堂脚手架,其立杆的沉降与垂直度的偏差应符合本节表 4-7 项次 1、2 的规定;高度在 20m 以上的满堂支撑架,其立杆的沉降与垂直度的偏差应符合本节表 4-7 项次 1、3 的规定;

⑤安全防护措施应符合《建筑施工扣件式钢管脚手架安全技术规范》JGJ 130 要求;

⑥应无超载使用。

(4)脚手架搭设的技术要求、允许偏差与检验方法应符合表 4-7 的规定。

(5)安装后的扣件螺栓拧紧扭力矩应采用扭力扳手检查,抽样方法应按随机分布原则进行。抽样检查数目与质量判定标准,应按表 4-8 的规定确定。不合格的必须重新拧紧,直至合格为止。

表 4-8　扣件拧紧抽样检查数目及质量判定标准

项次	检查项目	安装扣件数量(个)	抽检数量(个)	允许的不合格数
1	连接立杆与纵(横)向水平杆或剪刀撑的扣件;接长立杆、纵向水平杆或剪刀撑的扣件	51～90	5	0
		11～150	8	1
		151～280	13	1
		2851～500	20	2
		501～1200	32	3
		1201～3200	50	5
2	连接横向水平杆与纵向水平杆的扣件;(非主节点)	51～90	5	1
		11～150	8	2
		151～280	13	3
		2851～500	20	5
		501～1200	32	7
		1201～3200	50	10

4.1.9　安全管理

(1)扣件式钢管脚手架安装与拆除人员必须是经考核合格的专业架子工。架子工应持证上岗。

(2)搭拆脚手架人员必须戴安全帽、系安全带、穿防滑鞋。

(3)脚手架的构配件质量与搭设质量,应按本节第 4.1.8 条的规定进行检查验收,并应确认合格后使用。

（4）钢管上严禁打孔。

（5）作业层上的施工荷载应符合设计要求，不得超载。不得将模板支架、缆风绳、泵送混凝土和砂浆的输送管等固定在架体上；严禁悬挂起重设备，严禁拆除或移动架体上安全防护设施。

（6）满堂支撑架在使用过程中，应设有专人监护施工，当出现异常情况时，应立即停止施工，并应迅速撤离作业面上人员。应在采取确保安全的措施后，查明原因、做出判断和处理。

（7）满堂支撑架顶部的实际荷载不得超过设计规定。

（8）当有六级强风及以上风、浓雾、雨或雪天气时应停止脚手架搭设与拆除作业。雨、雪后上架作业应有防滑措施，并应扫除积雪。

（9）夜间不宜进行脚手架搭设与拆除作业。

（10）脚手架的安全检查与维护，应按本节第4.1.8.2条的规定进行。

（11）脚手板应铺设牢靠、严实，并应用安全网双层兜底。施工层以下每隔10米应用安全网封闭。

（12）单、双排脚手架、悬挑式脚手架沿架体外围应用密目式安全网全封闭，密目式安全网宜设置在脚手架外立杆的内侧，并应与架体绑扎牢固。

（13）在脚手架使用期间，严禁拆除下列杆件：

①主节点处的纵、横向水平杆，纵、横向扫地杆；

②连墙件。

（14）当在脚手架使用过程中开挖脚手架基础下的设备基础或管沟时，必须对脚手架采取加固措施。

（15）满堂脚手架与满堂支撑架在安装过程中，应采取防倾覆的临时固定措施。

（16）临街搭设脚手架时，外侧应有防止坠物伤人的防护措施。

（17）在脚手架上进行电、气焊作业时，应有防火措施和专人看守。

（18）工地临时用电线路的架设及脚手架接地、避雷措施等，应按现行行业标准《施工现场临时用电安全技术规范》JGJ 46的有关规定执行。

（19）搭拆脚手架时，地面应设围栏和警戒标志，并应派专人看守，严禁非操作人员入内。

4.2　门式钢管脚手架

门式钢管脚手架是由钢管制成的定型脚手架，以门架、交叉支撑、连接棒、挂扣式脚手板、锁臂、底座等组成基本结构，再以水平加固杆、剪刀撑、扫地杆加固，并采用连墙件与建筑物主体结构相连的一种定型化钢管脚手架（图4-20）。又称门式脚手架，也称鹰架或龙门架。

因采用定型产品、各构配件尺寸小、重量轻，且主要连接采用插接（锁接）方式，所以装拆方便快捷、劳动强度低、适应范围广泛，特别适用于多层建筑内外结构、装饰施工及大跨度高空间的室内模板支撑架。

砌体结构施工

门式脚手架是美国在 20 世纪 50 年代末首先研制成功的一种施工工具。由于它具有装拆简单、移动方便、承载性好、使用安全可靠、经济效益好等优点，所以发展速度很快。至 60 年代初，欧洲、日本等国家先后应用并发展这类脚手架，在欧洲、日本等国家，门式脚手架的使用量最多，约占各类脚手架的 50％左右，并且各国还建立了不少生产各种体系门式脚手架的专业公司。我国从 70 年代末开始，先后从日本、美国、英国等国家引进使用这类脚手架，在一些高层建筑工程施工中应用，取得较好的效果。

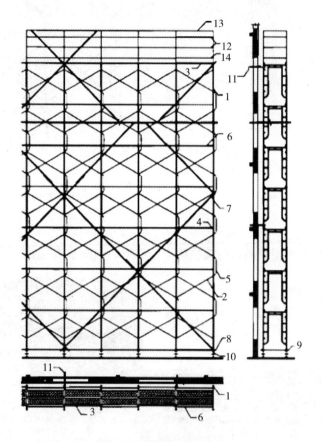

图 4-20　门式钢管脚手架的组成

1—门架；2—交叉支撑；3—挂扣式脚手板；4—连接棒；5—锁臂；6—水平加固杆；7—剪刀撑；
8—纵向扫地杆；9—横向扫地杆；10—底座；11—连墙件；12—栏杆；13—扶手；14—挡脚板

4.2.1　门式钢管脚手架的主要组成构件

门式钢管脚手架的主要组成构件，大致分为三类。

4.2.1.1　基本单元部件

包括门架、交叉支撑、脚手板。

（1）门架

门架是门式脚手架的主要构件，其受力杆件为焊接钢管，由立杆、横杆及加强杆等相互焊接组成（图 4-21）。

(2)交叉支撑

每两榀门架纵向连接的交叉拉杆(图4-22)。交叉支撑与门架立杆上的锁销锁接。

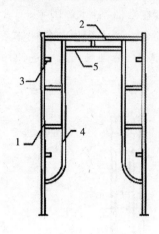

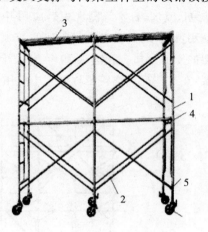

图4-21 门架
1—立杆;2—横杆;3—锁销;
4—立杆加强杆;5—横杆加强杆

图4-22 门式脚手架
1—门架;2—交叉支撑;3—挂扣式脚手板;
4—连接棒;5—锁销;6—万向轮

(3)挂扣式脚手板

两端设有挂钩,可紧扣在两榀门架横梁上的定型钢制脚手板(图4-23)。

图4-23 挂扣式脚手板

门架之间的连接,在垂直方向使用连接棒(图4-24)和锁臂,在脚手架的纵向使用交叉支撑,在架顶水平面使用挂扣式脚手板。

4.2.1.2 底座和托座

(1)底座

安插在门架立杆下端,将力传给基础的构件,底座有三种:可调底座(图4-25)可调高200~550mm,主要用于支模架以适应不同支模高度的需要,脱模时可方便地将架子降下来。用于外脚手架时,能适应不同高度的地面,可用其将各门架顶部调节到同一水平面上。当前建筑材料市场上,可调底座的产品规格型号相差较大。可调底座的实心丝杠规格可采用30mm×400mm、30mm×600mm、30mm×800mm等多种。可调底座的底板一般为150mm×150mm×5mm。固定底座(图4-26)只起支承作用,无调高功能,使用它要求地

砌体结构施工

面平整。可用厚8mm、直径或宽度200mm的钢板和外径64mm壁厚3.5mm,长150mm的钢管作套筒焊接而成。带脚轮底座(图4-27)多用于操作平台,以满足移动的需要。

(2)托座

托座是插放在门架立杆的上端,承接上部荷载的构件,将力传给立杆,通过立杆传给基础的构件,分为可调托座和固定托座(图4-28)。

图4-24 连接棒

图4-25 可调底座

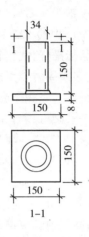

1-1

图4-26 固定底座

图4-27 带脚轮底座

图4-28 可调托座

4.2.1.3 其他部件

主要有梯子、连墙件、剪刀撑、水平加固杆、扫地杆、栏杆、扶手、封口杆等。

梯子为设有踏步的斜梯,分别挂在上下两层门架的横梁上。连墙件是将脚手架与主体结构可靠连接,并能够传递拉、压力的构件,确保脚手架稳定的拉结件。剪刀撑是设在架体外侧或内部成对设置的交叉斜杆,分为竖向剪刀撑和水平剪刀撑。水平加固杆是设置于架体层间门架两侧的立杆上,用于增强架体刚度的水平杆件。扫地杆是设置于架体底部门架立杆下端的水平杆件,分为纵向、横向扫地杆。

4.2.2 门式钢管脚手架的构配件要求

(1)门架与配件的钢管应采用现行国家标准《直缝电焊钢管》GB/T 13793 或《低压流体输送用焊接钢管》GB/T 3091 中规定的普通钢管,其材质应符合现行国家标准《碳素结构钢》GB/T 700 中 Q 235 级钢的规定。门架与配件的性能、质量及型号的表述方法应符合现行行业产品标准《门式钢管脚手架》JG 13 的规定。

(2)在多次周转使用后,由于使用中难以完全避免的变形和损伤、需要进行鉴别,以确保使用安全。首先凭经验挑出需要鉴别的构配件,按附录 4-3 的规定将质量情况分为 4 类,A 类——维修保养;B 类——更换修理;C 类——经性能试验确定类别;D 类——报废。判定方法为:A 类为各项都符合 A 类标准;B 类有 1 项以上 B 类情况,但没有 C 类和 D 类情况;C 类为有 1 项 C 类情况,但没有 D 类情况;D 类为有 1 项 D 类情况。

(3)门架立杆加强杆的长度不应小于门架高度的 70%;门架宽度不得小于 800mm,且不宜大于 1200mm。

(4)加固杆钢管应符合现行国家标准《直缝电焊钢管》GB/T 13793 或《低压流体输送用焊接钢管》GB/T 3091 中规定的普通钢管,其材质应符合现行国家标准《碳素结构钢》GB/T 700 中 Q235 级钢的规定。宜采用直径 $\phi42 \times 2.5$mm 的钢管,也可采用直径 $\phi48 \times 3.5$mm 的钢管;相应的扣件规格也应分别为 $\phi42$、$\phi48$ 或 $\phi42/\phi48$。

(5)门架钢管平直度允许偏差不应大于管长的 1/500,钢管不得接长使用,不应使用带有硬伤或严重锈蚀的钢管。门架立杆、横杆钢管壁厚的负偏差不应超过 0.2mm。钢管壁厚存在负偏差时,宜选用热镀锌钢管。

(6)交叉支撑、锁臂、连接棒等配件与门架相连时,应有防止退出的止退机构,当连接棒与锁臂一起应用时,连接棒可不受此限。脚手板、钢梯与门架相连的挂扣,应有防止脱落的扣紧机构。

(7)底座、托座及其可调螺母应采用可锻铸铁或铸钢制作,其材质应符合现行国家标准《可锻铸铁件》GB/T 9440 中 KTH-330-08 或《一般工程用铸造碳钢件》GB/T 11352 中 ZG230-450 的规定。

(8)扣件应采用可锻铸铁或铸钢制作,其质量和性能应符合现行国家标准《钢管脚手架扣件》GB 15831 的要求。连接外径为 $\phi42/\phi48$ 管的扣件应有明显标记。

(9)连墙件宜采用钢管或型钢制作,其材质应符合现行国家标准《碳素结构钢》GB/T 700 中 Q 235 级钢或《低合金高强度结构钢》GB/T 1591 中 Q345 级钢的规定。

(10)悬挑脚手架的悬挑梁或悬挑桁架宜采用型钢制作,其材质应符合现行国家标准《碳素结构钢》GB/T 700 中 Q 235B 级钢或《低合金高强度结构钢》GB/T 1591 中 Q 345 级钢的规定。用于固定型钢悬挑梁或悬挑桁架的 U 形钢筋拉环或锚固螺栓材质应符合现行国家标准《钢筋混凝土用钢第 1 部分:热轧光圆钢筋》GB 1499.1 中 HPB235 级钢筋或《钢筋混凝土用钢第 2 部分:热轧带肋钢筋》GB 1499.2 中 HRB335 级钢筋的规定。

4.2.3　门式钢管脚手架的构造要求

4.2.3.1　门式脚手架的搭设高度

门式脚手架的搭设高度除应满足设计计算条件外,不宜超过表4-9的规定。

表4-9　门式钢管脚手架搭设高度

序号	搭设方式	施工荷载标准值$\sum Q_k$(kN/m²)	搭设高度(m)
1	落地、密目式安全网全封闭	≤3.0	≤55
2		>3.0且≤5.0	≤40
3	悬挑、密目式安全立网全封闭	≤3.0	≤24
4		>3.0且≤5.0	≤18

注:表内数据适用于重现期为10年、基本风压值W_0≤0.45kN/m²的地区,对于10年重现期、基本风压值W_0>0.45kN/m²的地区应按实际计算确定。

4.2.3.2　门架

(1)门架应能配套使用,在不同组合情况下,均应保证连接方便、可靠,且应具有良好的互换性。

(2)不同型号的门架与配件严禁混合使用。

(3)上下榀门架立杆应在同一轴线位置上,门架立杆轴线的对接偏差不应大于2mm。

(4)门式脚手架的内侧立杆离墙面净距不宜大于150mm;当大于150mm时,应采取内设挑架板或其他隔离防护的安全措施。

(5)门式脚手架顶端栏杆宜高出女儿墙上端或檐口上端1.5m。

4.2.3.3　配件

门式脚手架的配件,包括连接棒、锁臂、交叉支撑、挂扣式脚手板、底座、托座。

(1)配件应与门架配套,并应与门架连接可靠。

(2)门架的两侧应设置交叉支撑,并应与门架立杆上的锁销锁牢。

(3)上下榀门架的组装必须设置连接棒,连接棒与门架立杆配合间隙不应大于2mm。

(4)门式脚手架或模板支架上下榀门架间应设置锁臂,当采用插销式或弹销式连接棒时,可不设锁臂。

(5)门式脚手架作业层应连续满铺与门架配套的挂扣式脚手板,并应有防止脚手板松动或脱落的措施。当脚手板上有孔洞时,孔洞的内切圆直径不应大于25mm。

(6)底部门架的立杆下端宜设置固定底座或可调底座。

(7)可调底座和可调托座的调节螺杆直径不应小于35mm,可调底座的调节螺杆伸出长度不应大于200mm。

4.2.3.4　加固杆

(1)门式脚手架剪刀撑的设置规定

门式脚手架剪刀撑的设置必须符合下列规定:

①当门式脚手架搭设高度在24m及以下时。在脚手架的转角处、两端及中间间隔不超过15m的外侧立面必须各设置一道剪刀撑。并应由底至顶连续设置(图4-29a)。

②当脚手架搭设高度超过 24m 时。在脚手架全外侧立面上必须设置连续剪刀撑(图 4 -29b)。

③对于悬挑脚手架,在脚手架全外侧立面上必须设置连续剪刀撑。

(2)剪刀撑的构造规定

剪刀撑的构造应符合下列规定:

①剪刀撑斜杆与地面的倾角宜为 45°～60°(图 4 - 29);

②剪刀撑应采用旋转扣件与门架立杆扣紧(扣件规格与门架钢管规格一致);

③剪刀撑斜杆应采用搭接接长,搭接长度不宜小于 1000mm,搭接处应采用 3 个及以上旋转扣件扣紧;

④每道剪刀撑的宽度不应大于 6 个跨距,且不应大于 10m;也不应小于 4 个跨距,且不应小于 6m。设置连续剪刀撑的斜杆水平间距宜为 6～8m(图 4 - 29)。

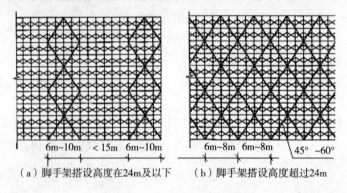

(a)脚手架搭设高度在24m及以下　　(b)脚手架搭设高度超过24m

图 4 - 29　剪刀撑设置示意图

(3)门式脚手架应在门架两侧的立杆上设置纵向水平加固杆,并应采用扣件与门架立杆扣紧。水平加固杆设置应符合下列要求:

①在顶层、连墙件设置层必须设置;

②当脚手架每步铺设挂扣式脚手板时,至少每 4 步应设置一道,并宜在有连墙件的水平层设置;

③当脚手架搭设高度小于或等于 40m 时,至少每两步门架应设置一道;当脚手架搭设高度大于 40m 时,每步门架应设置一道;

④在脚手架的转角处、开口型脚手架端部的两个跨距内,每步门架应设置一道;

⑤悬挑脚手架每步门架应设置一道;

⑥在纵向水平加固杆设置层面上应连续设置。

(4)门式脚手架的底层门架下端应设置纵、横向通长的扫地杆。纵向扫地杆应固定在距门架立杆底端不大于 200mm 处的门架立杆上,横向扫地杆宜固定在紧靠纵向扫地杆下方的门架立杆上。

4.2.3.5　转角处门架连接

(1)在建筑物的转角处,门式脚手架内、外两侧立杆上应按步设置水平连接杆、斜撑杆,将转角处的两榀门架连成一体(图 4 - 30)。

(2)连接杆、斜撑杆应采用钢管,其规格应与水平加固杆相同。

(3)连接杆、斜撑杆应采用扣件与门架立杆及水平加固杆扣紧。

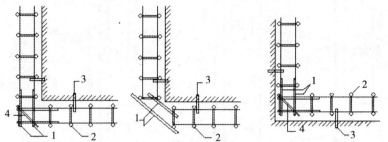

（a）阳角转角处脚手架连接　（b）阳角转角处脚手架连接　（c）阴角转角处脚手架连接

图 4-30　转角处脚手架连接

1—连接钢管；2—门架；3—连墙件；4—斜撑杆

4.2.3.6　连墙件

(1)连墙件设置的位置、数量应按专项施工方案确定,并应按确定的位置设置预埋件。

(2)连墙件的设置除应满足《建筑施工门式钢管脚手架安全技术规范》(JGJ 128—2010)的计算要求外,尚应满足表 4-10 的要求。

表 4-10　连墙件最大间距或最大覆盖面积

序号	脚手架搭设方式	脚手架高度(m)	连墙件间距(m)		每根连墙件覆盖面积(m²)
			竖向	水平向	
1	落地、密目式安全网全封闭	≤40	3h	3l	≤40
2			2h	3l	≤27
3		>40			
4	悬挑、密目式安全网全封闭	≤40	3h	3l	≤40
5		40~60	2h	3l	≤27
6		>60	2h	2l	≤20

注:①序号 4~6 为架体位于地面上高度;

②按每根连墙件覆盖面积选择连墙件设置时,连墙件的竖向间距不应大于 6m;

③表中 h 为步距;l 为跨距。

(3)在门式脚手架的转角处或开口型脚手架端部,必须增设连墙件,连墙件的垂直间距不应大于建筑物的层高,且不应大于 4.0m。

(4)连墙件应靠近门架的横杆设置,距门架横杆不宜大于 200mm。连墙件应固定在门架的立杆上。

(5)连墙件宜水平设置,当不能水平设置时,与脚手架连接的一端,应低于与建筑结构连接的一端,连墙杆的坡度宜小于 1:3。

(6)连墙件做法如图 4-31 所示。

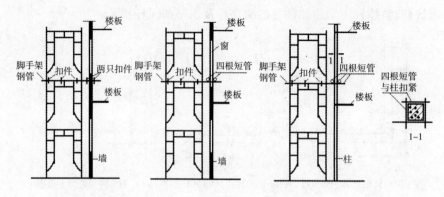

图 4-31　连墙件做法

4.2.3.7　通道口

(1)门式脚手架通道口高度不宜大于 2 个门架高度,宽度不宜大于 1 个门架跨距。

(2)门式脚手架通道口应采取加固措施,并应符合下列规定:

①当通道口宽度为一个门架跨距时,在通道口上方的内外侧应设置水平加固杆,水平加固杆应延伸至通道口两侧各一个门架跨距,并在两个上角内外侧应加设斜撑杆[图 4-32(a)];

②当通道口宽为两个及以上跨距时,在通道口上方应设置经专门设计和制作的托架梁,并应加强两侧的门架立杆[图 4-32(b)]。

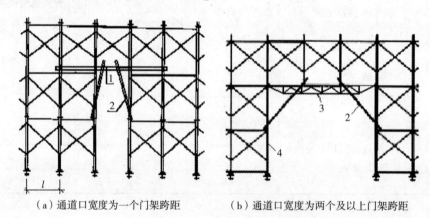

（a）通道口宽度为一个门架跨距　　　（b）通道口宽度为两个及以上门架跨距

图 4-32　通道洞口加固示意

1—水平加固杆;2—斜撑杆;3—托架梁;4—加强杆

4.2.3.8　斜梯

(1)作业人员上下脚手架的斜梯应采用挂扣式钢梯,并宜采用"之"字形设置,一个梯段宜跨越两步或三步门架再行转折。

(2)钢梯规格应与门架规格配套,并应与门架挂扣牢固。

(3)钢梯应设栏杆扶手、挡脚板。

4.2.3.9　地基

(1)门式脚手架的地基承载力应经计算确定,在搭设时,根据不同地基土质和搭设高度条件,应符合表 4-11 的规定。

(2)门式脚手架的搭设场地必须平整坚实,并应符合下列规定:

①回填土应分层回填,逐层夯实;

②场地排水应顺畅,不应有积水。

(3)搭设门式脚手架的地面标高宜高于自然地坪标高 50～100mm。

(4)当门式脚手架搭设在楼面等建筑结构上时,门架立杆下宜铺设垫板。

表 4－11　门式脚手架的地基要求

搭设高度(m)	地基土质		
	中低压缩性且压缩性均匀	回填土	高压缩性或压缩性不均匀
≤24	夯实原土,干重力密度要求 15.5kN/m³。立杆底座置于面积不小于 0.075m² 的垫木上	土夹石或素土回填夯实,立杆底座置于面积不小于 0.10m² 垫木上	夯实原土,铺设通长垫木
>24 且≤40	垫木面积不小于 0.10m²,其余同上	砂夹石回填夯实,其余同上	夯实原土,在搭设地面满铺 C15 混凝土,厚度不小于 150mm
>40 且≤55	垫木面积不小于 0.15m² 或铺通长垫木,其余同上	砂夹石回填夯实,垫木面积不小于 0.15m² 或铺通长垫木	夯实原土,在搭设地面满铺 C15 混凝土,厚度不小于 200mm

注:垫木厚度不小于 50mm,宽度不小于 200mm;通长垫木的长度不小于 1500mm。

4.2.3.10　悬挑脚手架

(1)悬挑脚手架的悬挑支承结构应根据施工方案布设,其位置应与门架立杆位置对应,每一跨距宜设置一根型钢悬挑梁,并应按确定的位置设置预埋件。

(2)型钢悬挑梁锚固段长度应不小于悬挑段长度的 1.25 倍,悬挑支承点应设置在建筑结构的梁板上,不得设置在外伸阳台或悬挑楼板上(有加固措施的除外)(图 4－33)。

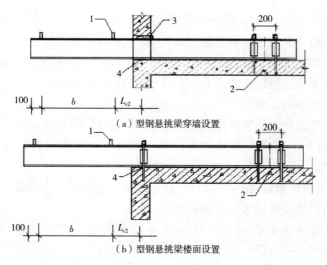

图 4－33　型钢悬挑梁在主体结构上的设置

1—DN25 短钢管与钢梁焊接;2—锚固段压点;3—木楔;4—钢板(150mm×100mm×10mm)

（3）型钢悬挑梁宜采用双轴对称截面的型钢。

（4）型钢悬挑梁的锚固段压点应采用不少于2个（对）的预埋U形钢筋拉环或螺栓固定；锚固位置的楼板厚度不应小于100mm，混凝土强度不应低于20MPa。U形钢筋拉环或螺栓应埋设在梁板下排钢筋的上边，并与结构钢筋焊接或绑扎牢固，锚固长度应符合现行国家标准《混凝土结构设计规范》GB 50010中钢筋锚固的规定（图4-34）。

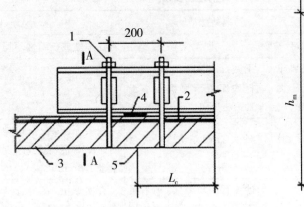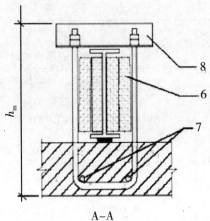

图4-34　型钢悬挑梁与楼板固定
1—锚固螺栓；2—负弯矩钢筋；3—建筑结构楼板；4—钢板；5—锚固螺栓中心；
6—木楔；7—锚固钢筋（2φ18 长 1500mm）；8—角钢

（5）用于锚固的U形钢筋拉环或螺栓应采用冷弯成型，钢筋直径不应小于16mm。

（6）当型钢悬挑梁与建筑结构采用螺栓钢压板连接固定时，钢压板尺寸不应小于100mm×10mm（宽×厚）；当采用螺栓角钢压板连接固定时，角钢的规格不应小于63mm×63mm×6mm。

（7）型钢悬挑梁与U形钢筋拉环或螺栓连接应紧固。当采用钢筋拉环连接时，应采用钢楔或硬木楔塞紧；当采用螺栓钢压板连接时，应采用双螺母拧紧。严禁型钢悬挑梁晃动。

（8）悬挑脚手架底层门架立杆与型钢悬挑梁应可靠连接，不得滑动或窜动。型钢梁上应设置固定连接棒与门架立杆连接，连接棒的直径不应小于25mm，长度不应小于100mm，应与型钢梁焊接牢固。

（9）悬挑脚手架的底层门架两侧立杆应设置纵向扫地杆，并应在脚手架的转角处、两端和中间间隔不超过15m的底层门架上各设置一道单跨距的水平剪刀撑，剪刀撑斜杆应与门架立杆底部扣紧。

（10）在建筑平面转角处（图4-35），型钢悬挑梁应经单独计算设置；架体应按步设置水平连接杆，并应与门架立杆或水平加固杆扣紧。

（11）每个型钢悬挑梁外端宜设置钢丝绳或钢拉杆与上一层建筑结构斜拉结（图4-36），钢丝绳、钢拉杆不得作为悬挑支撑结构的受力构件。

（12）悬挑脚手架在底层应满铺脚手板，并应将脚手板与型钢梁连接牢固。

砌体结构施工

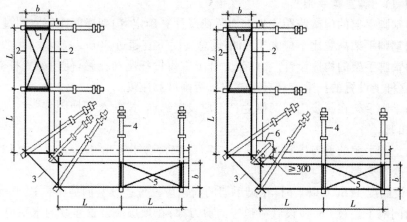

（a）型钢悬挑梁在阳角处设置

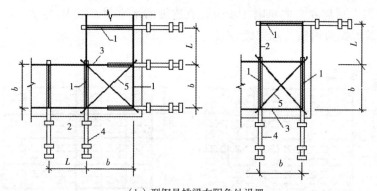

（b）型钢悬挑梁在阴角处设置

图 4-35　建筑平面转角处型钢悬挑梁设置

1—门架；2—水平加固杆；3—连接件；4—型钢悬挑梁；5—水平剪刀撑；6—结构角柱

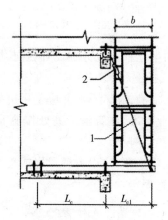

图 4-36　型钢悬挑梁端钢丝绳与建筑结构拉结

1—钢丝绳；2—花篮螺栓

4　砌筑用脚手架

4.2.3.11 满堂脚手架

（1）满堂脚手架的门架跨距应根据实际荷载计算确定，门架净间距不宜超过1.2m。

（2）满堂脚手架高宽比不应大于4，搭设总高度不宜超过30m。

（3）满堂脚手架的构造设计，在门架立杆上宜设置托座和托梁，使门架立杆直接传递荷载。门架立杆上设置的托梁应具有足够的抗弯强度和刚度。

（4）满堂脚手架在每步门架两侧立杆上应设置纵向、横向水平加固杆，并应采用扣件与门架立杆扣紧。

（5）满堂脚手架的剪刀撑设置（图4-37）除应符合本节第4.2.3.4条第（2）款的规定外，尚应符合下列要求：

① 搭设高度12m及以下时，在脚手架的周边应设置连续竖向剪刀撑；在脚手架的内部纵向、横向间隔不超过8m应设置一道竖向剪刀撑；在顶层应设置连续的水平剪刀撑。

② 搭设高度超过12m时，在脚手架的周边和内部纵向、横向间隔不超过8m应设置连续竖向剪刀撑；在顶层和竖向每隔4步应设置连续的水平剪刀撑。

③ 竖向剪刀撑应由底至顶连续设置。

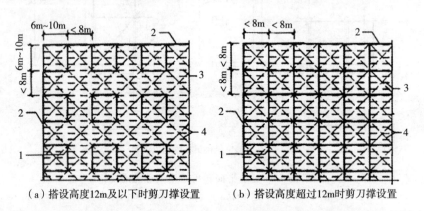

（a）搭设高度12m及以下时剪刀撑设置　　（b）搭设高度超过12m时剪刀撑设置

图4-37　剪刀撑设置示意图
1—竖向剪刀撑；2—周边竖向剪刀撑；3—门架；4—水平剪刀撑

（6）在满堂脚手架的底层门架立杆上应分别设置纵向、横向扫地杆，并应采用扣件与门架立杆扣紧。

（7）满堂脚手架顶部作业区应满铺脚手板，并应采用可靠的连接方式与门架横杆固定。操作平台上的孔洞应按现行行业标准《建筑施工高处作业安全技术规范》JGJ 80的规定防护。操作平台周边应设置栏杆和挡脚板。

（8）对高宽比大于2的满堂脚手架，宜设置缆风绳或连墙件等有效措施防止架体倾覆，缆风绳或连墙件设置宜符合下列规定：

①在架体端部及外侧周边水平间距不宜超过10m设置；宜与竖向剪刀撑位置对应设置；

②竖向间距不宜超过4步设置。

（9）满堂脚手架中间设置通道口时，通道口底层门架可不设垂直通道方向的水平加固杆和扫地杆，通道口上部两侧应设置斜撑杆，并应按现行行业标准《建筑施工高处作业安全技术规范》JGJ 80 的规定在通道口上部设置防护层。

4.2.4 门式钢管脚手架的施工

4.2.4.1 施工准备

1)技术准备

(1)门式脚手架搭设与拆除前,应向搭拆和使用人员进行安全技术交底。

(2)门式脚手架搭拆施工应编制专项施工方案,主要内容应包括:

① 工程概况、设计依据、搭设条件、搭设方案设计;

② 搭设施工图:

A. 架体的平、立、剖面图;

B. 脚手架连墙件的布置及构造图;

C. 脚手架转角、通道口的构造图;

D. 脚手架斜梯布置及构造图;

E. 重要节点构造图。

③ 基础做法及要求;

④ 架体搭设及拆除的程序和方法;

⑤ 季节性施工措施;

⑥ 质量保证措施;

⑦ 架体搭设、使用、拆除的安全技术措施;

⑧ 设计计算书;

⑨ 悬挑脚手架搭设方案设计;

⑩ 应急预案。

2)材料准备

门架、配件、加固件应按本节第 4.2.2 条的要求进行检查和验收。

3)机具设备

(1)垂直运输设备:塔吊、人货电梯、施工井架。

(2)搭设工具:活动扳手、力矩扳手。

(3)检测工具:钢板尺、游标卡尺、水平尺、角尺、卷尺、扭力扳手。

4)作业条件

(1)对脚手架的搭设场地应进行清理、平整,并做好排水。

(2)为保证地基具有足够的承载能力,地基应满足要求。

(3)在脚手架基础上应弹出门架立杆位置线,垫板、底座安放位置要准确。

(4)脚手架施工组织设计已审批。

4.2.4.2 地基与基础

(1)门式脚手架的地基与基础施工,应符合本节第 4.2.3.9 条的规定和专项施工方案的要求。

(2)在搭设前,应先在基础上弹出门架立杆位置线,垫板、底座安放位置应准确,标高应一致。

4.2.4.3 施工工艺

1)工艺流程

(1)门式脚手架的组装,应自一端向另一端延伸,自下而上按步架设,并逐层改变搭设方向减少误差积累,不可自两端相向搭设或相间进行,以避免结合处错位,难于连接。

(2)门式脚手架搭设顺序:

铺设垫木(板)→安放底座→自一端起立门架并随即安装交叉支撑→安装水平架或脚手板→安装钢梯→安装水平加固杆→安装连墙杆→照上述步骤,逐层向上安装→按规定位置安装剪刀撑→装配顶步栏杆。

2)搭设操作要点

(1)门式脚手架的搭设规定

门式脚手架的搭设应符合下列规定:

① 门式脚手架的搭设应与施工进度同步,一次搭设高度不宜超过最上层连墙件两步,且自由高度不应大于4m;

② 满堂脚手架和模板支架应采用逐列、逐排和逐层的方法搭设;

③ 门架的组装应自一端向另一端延伸,应自下而上按步架设,并应逐层改变搭设方向;不应自两端相向搭设或自中间向两端搭设;

④ 每搭设完两步门架后,应校验门架的水平度及立杆的垂直度。

(2)门架架设及配件安装

搭设门架及配件除应符合本章第4.2.3节的规定外,尚应符合下列要求:

① 不同产品的门架与配件不得混合使用于同一脚手架。

② 交叉支撑、脚手板应与门架同时安装;

③ 连接门架的锁臂、挂钩必须处于锁住状态;

④ 钢梯的设置应符合专项施工方案组装布置图的要求,底层钢梯底部应加设钢管并应采用扣件扣紧在门架立杆上;

⑤ 在施工作业层外侧周边应设置180mm高的挡脚板和两道栏杆,上道栏杆高度应为1.2m,下道栏杆应居中设置。挡脚板和栏杆均应设置在门架立杆的内侧。

(3)水平加固杆、剪刀撑的安装

加固杆的搭设除应符合本节第4.2.3.4条、第4.2.3.10条和第4.2.3.11条的规定外,尚应符合下列要求:

① 水平加固杆、剪刀撑等加固杆件必须与门架同步搭设;

② 水平加固杆应设于门架立杆内侧,剪刀撑应设于门架立杆外侧。

(4)连墙件的安装

① 连墙件的安装必须随脚手架搭设同步进行,严禁滞后安装;

② 当脚手架操作层高出相邻连墙件以上两步时,在连墙件安装完毕前必须采用确保脚手架稳定的临时拉结措施。

③ 连墙件埋入墙身的部分必须牢固可靠,连墙件必须垂直于墙面,不允许向上倾斜。

④ 连墙件应连于上、下两榀门架的接头附近。

(5)加固件、连墙件等与门架采用扣件连接规定

加固杆、连墙件等杆件与门架采用扣件连接时,应符合下列规定:

①扣件规格应与所连接钢管的外径相匹配;

②扣件螺栓拧紧扭力矩值应为 40～65N·m;

③杆件端头伸出扣件盖板边缘长度不应小于 100mm。

(6)悬挑脚手架的搭设应符合本节第 4.2.3.2 条～4.2.3.6 条和第 4.2.3.10 条的要求,搭设前应检查预埋件和支承型钢悬挑梁的混凝土强度。

(7)门式脚手架通道口的搭设应符合本节第 4.2.3.7 条的要求,斜撑杆、托架梁及通道口两侧的门架立杆加强杆件应与门架同步搭设,严禁滞后安装。

(8)满堂脚手架与范本支架的可调底座、可调托座宜采取防止砂浆、水泥浆等污物填塞螺纹的措施。

4.2.4.4　拆除

(1)脚手架经单位工程负责人检查验证并确认不再需要时,方可拆除。

(2)拆除前的准备工作

架体的拆除应按拆除方案施工,并应在拆除前做好下列准备工作:

①应对将拆除的架体进行拆除前的检查;

②清除架体上的材料、杂物及作业面的障碍物。

③拆除脚手架时,应设置警戒区和警戒标志,并由专职人员负责警戒。

(3)拆除作业

①脚手架的拆除应在统一指挥下,按后装先拆、先装后拆的顺序进行。

②架体的拆除应从上而下逐层进行。严禁上下同时作业。

③同一层的构配件和加固杆件必须按先上后下、先外后内的顺序进行拆除。

④连墙件必须随脚手架逐层拆除。严禁先将连墙件整层或数层拆除后再拆架体。拆除作业过程中,当架体的自由高度大于两步时。必须加设临时拉结。

⑤连接门架的剪刀撑等加固杆件必须在拆卸该门架时拆除。

⑥拆卸连接部件时,应先将止退装置旋转至开启位置,然后拆除,不得硬拉,严禁敲击。拆除作业中,严禁使用手锤等硬物击打、撬别。

⑦当门式脚手架需分段拆除时,架体不拆除部分的两端应按第 4.2.3.6 条第(3)款的规定采取加固措施后再拆除。

⑧门架与配件应采用机械或人工运至地面,严禁抛投。

⑨拆卸的门架与配件、加固杆等不得集中堆放在未拆架体上,并应及时检查、整修与保养,并宜按品种、规格分别存放。

4.2.5　检查与验收

4.2.5.1　构配件检查与验收

(1)门式脚手架与范本支架搭设前,对门架与配件的基本尺寸、质量和性能应按现行行业产品标准《门式钢管脚手架》JG13 的规定进行检查,确认合格后方可使用。

(2)施工现场使用的门架与配件应具有产品质量合格证,应标志清晰,并应符合下列要求:

①门架与配件表面应平直光滑,焊缝应饱满,不应有裂缝、开焊、焊缝错位、硬弯、凹痕、毛刺、锁柱弯曲等缺陷;

②门架与配件表面应涂刷防锈漆或镀锌。

(3)周转使用的门架与配件,应按附录4-3的规定经分类检查确认为A类方可使用;B类、C类应经试验、维修达到A类后方可使用;不得使用D类门架和配件。

(4)在施工现场每使用一个安装拆除周期,应对门架、配件采用目测、尺量的方法检查一次。锈蚀深度检查时,应按本规范附录4-3第A.4节的规定抽取样品,在每个样品锈蚀严重的部位宜采用测厚仪或横向截断取样检测,当锈蚀深度超过规定值时不得使用。

(5)加固杆、连接杆等所用钢管和扣件的质量,除应符合第4.2.2条第(4)(5)(8)款的规定外,尚应满足下列要求:

①应具有产品质量合格证;

②严禁使用有裂缝、变形的扣件,出现滑丝的螺栓必须更换;

③钢管和扣件应涂有防锈漆。

(6)底座和托座应有产品质量合格证,在使用前应对调节螺杆与门架立杆配合间隙进行检查。

(7)连墙件、型钢悬挑梁、U形钢筋拉环或锚固螺栓,应具有产品质量合格证或质量检验报告,在使用前应进行外观质量检查。

4.2.5.2 搭设检查与验收

(1)搭设前,对门式脚手架或模板支架的地基与基础应进行检查,经验收合格后方可搭设。

(2)门式脚手架搭设完毕或每搭设2个楼层高度,满堂脚手架、范本支架搭设完毕或每搭设4步高度,应对搭设质量及安全进行一次检查,经检验合格后方可交付使用或继续搭设。

(3)在门式脚手架或模板支架搭设质量验收时,应具备下列文件:

①编制的专项施工方案;

②构配件与材料质量的检验记录;

③安全技术交底及搭设质量检验记录;

④门式脚手架或模板支架分项工程的施工验收报告。

(4)门式脚手架或模板支架分项工程的验收,除应检查验收文件外,还应对搭设质量进行现场核验,在对搭设质量进行全数检查的基础上,对下列项目应进行重点检验,并应记入施工验收报告:

①构配件和加固杆规格、品种应符合设计要求,应质量合格、设置齐全、连接和挂扣紧固可靠;

②基础应符合设计要求,应平整坚实,底座、支垫应符合规定;

③门架跨距、间距应符合设计要求,搭设方法应符合本规范的规定;

④连墙件设置应符合设计要求,与建筑结构、架体应连接可靠;

⑤加固杆的设置应符合要求;

⑥门式脚手架的通道口、转角等部位搭设应符合构造要求;

⑦架体垂直度及水平度应合格；

⑧悬挑脚手架的悬挑支承结构及与建筑结构的连接固定应符合规定；

⑨安全网的张挂及防护栏杆的设置应齐全、牢固。

(5)门式脚手架与模板支架搭设的技术要求、允许偏差及检验方法，应符合表4-12的规定。

(6)门式脚手架与模板支架扣件拧紧力矩的检查与验收，应符合现行行业标准《建筑施工扣件式钢管脚手架安全技术规范》JGJ 130的规定。

4.2.5.3 使用过程中检查

(1)门式脚手架与模板支架在使用过程中应进行日常检查，发现问题应及时处理。检查时，下列项目应进行检查：

①加固杆、连墙件应无松动，架体应无明显变形；

②地基应无积水，垫板及底座应无松动，门架立杆应无悬空；

表4-12　门式脚手架与模板支架搭设技术要求、允许偏差及检验方法

项次	项目		技术要求	允许偏差 (mm)	检验方法
1	隐蔽工程	地基承载力	符合《建筑施工门式钢管脚手架安全技术规范》(JGJ 128—2010)5.6.1条、5.6.3条的规定	—	观察、施工记录检查
		预埋件	符合设计要求	—	
2	地基与基础	表面	坚实平整	—	观察
		排水	不积水		
		垫板	稳固		
		底座	不晃动		
			无沉降	—	钢直尺检查
			调节螺杆高度符合《建筑施工门式钢管脚手架安全技术规范》(JGJ 128—2010)的规定	≤200	
		纵向轴线位置	—	±20	尺量检查
		横向轴线位置	—	±10	
3	架体构造		符合《建筑施工门式钢管脚手架安全技术规范》(JGJ 128—2010)及专项施工方案的要求	—	观察尺量检查
4	门架安装	门架立杆与底座轴线偏差	—	≤2.0	尺量检查
		上下榀门架立杆轴线偏差	—		

项次	项目		技术要求	允许偏差（mm）	检验方法
5	垂直度	每步架	—	$h/500$、± 3.0	经纬仪或线坠、钢直尺检查
		整体	—	$h/500$、± 50.0	
6	水平度	一跨距内两榀门架高差		± 5.0	水平仪水平尺钢直尺检查
		整体		± 100	
7	连墙件	与架体、建筑结构连接	牢固	—	观察、扭矩测力扳手检查
		纵、横向间距	—	± 300	尺量检查
		与门架横杆距离	—	$\leqslant 200$	
8	剪刀撑	间距	按设计要求设置	± 300	尺量检查
		与地面的倾角	$45°\sim 60°$	—	角尺、尺量检查
9	水平加固杆		按设计要求设置	—	观察、尺量检查
10	脚手板		铺设严密、牢固	孔洞$\leqslant 25$	观察、尺量检查
11	悬挑支撑结构	型钢规格	符合设计要求	—	观察、尺量检查
		安装位置		± 3.0	
12	施工层防护栏杆、挡脚板		按设计要求设置	—	观察、手扳检查
13	安全网		按规定设置	—	观察
14	扣件拧紧力矩		$40\sim 65$N·m	—	扭矩测力扳手检查

注：h——步距；H——脚手架商度。

③ 锁臂、挂扣件、扣件螺栓应无松动；

④ 安全防护设施应符合本节有关要求；

⑤ 应无超载使用。

（2）门式脚手架与模板支架在使用过程中遇有下列情况时,应进行检查,确认安全后方可继续使用：

① 遇有8级以上大风或大雨过后；

② 冻结的地基土解冻后；

③ 停用超过1个月；

④ 架体遭受外力撞击等作用；

⑤ 架体部分拆除；

⑥ 其他特殊情况。

（3）满堂脚手架与范本支架在施加荷载或浇筑混凝土时,应设专人看护检查,发现异常情况应及时处理。

4.2.5.4 拆除前检查

（1）门式脚手架在拆除前,应检查架体构造、连墙件设置、节点连接,当发现有连墙件、剪刀撑等加固杆件缺少、架体倾斜失稳或门架立杆悬空情况时,对架体应先行加固后再拆除。

（2）模板支架在拆除前,应检查架体各部位的连接构造、加固件的设置,应明确拆除顺序和拆除方法。

（3）在拆除作业前,对拆除作业场地及周围环境应进行检查,拆除作业区内应无障碍物,作业场地临近的输电线路等设施应采取防护措施。

4.2.6 安全管理

（1）搭拆门式脚手架或模板支架应由专业架子工担任,并应按住房和城乡建设部特种作业人员考核管理规定考核合格,持证上岗。上岗人员应定期进行体检,凡不适合登高作业者,不得上架操作。

（2）搭拆架体时,施工作业层应铺设脚手板,操作人员应站在临时设置的脚手板上进行作业,并应按规定使用安全防护用品,穿防滑鞋。

（3）门式脚手架与模板支架作业层上严禁超载。

（4）严禁将模板支架、缆风绳、混凝土泵管、卸料平台等固定在门式脚手架上。

（5）六级及以上大风天气应停止架上作业；雨、雪、雾天应停止脚手架的搭拆作业；雨、雪、霜后上架作业应采取有效的防滑措施,并应扫除积雪。

（6）门式脚手架与模板支架在使用期间,当预见可能有强风天气所产生的风压值超出设计的基本风压值时,对架体应采取临时加固措施。

（7）在门式脚手架使用期间,脚手架基础附近严禁进行挖掘作业。

（8）满堂脚手架与模板支架的交叉支撑和加固杆,在施工期间禁止拆除。

（9）门式脚手架在使用期间,不应拆除加固杆、连墙件、转角处连接杆、通道口斜撑杆等加固杆件。

（10）当施工需要,脚手架的交叉支撑可在门架一侧局部临时拆除,但在该门架单元上下应设置水平加固杆或挂扣式脚手板,在施工完成后应立即恢复安装交叉支撑。

（11）应避免装卸物料对门式脚手架或模板支架产生偏心、振动和冲击荷载。

(12)门式脚手架外侧应设置密目式安全网,网间应严密,防止坠物伤人。

(13)门式脚手架与架空输电线路的安全距离、工地临时用电线路架设及脚手架接地、防雷措施,应按现行行业标准《施工现场临时用电安全技术规范》JGJ 46 的有关规定执行。

(14)在门式脚手架或模板支架上进行电、气焊作业时,必须有防火措施和专人看护。

(15)不得攀爬门式脚手架。

(16)搭拆门式脚手架或模板支架作业时,必须设置警戒线、警戒标志,并应派专人看守,严禁非作业人员入内。

(17)对门式脚手架与模板支架应进行日常性的检查和维护,架体上的建筑垃圾或杂物应及时清理。

4.3　碗扣式钢管脚手架

碗扣式钢管脚手架又称多功能碗口型脚手架,是一种由定型杆件和带齿的碗扣接头组成的轴心相交的承插式多功能脚手架。其核心部件是碗扣接头,由上下碗扣、横杆接头和上碗扣的限位销等组成。它是在一定长度的直径48mm×3.5mm钢管立杆和顶杆上,每隔600mm焊下碗扣及限位销,上碗扣则对应套在立杆上并可沿立杆上下滑动。安装时将上碗扣的缺口对准限位销后,即可将上碗扣抬起(沿立杆向上滑动),把横杆接头插入下碗扣圆槽内,随后将上碗扣沿限位销滑下并沿顺时针方向旋转以扣紧横杆接头,与立杆牢固地连接在一起,形成框架结构,如图 4-38 所示。每个下碗扣内可同时装 4 横杆接头,位置任意。

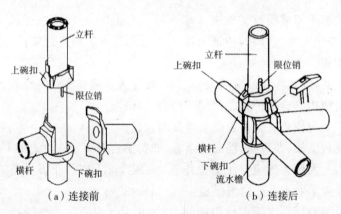

（a）连接前　　　　　　　（b）连接后

图 4-38　碗扣接头

4.3.1　碗扣式脚手架优缺点

1)碗扣式脚手架优点

(1)多功能:能根据具体施工要求,组成不同组架尺寸、形状和承载能力的单、双排脚手架,支撑架,支撑柱,物料提升架,爬升脚手架,悬挑架等多种功能的施工装备,也可用于搭设施工棚、料棚、灯塔等构筑物。特别适合于搭设曲面脚手架和重载支撑架。

(2)高功效:常用杆件中最长为 3130mm,重 17.07kg。整架拼拆速度比常规快 3～5

倍,拼拆快速省力,工人用一把铁锤即可完成全部作业,避免了螺栓操作带来的诸多不便。

(3)通用性强:主构件均采用普通的扣件式钢管脚手架之钢管,可用扣件同普通钢管连接,通用性强。

(4)承载力大:立杆连接是同轴心承插,横杆同立杆靠碗扣接头连接,接头具有可靠的抗弯、抗剪、抗扭力学性能。而且各杆件轴心线交于一点,节点在框架平面内,因此,结构稳固可靠,承载力大(整架承载力提高,约比同等情况的扣件式钢管脚手架提高15%以上)。

(5)安全可靠:接头设计时,考虑到上碗扣螺旋摩擦力和自重力作用,使接头具有可靠的自锁能力。作用于横杆上的荷载通过下碗扣传递给立杆,下碗扣具有很强的抗剪能力(最大为199kN)。上碗扣即使没被压紧,横杆接头也不致脱出而造成事故。同时配备有安全网支架,间横杆,脚手板,挡脚板,架梯。挑梁.连墙撑等杆配件,使用安全可靠。

(6)易于加工:主构件用 $\phi48\times3.5$mm、Q235 焊接钢管,制造工艺简单,成本适中,可直接对现有扣件式脚手架进行加工改造,不需要复杂的加工设备。

(7)不易丢失:该脚手架无零散易丢失扣件,把构件丢失减少到最小程度。

(8)维修少:该脚手架构件消除了螺栓连接、构件经碰耐磕,一般锈蚀不影响拼拆作业,不需特殊养护、维修。

(9)便于管理:构件系列标准化,构件外表涂以橘黄色。美观大方,构件堆放整齐,便于现场材料管理,满足文明施工要求。

(10)易于运输:该脚手架最长构件 3130mtm,最重构件 40.53kg,便于搬运和运输。

2)碗扣式脚手架缺点

(1)横杆为几种尺寸的定型杆,立杆上碗扣节点按 0.6M 间距设置,使构架尺寸受到限制;

(2)U 形连接销易丢;

(3)价格较贵;

4.3.2 主要构、配件和材料质量要求

碗扣架用钢管规格应为 $\phi48\times3.5$mm,钢管壁厚不得小于 $3.5_{0}^{+0.025}$mm。碗扣式脚手架用钢管应采用符合现行国家标准《直缝电焊钢管》(GB/T 13793)或《低压流体输送用焊接钢管》(GB/T 3091)中的 Q235A 级普通钢管,其材质性能应符合现行国家标准《碳素结构钢》(GB/T 700)的规定。钢管焊接前应进行调直除锈,钢管直线度应小于 1.5L/1000(L 为使用钢管的长度)。

4.3.2.1 主要构、配件

用以构成脚手架主体的部件。立杆上均焊有间距 600mm 的下碗扣。若将立杆和顶杆相互配合接长使用,就可构成任意高度的脚手架。立杆接长时,接头应错开,至顶层后再用两种长度的顶杆找平。

1)立杆

立杆由一定长度直径 48mm×3.5mm 钢管上每隔 0.6m 安装碗扣接头,并在其顶端焊接立杆焊接管制成。用作脚手架的垂直承力杆。

立杆连接处外套管与立杆间隙应小于等于 2mm,外套管长度不得小于 160mm,外伸

长度不得小于 110mm。

立杆与立杆连接的连接孔处应能插入 ϕ10mm 连接销。

2）顶杆

即顶部立杆，在顶端设有立杆的连接管，以便在顶端插入托撑。用作支撑架（柱）、物料提升架等顶端的垂直承力杆。

3）横杆

由一定长度的直径 48mm×3.5mm 钢管两端焊接横杆接头制成。用于立杆横向连接管，或框架水平承力杆；横杆长度 0.3m、0.6m、0.9m、1.2m、1.5m 和 1.8m。

单横杆仅在直径 48mm×3.5mm 钢管一端焊接横杆接头；用作单排脚手架横向水平杆。

横杆接头剪切强度不应小于 50kN；横杆接头焊接剪切强度不应小于 25kN。

4）斜杆

在直径 48mm×3.5mm 钢管两端铆接斜杆接头制成，用于增强脚手架的稳定性，提高脚手架的承载力。斜杆应尽量布置在框架节点上。分为专用外斜杆、专用内斜杆（廊道斜杆）、水平斜杆和八字斜杆。

专用外斜杆：带有旋转式接头的斜向杆件。专用内斜杆（廊道斜杆）：双排脚手架两立杆间的斜向斜杆。水平斜杆：钢管两端焊有连接件的水平连接斜杆。八字斜杆：斜杆八字形设置的方式。

5）底座

由 150mm×150mm 的钢板在中心焊接连接杆制成，安装在立杆的根部，用作防止立杆下沉并将上部荷载分散传递给地基的构件。底座抗压强度不应小于 100kN。

可调底座底板的钢板厚度不得小于 6mm。可调底座丝杆与螺母啮合长度不得少于 6 扣，插入立杆内的长度不得小于 150mm。

可调底座螺母应采用可锻铸铁或铸钢制造，其材料机械性能应符合现行国家标准《可锻铸铁件》GB 9440 中 KTH330—08 及《一般工程用铸造碳钢件》GB 11352 中 ZG270—500 的规定。

6）可调托撑

立杆顶部可调节高度的顶撑。可调托撑钢板厚度不得小于 5mm。可调托撑丝杆与螺母啮合长度不得少于 6 扣，插入立杆内的长度不得小于 150mm。

可调托撑螺母应采用可锻铸铁或铸钢制造，其材料机械性能应符合现行国家标准《可锻铸铁件》GB 9440 中 KTH330-08 及《一般工程用铸造碳钢件》GB 11352 中 ZG270—500 的规定。

4.3.2.2 辅助构件

用于作业面及附壁拉结等杆部件。

1）间横杆

间横杆是为了满足普通钢或木脚手板的需要而专设的杆件，可搭设于主架横杆之间的任意部位，用以减小支承间距和支承挑头脚手板。

2）廊道

双排脚手架内外立杆间人员上下行走和运输施工材料的通道。

3)连墙杆

脚手架与建筑物连接的构件,以加强脚手架抵抗风荷载及其他永久性水平荷载的能力,防止脚手架倒塌和增强脚手架的稳定性。

4.3.2.3 专用构件

用作专门用途的杆部件。

1)悬挑架

由挑杆和撑杆用碗扣接头固定在楼层内支承架上构成,用于其上搭设悬挑脚手架,可直接从楼内挑出,不需在墙体结构设预埋件。

2)提升滑轮

用于提升小物料而设计的杆部件,由吊柱、吊架和滑轮等组成,吊柱可插入宽挑梁的垂直杆中固定,与宽挑梁配套使用。

4.3.2.4 碗扣式脚手架的主要构、配件种类、规格

碗扣式脚手架的主要构、配件种类、规格见表4-12所列。

表4-12 碗扣式脚手架主要构、配件种类、规格

名称	型号	规格(mm)	设计重量(kg)
立杆	LG-120	$\phi48\times1200$	7.05
	LG-180	$\phi48\times1800$	10.19
	LG-240	$\phi48\times2400$	13.34
	LG-300	$\phi48\times3000$	16.48
横杆	HG-30	$\phi48\times300$	1.32
	HG-60	$\phi48\times600$	2.47
	HG-90	$\phi48\times900$	3.63
	HG-120	$\phi48\times1200$	4.78
	HG-150	$\phi48\times1500$	5.93
	HG-180	$\phi48\times1800$	7.08
间横杆	JHG-90	$\phi48\times900$	4.37
	JHG-120	$\phi48\times1200$	5.52
	JHG-120+30	$\phi48\times(1200+300)$ 用于窄挑梁	6.85
	JHG-120+60	$\phi48\times(1200+600)$ 用于宽挑梁	8.16
专用外斜杆	XG-0912	$\phi48\times1500$	6.33
	XG-1212	$\phi48\times1700$	7.03
	XG-1218	$\phi48\times2160$	8.66
	XG-1518	$\phi48\times2340$	9.30
	XG-1818	$\phi48\times2550$	10.04

名称	型号	规格(mm)	设计重量(kg)
专用斜杆	ZXG-0912	φ48×1270	5.89
	ZXG-0918	φ48×1750	7.73
	ZXG-1212	φ48×1500	6.76
	ZXG-1218	φ48×1920	8.73
窄挑梁	TL-30	宽度300	1.53
宽挑梁	TL-60	宽度600	8.60
立杆连接销	LLX	φ10	0.18
可调底座	KTZ-45	可调范围≤300	5.82
	KTZ-60	可调范围≤450	7.12
	KTZ-75	可调范围≤600	8.5
可调托座	KTC-45	T38×6 可调范围≤300	7.01
	KTC-60	T38×6 可调范围≤450	8.31
	KTC-75	T38×6 可调范围≤600	9.69
脚手板	JB-120	1200×270	12.8
	JB-150	1500×270	15
	JB-180	1800×270	17.9

4.3.2.5 碗扣节点构成

碗扣节点构成:碗扣节点由上碗扣、下碗扣、立杆、横杆接头和上碗扣限位销组成(图4-1-38)。脚手架立杆碗扣节点应按0.6m模数设置。立杆上应设有接长用套管及连接销孔。在碗扣节点上同时安装1~4个横杆,上碗扣均应能锁紧;

1)上碗扣

沿立杆滑动起锁紧作用的碗扣节点零件。立杆上的上碗扣应能上下窜动和灵活转动,不得有卡滞现象;

上碗扣应采用可锻铸铁或铸钢制造,其材料机械性能应符合现行国家标准《可锻铸铁件》GB 9440 中 KTH330-08 及《一般工程用铸造碳钢件》GB 11352 中 ZG270-500 的规定。上碗扣抗拉强度不应小于 30kN。

2)下碗扣

焊接于立杆上的碗形节点零件。

下碗扣应采用碳素铸钢制造,其材料机械性能应符合现行国家标准《一般工程用铸造碳钢件》GB 11352 中 ZG230-450 的规定。

采用钢板热冲压整体成型的下碗扣,钢板应符合现行国家标准《碳素结构钢》GB/T 700 中 Q235A 级钢的要求,板材厚度不得小于 6mm。并经 600~650℃的时效处理。严禁利用废旧锈蚀钢板改制。

下碗扣组焊后剪切强度不应小于 60kN。

3）立杆连接销

立杆竖向接长连接专用销子。

4）限位销

焊接在立杆上能锁紧上碗扣的定位销。

5）横杆接头

焊接于横杆两端的连接件。

横杆接头、斜杆接头应采用碳素铸钢制造，其材料机械性能应符合现行国家标准《一般工程用铸造碳钢件》GB 11352 中 ZG230—450 的规定。

4.3.2.6 碗扣式脚手架的主要构配件制作质量及形位公差要求

杆件的焊接应在专用工装上进行，主要构配件制作质量及形位公差要求应符合表4-13的要求。

当搭设不少于二步三跨 1.8m×1.8m×1.2m（步距×纵距×横距）的整体脚手架时，每一框架内横杆与立杆的垂直偏度差应小于 5mm。

表4-13 主要构配件制作质量及形位公差要求

名称	检查项目	公称尺寸（mm）	允许偏差（mm）	检测量具	图示
立杆	长度（L）	900	±0.70	钢卷尺	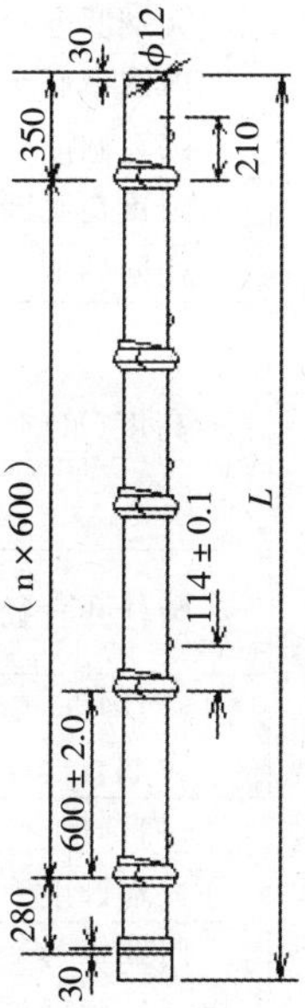
		1200	±0.85		
		1800	±1.15		
		2400	±1.40		
		3000	±1.65		
	碗扣节点间距	600	±0.50	钢卷尺	
	下碗扣与定位销下端间距	114	±1	游标卡尺	
	杆件直线度	—	1.5L/1000	专用量具	
	杆件端面对轴线垂直度	—	0.3	角尺（端面150mm范围内）	
	下碗扣内圆锥与立杆同轴度	—	φ0.5	专用量具	
	下碗扣与立杆焊缝高度	4	±0.50	焊接检验尺	
	下套管与立杆焊缝高度	4	±0.50	焊接检验尺	

续表 4-1-14　主要构配件制作质量及形位公差要求

名称	检查项目	公称尺寸（mm）	允许偏差（mm）	检测量具	图示
横杆	长度（L）	300	±0.40	钢卷尺	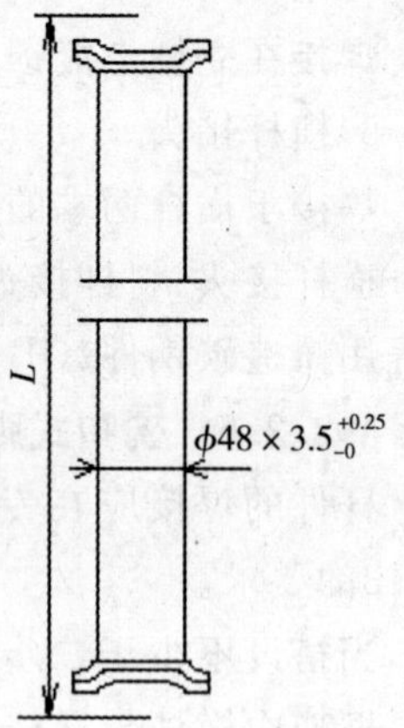
		600	±0.50		
		900	±0.70		
		1200	±0.80		
		1500	±0.95		
		1800	±1.15		
		2400	±1.40		
	横杆两接头弧面平行度	—	≤1.00	—	
	横杆两接头与杆件焊缝高度	4	±0.50	焊接检验尺	
上碗扣	螺旋面高端	$\phi53$	$+1.00 \atop 0$	深度游标卡尺	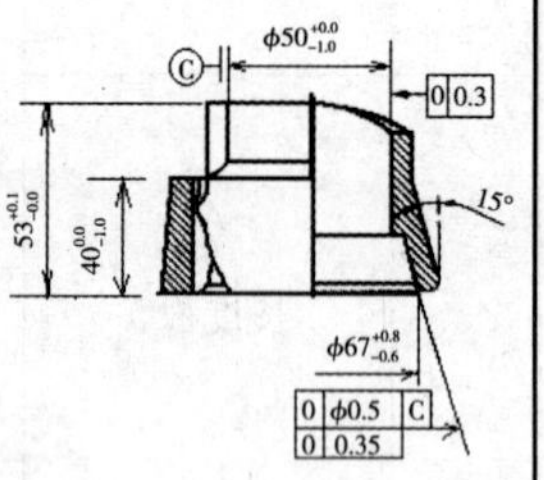
	螺旋面底端	$\phi40$	$0 \atop -1.0$		
	上碗扣内圆锥大端直径	$\phi67$	$+0.8 \atop -0.6$	游标卡尺	
	上碗扣内圆锥大端圆度	$\phi67$	0.35	游标卡尺	
	内圆锥底圆孔圆度	$\phi50$	0.30	游标卡尺	
	内圆锥与底圆孔同轴度	—	$\phi0.5$	杠杆百分表	
下碗扣	高度（H）	28（铸造件）	+0.8	深度游标卡尺	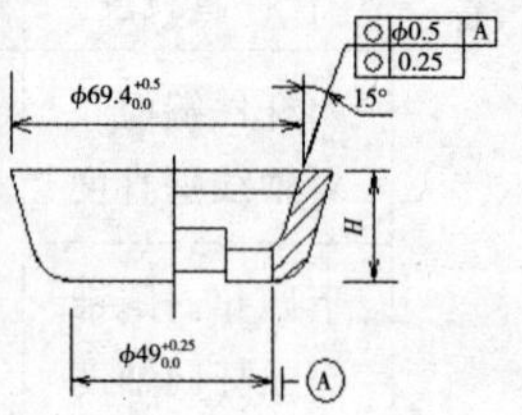
		25（冲压件）	+0.1		
	底圆柱孔直径	$\phi49.5$	±0.25	游标卡尺	
	内圆锥大端直径	$\phi69.4$	$+0.5 \atop -0.2$	游标卡尺	
	内圆锥大端圆度	$\phi69.4$	0.25	游标卡尺	
	内圆锥与底圆孔同轴度	—	$\phi0.5$	芯棒、塞尺	

砌体结构施工

名称	检查项目	公称尺寸（mm）	允许偏差（mm）	检测量具	图示
横杆接头	高度	20(18)	±0.50	游标卡尺	
	与立杆贴合曲面圆度	$\phi48$	+0.5 0	—	

4.3.2.7　构配件外观质量要求

（1）钢管应平直光滑、无裂纹、无锈蚀、无分层、无结巴、无毛刺等，不得采用接长钢管。

（2）铸造件表面应光整，不得有砂眼、缩孔、裂纹、浇冒口残余等缺陷，表面粘砂应清除干净。

（3）冲压件不得有毛刺、裂纹、氧化皮等缺陷。

（4）各焊缝应饱满，焊药清除干净，不得有未焊透、夹砂、咬肉、裂纹等缺陷；

（5）构配件防锈漆涂层均匀、附着应牢固。

（6）主要构、配件上的生产厂标识应清晰。

4.3.3　构造要求

4.3.3.1　双排外脚手架

（1）双排脚手架应根据规范要求搭设；应根据使用条件及荷载要求选择结构设计尺寸，横杆步距宜选用1.8m，廊道宽度（横距）宜选用1.2m，立杆纵向间距可选择不同规格的系列尺寸：0.9m、1.2m、1.5m、1.8m、2.4m等。当连墙件按二步三跨设置，二层装修作业层、二层脚手板、外挂密目安全网封闭，且符合下列基本风压值时，其允许搭设高度宜符合表4-14的规定。

表4-14　双排落地脚手架允许搭设高度

步距（m）	横距（m）	纵距（m）	允许搭设高度（m）		
			基本风压值（kN/m²）		
			0.4	0.5	0.6
1.8	1.9	1.2	68	62	52
		1.5	51	43	36
	1.2	1.2	59	53	46
		1.5	41	34	26

注：本表计算风压高度变化系数，系按地面粗糙度为C类采用，当具体工程的基本风压值和地面粗糙度与此表不相符时，应另行计算。

（2）曲线布置的双排外脚手架组架时，应按曲率要求使用不同长度的内外横杆组架，曲率半径应大于2.4m。

（3）双排外脚手架拐角为直角时，宜采用横杆直接组架（图 4-39a）；拐角为非直角时，可采用钢管扣件组架（图 4-39b）。

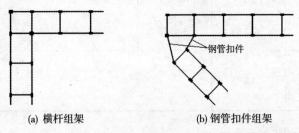

(a) 横杆组架　　　　　　　　　(b) 钢管扣件组架

图 4-39　拐角组架图

（4）双排脚手架首层立杆应采用不同的长度交错布置，底部纵、横向横杆作为扫地杆距地面高度应小于或等于 350mm，严禁施工中拆除扫地杆，立杆应配置可调底座或固定底座（图 4-40）。

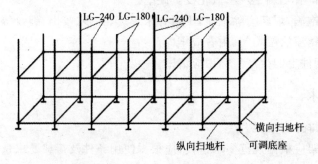

图 4-40　首层立杆布置示意图

（5）双排脚手架专用外斜杆设置

①斜杆应设置在有纵向及横向横杆的碗扣节点上；

②在封圈的脚手架拐角处及一字形脚手架端部应设置竖向通高斜杆（图 4-41）；

③当脚手架高度小于等于 24m 时，每隔 5 跨应设置一组竖向通高斜杆；脚手架高度大于 24m 时，每隔 3 跨应设置一组竖向通高斜杆；斜杆必须对称设置（图 4-41）；

④当斜杆临时拆除时，应调整斜杆位置，并严格控制同时拆除的根数。拆除前应在相邻立杆间设置相同数量的斜杆。

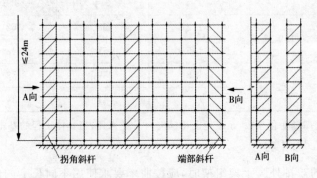

图 4-41　专用斜杆设置图

(6)当采用钢管扣件做斜杆时应符合下列规定：

① 斜杆应每步与立杆扣接，扣接点距碗扣节点的距离宜小于等于150mm；当出现不能与立杆扣接的情况时，亦可采取与横杆扣接，扣接点应牢固，扣件扭紧力矩应为40~65N·m；

② 纵向斜杆应在全高方向设置成八字形且内外对称，斜杆水平倾角宜在45°~60°之间，纵向斜杆间距不应大于2跨(图4-42)。

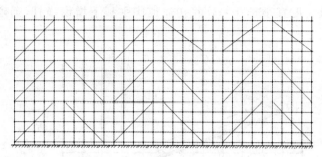

图4-42　钢管扣件斜杆设置图

(7)连墙件的设置

连墙件的设置应符合下列规定：

①连墙件应呈水平设置，当不能呈水平设置时，与脚手架连接的一端应下斜连接；

②每层连墙件应在同一平面，其位置应由建筑结构和风荷载计算确定，且水平间距应不大于4.5跨；

③连墙件应设置在有横向横杆的碗扣节点处，采用钢管扣件做连墙杆时，连墙件应采用直角扣件与立杆连接，连接点距碗扣节点距离应小于等于150mm；

④连墙件必须采用可承受拉、压荷载的刚性结构，连接应牢固可靠。

⑤连墙件的做法

可采用图4-43做法，也可采用扣件、钢管连墙件，如图4-9所示。

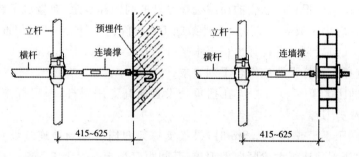

图4-43　连墙件构造示意图

扣件式钢管脚手架

(8)当脚手架高度大于24m时，顶部24m以下所有的连墙件层必须设置水平斜杆，水平斜杆应设置在纵向横杆之下(图4-44)。

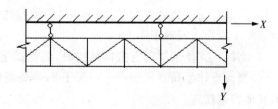

图4-44　水平斜杆设置示意图

(9)脚手板设置

①工具式钢脚手板必须有挂钩,并带有自锁装置,与廊道横杆锁紧,严禁浮放;

②冲压钢脚手板、木脚手板、竹串片脚手板等平放在横杆上的脚手板,必须与脚手架连接牢靠,可适当加设间横杆,脚手板探头长度应小于或等于150mm;作业层的脚手板框架外侧应设挡脚板及防护栏,护栏应采用二道横杆。

(10)人行通道坡度宜小于1:3,并在通道脚手板下增设横杆,通道可折线上升(图4-45)。

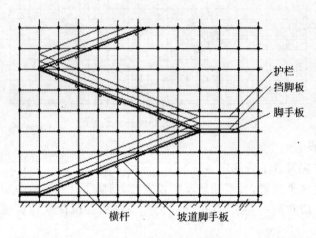

图4-45 人行通道设置

(11)脚手架内立杆与建筑物距离应小于或等于150mm;当脚手架内立杆与建筑物距离大于150mm时,应按需求分别选用窄挑梁或宽挑梁设置作业平台。挑梁应单层挑出,严禁增加层数。

4.3.3.2 模板支撑架

(1)模板支撑架应根据所承受的荷载选择立杆的间距和步距,布置底部纵、横杆作为扫地杆距地面高度应小于或等于350mm,严禁施工中拆除扫地杆,立杆应配置可调底座或固定底座;立杆上端包括可调螺杆伸出顶层水平杆的长度不得大于0.7m。

(2)模板支撑架斜杆设置应符合下列要求:

①当立杆间距大于1.5m时,应在拐角处设置通高专用斜杆,中间每排每列应设置通高八字形斜杆或剪刀撑。

②当立杆间距小于或等于1.5m时,模板支撑架四周从底到顶连续设置竖向剪刀撑;中间纵、横向由底到顶连续设置竖向剪刀撑,其间距应小于或等于4.5m。

③剪刀撑的斜杆与地面夹角在45°~60°之间,斜杆应每步与立杆扣接。

(3)当模板支撑架高度大于4.8m时,顶端和底部必须设置水平剪刀撑,中间水平剪刀撑设置间距应小于或等于4.8m。

(4)当模板支撑架周围有主体结构时,应设置连墙件。

(5)模板支撑架高宽比应小于或等于2;当高宽比大于2时可采取扩大下部架体尺寸或采取其他构造措施。

(6)模板下方应放置次楞(梁)与主楞(梁),次楞(梁)与主楞(梁)应按受弯杆件设计计

砌体结构施工

算。支架立杆上端应采取 U 形托撑,支撑应在主楞(梁)底部。

4.3.3.3 门洞设置要求

(1)当双排脚手架设置门洞时,应在门洞上部架设专用梁,门洞两侧立杆应加设斜杆(图 4-46)。

(2)模板支撑架设置人行通道(图 4-47)应符合下列规定。

①通道上部架设专用横梁,横梁结构应经过设计计算确定。

②横梁的立杆根据计算应加密,并应与架体连接牢固。

③通道宽度应小于或等于 4.8m。

④门洞及通道顶部必须采用木板或其他硬质材料全封闭,两侧应设置安全网。

⑤通行机动车的洞口,必须设置防撞击设施。

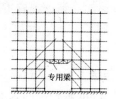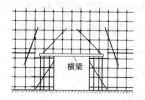

图 4-46 双排外脚手架门洞设置　　图 4-47 模板支撑架人行通道设置

4.3.4 施工

4.3.4.1 施工准备

(1)双排脚手架施工前必须编制专项施工方案,保证其技术可靠和使用安全。经批准后方可实施。

(2)双排脚手架搭设前工程技术负责人应按脚手架专项施工方案的要求对搭设和使用人员进行技术交底。

(3)对进入现场的脚手架构配件,使用前应对其质量进行复检。

(4)构配件应按品种、规格分类放置在堆料区内或码放在专用架上,清点好数量备用。脚手架堆放场地排水应畅通,不得有积水。

(5)连墙件如采用预埋方式,应提前与设计单位协商,并保证预埋件在混凝土浇筑前埋入,要求预处理。

(6)脚手架搭设场地必须平整、坚实、排水措施得当。

4.3.4.2 地基与基础处理

(1)脚手架地基基础必须按专项施工方案进行施工,按地基承载力要求进行验收。

(2)当地基高低差较大时,可利用立杆 0.6m 节点位差调整。

(3)土层地基上的立杆应采用可调底座和垫板。

(4)双排脚手架基础经验收合格后,应按专项施工方案的要求放线定位。

4.3.4.3 双排脚手架搭设

1)碗扣式双排脚手架的搭设要求

(1)接头搭设

接头是立杆同横杆、斜杆的连接装置,应确保接头锁紧。搭设时,先将上碗扣搁置在限位销上,将横杆、斜杆等接头插入下碗扣,使接头弧面与立杆密贴,待全部接头插入后,将上碗扣套下,并用榔头顺时针沿切线敲击上碗扣凸头,直至上碗扣被限位销卡紧不再转动为止。

(2)碗扣式脚手架搭设高度应小于 20m,当设计高度大于 20m 时,应根据荷载计算进行搭设。

(3)碗扣式钢管脚手架立柱纵、横距可根据方案设计要求设置为 0.3m 的模数,最大为 1.8m;步距为 0.6m 的模数。搭设时立杆的接长缝应错开,第一层立杆宜用长 1.8m 和 3.0m 的立杆错开布置,模板支撑架立杆长度还需要根据结构高度配置立杆。

(4)连墙杆应设置在有廊道横杆的碗扣节点处,采用钢管扣件做连墙杆时,连墙杆应采用直角扣件与立杆连接,连接点距碗扣节点距离应小于等于 150mm。

(5)当连墙件竖向间距大于 4m 时,连墙件内外立杆之间必须设置廊道斜杆或十字撑。

(6)土层地基上的立杆应采用可调底座和垫板。

2)碗扣式双排脚手架的搭设

(1)根据架体设计确定的立杆间距,在处理好的基础垫板上安放立杆底座(立杆底座或立杆可调底座),然后将立杆插在底座上,立杆应采用 3m 和 1.8m 两种不同长度立杆交错、参差布置,上面各层均采用 3m 长立杆找长,顶部再用其他长度立杆找齐(或同一层用同一种规格立杆,最后找齐),以避免立杆接头处于同一水平面上。架设在结实平整的地基基础上的脚手架,其立杆底座可直接用立杆底座。地势不平或高层及承重载的脚手架底部应用可调底座。

(2)碗扣式脚手架的底层组架最为关键,其组装的质量好坏直接影响到整体脚手架的质量,因此要严格控制搭设质量。当组装完两层横杆后,应检查调整水平框架的直角度和纵向直线度,同时要检查横杆的水平度。并检查立杆底脚,保证立杆不悬空,底座不松动。当底层架子符合搭设要求后,检查所有碗扣接头,并锁紧。

(3)底座和垫板应准确地放置在定位线上;垫板宜采用长度不少于 2 跨,厚度不小于 50mm 的木垫板;底座的轴心线应与地面垂直。

(4)双排脚手架搭设应按立杆、横杆、斜杆、连墙件的顺序逐层搭设,底层水平框架的纵向直线度偏差应小于 1/200 架体长度;横杆间水平度偏差应小于 1/400 架体长度。

(5)双排脚手架的搭设应分阶段进行,每段搭设后必须经检查验收后,方可正式投入使用。

(6)双排脚手架的搭设应与建筑物的施工同步上升,并应高于作业面 1.5m。

(7)当双排脚手架高度 H 小于或等于 30m 时,垂直度偏差应小于或等于 $H/500$;当高度 H 大于 30m,垂直度偏差小于或等于 $H/1000$。

(8)当双排脚手架内外侧加挑梁时,在一跨挑梁范围内不得超过一名施工人员操作,严禁堆放物料。

(9)连墙件必须随架子高度上升及时在规定位置处设置,严禁任意拆除。

(10)作业层设置要求

① 脚手板必须铺满、铺实,外侧应设 180mm 挡脚板及 1200mm 高两道防护栏杆;

② 防护栏杆可在立杆 0.6m 和 1.2m 的碗扣接头处搭设两道;

③ 作业层下的水平安全网设置应按符合国家现行标准《建筑施工安全检查标准》JGJ

59 规定设置。

(11)采用钢管扣件作加固件、连墙件、斜撑时,应符合国家现行标准《建筑施工扣件式钢管脚手架安全技术规范》JGJ 130 的有关规定。

4.3.4.4　双排脚手架拆除

(1)双排脚手架拆除时,必须按专项施工方案,在专人指挥下,统一进行。

(2)脚手架拆除前,施工管理人员应对在岗操作工人进行有针对性的安全技术交底。

(3)脚手架拆除时必须划出安全区,设置警戒标志,派专人看管。

(4)拆除前应清理脚手架上的器具及多余的材料和杂物。

(5)拆除作业应从顶层开始,逐层向下进行,严禁上下层同时拆除。

(6)连墙件必须拆到该层时方可拆除,严禁提前拆除。

(7)拆除的构配件应采用起重设备吊运或人工传递到地面,严禁抛掷。

(8)脚手架采取分段、分立面拆除时,必须事先确定分界处的技术处理方案。

(9)拆除的构配件应分类堆放,以便于运输、维护和保管。

4.3.5　检查与验收

(1)进入现场的构配件应具备以下证明资料

①主要构配件应有产品标识及产品质量合格证;

②供应商应配套提供管材、零件、铸件、冲压件等材质、产品性能检验报告。

(2)构配件进场质量检查的重点

①钢管管壁厚度;焊接质量;外观质量;

②可调底座和可调托撑材质及丝杆直径、与螺母配合间隙等。

(3)整体脚手架重点检查内容

①保证架体几何不变性的斜杆、连墙件、十字撑等设置是否完善;

②基础是否有不均匀沉降,立杆底座与基础面的接触有无松动或悬空情况;

③上碗扣是否可靠锁紧;

④立杆连接销是否安装、斜杆扣接点是否符合要求、扣件拧紧程度。

(4)双排脚手架搭设质量应按阶段进行检验

①首段以高度为 6m 进行第一阶段(撂底阶段)的检查与验收;

②架体随施工进度升高应按结构层进行检查;

③架体高度超过 24m 时,在 24m 处或者设计高度 $H/2$ 处及达到设计高度后,进行全面检测与验收。

④遇 6 级以上大风、大雨、大雪后施工前检查;

⑤停工超过一个月恢复使用前。

(5)双排脚手架搭设过程中,应随时进行检查,及时解决存在的结构缺陷。

(6)脚手架验收时,应具备下列技术文件

①专项施工方案及变更文件;

②安全技术交底文件;

③周转使用的脚手架构配件使用前的复验合格记录;

④搭设的施工记录和质量检查记录。

(7)模板支撑架浇筑混凝土时,应由专人全过程监督。

4.3.6 安全管理与维护

(1)作业层上的施工荷载应符合设计要求,不得超载,不得在脚手架上集中堆放模板、钢筋等物料。

(2)混凝土输送管、布料杆及缆风绳不得固定在脚手架上。

(3)遇6级及以上大风、雨雪、大雾天气时,应停止脚手架的搭设与拆除作业。

(4)脚手架使用期间,严禁擅自拆除架体结构杆件,如需拆除必须报请技术主管同意,确定补救措施后方可实施。

(5)严禁在脚手架基础及邻近处进行挖掘作业。

(6)脚手架应与架空输电线路保持安全距离,工地临时用电线路架设及脚手架接地防雷措施等应按现行行业标准《施工现场临时用电安全技术规范》(JGJ 461)的有关规定执行。

(7)搭设脚手架人员必须持证上岗。上岗人员应定期体检,合格者方可持证上岗。

(8)搭设脚手架人员必须戴安全帽、系安全带、穿防滑鞋。

4.4 吊篮脚手架

吊篮是吊挂设置于屋面上的悬挂机构上,利用提升机构驱动悬吊平台通过钢丝绳沿建筑物或构筑物立面上下运行。适用于建筑装饰等临时作业(图4-48)。

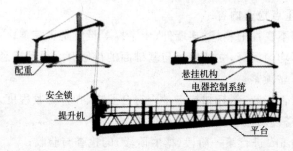

图4-48 ZLP630型

吊篮有手动和电动两种,常用的是电动吊篮。

高处作业吊篮一般由悬挑机构、吊篮平台、提升机构、防坠落机构、电气控制系统、钢丝绳和配套附件、连接件构成。

吊篮悬挂机构前后支架的间距,应能随建筑物外形变化进行调整。

悬挑机构应符合下列要求:

(1)应根据工程结构情况和吊篮用途,选定悬臂挑梁的固定位置(屋顶、屋架、柱、大梁等),或专门设计悬挑梁;

图4-49为屋顶挑架的三种方案,用型钢或钢筋制作成倒三角形挑架。挑架伸出墙外可达2~3m。屋顶挑架Ⅰ及屋顶挑架Ⅱ适用于排架结构厂房或框架结构房屋的外墙砌筑

工程;屋顶挑架Ⅲ适用于平屋顶建筑的外装修工程。

（2）悬挑结构的构件应选用适合的金属材料制造,其结构应具有足够的强度和刚度,必要时在房屋结构与悬挑梁之间设置斜撑或抱柱等加固措施。对悬挑支承点处应设50mm厚1m长以上的垫板。

图4-50为屋顶挑梁三种方案,用型钢、钢管、钢筋或圆（方）木制作。挑梁悬挑墙外1m以内。屋顶挑梁Ⅰ可用于砌筑工程;屋顶挑梁Ⅱ、屋顶挑梁Ⅲ仅用于装修工程。

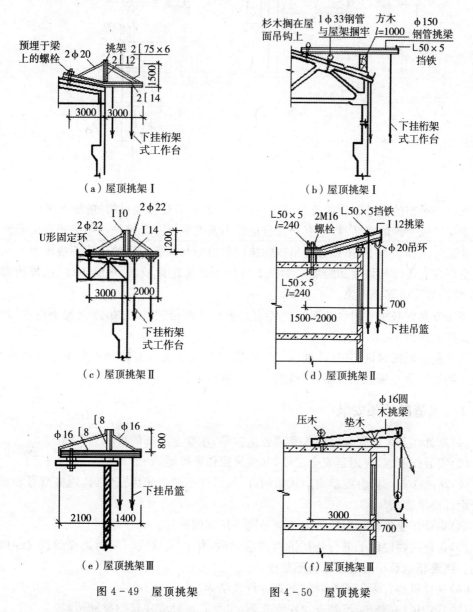

（a）屋顶挑架Ⅰ　　　　　　（b）屋顶挑架Ⅰ

（c）屋顶挑架Ⅱ　　　　　　（d）屋顶挑架Ⅱ

（e）屋顶挑架Ⅲ　　　　　　（f）屋顶挑架Ⅲ

图4-49　屋顶挑架　　　　图4-50　屋顶挑梁

图4-51为柱顶挑架的两种方案,此种方法适用于钢筋混凝土排架结构。（a）为角钢三角形挑架,用螺栓、抱箍将三角形架紧固在柱顶上。（b）为槽钢横梁、钢筋或钢丝绳拉索作挑架。

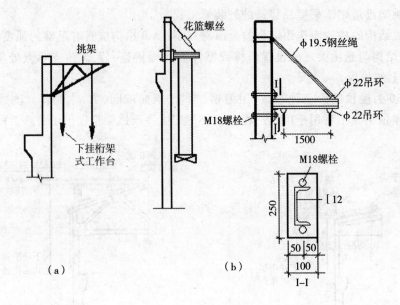

图 4 - 51 柱顶挑架

吊篮脚手架的设计制作应符合 GB 19155—2003《高处作业吊篮》的标准规定。

使用厂家生产的产品时,应有产品合格证书及安装、使用、维护说明书等有关资料。

在正常工作状态下,吊篮悬挂机构的抗倾覆力矩与倾覆力矩的比值不得小于 2。

吊篮应有足够的强度和刚度。承受 2 倍的均部额定荷载时,焊缝无裂纹、螺栓铆钉不松动,结构件无破坏等现象。

施工方案中必须对阳台及建筑物转角处等特殊部位的挑梁、吊篮设置予以详细说明,并绘制施工详图。

施工前必须按建设部《危险性较大工程安全专项施工方案编制及专家论证审查办法》的规定编制安全专项施工方案,并按规定进行审核审批。

4.4.1 吊篮脚手架安装

(1)高处作业吊篮安装时应按专项施工方案,在专业人员的指导下实施。

(2)安装作业前,应划定安全区域,并应排除作业障碍。

(3)高处作业吊篮组装前应确认结构件、紧固件已经配套且完好,其规格型号和质量应符合设计要求。

(4)高处作业吊篮所用的构配件应是同一厂家的产品。

(5)在建筑物屋面上进行悬挂机构的组装时,作业人员应与屋面边缘保持 2m 以上的距离。组装场地狭小时应采取防坠落措施。

(6)悬挂机构宜采用刚性联结方式进行拉结固定。

(7)悬挂机构前支架严禁支撑在女儿墙上、女儿墙外或建筑物挑檐边缘。

(8)前梁外伸长度应符合高处作业吊篮使用说明书的规定。

(9)悬挑横梁前高后低,前后水平高差不应大于横梁长度的 2%。

(10)配重件应稳定可靠地安放在配重架上,并应有防止随意移动的措施。严禁使用破损的配重件或其他替代物。配重件的重量应符合设计规定。

（11）安装时钢丝绳应沿建筑物立面缓慢下放至地面，不得抛掷。

（12）当使用两个以上的悬挂机构时，悬挂机构吊点水平间距与吊篮平台的吊点间距应相等，其误差不应大于 50mm。

（13）悬挂机构前支架应与支撑面保持垂直，脚轮不得受力。

（14）安装任何形式的悬挑结构，其施加于建筑物或构筑物支承处的作用力，均应符合建筑结构的承载能力，不得对建筑物和其他设施造成破坏和不良影响。

（15）高处作业吊篮安装和使用时，在 10m 范围内如有高压输电线路，应按照现行行业标准《施工现场临时施工用电安全技术规范》JGJ 46 的规定，采取隔离措施。

4.4.2 吊篮脚手架验收

（1）高处作业吊篮在使用前必须经过施工、安装、监理等单位的验收，未经验收或验收不合格的吊篮不得使用。

（2）高处作业吊篮应按表 4-15 的规定逐台逐项验收，并应经空载运行试验合格后，方可使用。

表 4-15　高处作业吊篮使用验收表

工程名称			结构形式	
建筑面积			机位布置情况	
总包单位			项目经理	
租赁单位			项目经理	
安拆单位			项目经理	

序号		检查项目	标准	检查结果
1	保证项目	悬挑机构	悬挑机构的连接销轴规格与安装孔相符并应用锁定销可靠锁定	
			悬挑机构稳定，前支架受力点平整，结构强度满足要求	
			悬挑机构抗倾覆系数大于等于 2，配重铁足量稳妥安放，锚固点结构强度满足要求	
2		吊篮平台	吊篮平台组装符合产品说明书要求	
			吊篮平台无明显变形和严重锈蚀及大量附着物	
			连接螺栓无遗漏并拧紧	
3		操控系统	供电系统符合施工现场临时用电安全技术规范要求	
			电气控制柜各种安全保护装置齐全、可靠，控制器件灵敏可靠	
			电缆无破损裸露，收放自如	

序号	检查项目		标准	检查结果
4	保证项目	安全装置	安全锁灵敏可靠,在标定有效期内,离心触发式制动距离小于等于200mm,摆臂防倾3°~8°锁绳	
			独立设置锦纶安全绳,锦纶绳直径不小于16mm,锁绳器符合要求,安全绳与结构固定点连接可靠	
			行程限位装置是否正确稳固,灵敏可靠	
			超高限位器止挡安装在距顶端80cm处固定	
5		钢丝绳	动力钢丝绳、安全钢丝绳及索具的规格型号符合产品说明书要求	
			钢丝绳无断丝、断股、松散、硬弯、锈蚀,无油污和附着物	
			钢丝绳的安装稳妥可靠	
6	一般项目	技术资料	吊篮安装和施工组织方案	
			安装、操作人员的资格证书	
			防护架钢结构构件产品合格书	
			产品标牌内容完整(产品名称、主要技术性能、制造日期、出厂编号、制造厂名称)	
7		防护	施工现场安全防护措施落实,划定安全区,设置安全警示标识	

检查结论				

检查人签字	总包单位	分包单位	租赁单位	安拆单位

符合要求,同意使用(　　　)

不符合要求,不同意使用(　　　)

总监理工程师(签字)　　　　　　　　　　　　　　年　　月　　日

注:本表由施工单位填报,监理单位、施工单位、租赁单位、安拆单各存一份。

4.4.3 吊篮脚手架使用

(1)高处作业吊篮应设置作业人员专用的挂设安全带的安全绳及安全锁扣。安全绳应固定在建筑物可靠位置上不得与吊篮上任何部位有连接,并应符合下列规定:

①安全绳应符合现行国家标准《安全带》GB 6095 的要求,其直径应与安全锁扣的规格相一致;

②安全绳不得有松散、断股、打结现象;

③安全锁扣的部件应完好、齐全,规格和方向标识应清晰可辨。

（2）吊篮宜安装防护棚,防止高处坠物造成作业人员伤害。

（3）吊篮应安装上限位装置,宜安装下限位装置。

（4）使用吊篮作业时,应排除影响吊篮正常运行的障碍。在吊篮下方可能造成坠落物伤害的范围,设置安全隔离区和警告标志,人员、车辆不得停留、通行。

（5）在吊篮内从事安装、维修等作业时,操作人员应佩戴工具袋。

（6）使用境外吊篮设备应有中文使用说明书;产品的安全性能应符合我国的现行标准。

（7）不得将吊篮作为垂直运输设备,不得采用吊篮运输物料。

（8）吊篮内作业人员不应超过 2 个。

（9）吊篮正常工作时,人员应从地面进入吊篮,不得从建筑物顶部、窗口等处或其他孔洞处出入吊篮。

（10）在吊篮内的作业人员应佩戴安全帽,系安全带,并应将安全锁扣正确挂置在独立设置的安全绳上。

（11）吊篮平台内应保持荷载均衡,严禁超载运行。

（12）吊篮做升降运行时,工作平台两端高差不得超过 150mm。

（13）使用离心触发式安全锁的吊篮在空中停留作业时,应将安全锁锁定在安全绳上;空中启动吊篮时,应先将吊篮提升使安全绳松弛后再开启安全锁。不得在安全绳受力时强行扳动安全锁开启手柄;不得将安全锁开启手柄固定于开启位置。

（14）吊篮悬挂高度在 60 米及其以下的,宜选用长边不大于 7.5 米的吊篮平台;悬挂高度在 100 米及其以下的,宜选用长边不大于 5.5 米的吊篮平台;悬挂高度 100 米以上的,宜选用不大于 2.5 米的吊篮平台。

（15）进行喷涂作业或使用腐蚀性液体进行清洗作业时,应对吊篮的提升机、安全锁、电气控制柜采取防污染保护措施。

（16）悬挑结构平行移动时,应将吊篮平台降落至地面,并应使其钢丝绳处于松弛状态。

（17）在吊篮内进行电焊作业时,应对吊篮设备、钢丝绳、电缆采取保护措施。不得将电焊机放置在吊篮内;电焊缆线不得与吊篮任何部位接触;电焊钳不得搭挂在吊篮上。

（18）在高温、高湿等不良气候和环境条件下使用吊篮时,应采取相应的安全技术措施。

（19）当吊篮施工遇有雨雪、大雾、风沙及六级以上大风等恶劣天气时,应停止作业,并应将吊篮平台停放至地面,应对钢丝绳、电缆进行绑扎固定。

（20）当施工中发现吊篮设备故障和安全隐患时,应及时排除;当可能危及人身安全时,必须停止作业,并应由专业人员进行维修。维修后的吊篮应重新进行验收检查,合格后方可使用。

（21）下班后不得将吊篮停留在半空中,应将吊篮放至地面。人员离开吊篮、进行吊篮维修或每日收工后应将主电源切断,并将电气柜中各开关置于断开位置并加锁。

4.4.4　吊篮脚手架拆除

（1）高处作业吊篮拆除时应按照专项施工方案,并应在专业人员的指挥下实施。

（2）拆除前应将吊篮平台下落至地面,并应将钢丝绳从提升机、安全锁中退出,切断总电源。

（3）拆除支承悬挂结构时，应对作业人员和设备采取相应的安全措施。

（4）拆卸分解后的零部件不得放置在建筑物边缘，应采取防止坠落的措施。零散物品应放置在容器中。不得将吊篮任何部件从屋顶处抛下。

4.4.5 吊篮脚手架管理

（1）安装前，应根据工程结构、施工环境等特点编制专项施工方案，并应经总承包单位技术负责人审批、项目总监理工程师审核后实施。

（2）专项施工方案应包括下列内容：

①工程特点；

②平面布置情况；

③安全措施；

④特殊部位的加固措施；

⑤工程结构受力核算；

⑥安装、提升、拆除程序及措施；

⑦使用规定。

（3）总承包单位必须将工具式脚手架专业工程发包给具有相应资质等级的专业队伍，并应签订专业承包合同，明确总包、分包或租赁等各方的安全生产责任。

（4）施工单位应当建立健全安全生产管理制度，制订相应的安全操作规程和检验规程，应制定设计、制作、安装、升降、使用、和日常维护保养等的管理规定。

（5）施工单位应配置专业技术人员、安全管理人员及相应的特种作业人员。特种作业人员应经专门培训，并应经建设行政主管部门考核合格，取得特种作业操作资格证书后，方可上岗作业。

（6）施工现场使用应由总承包单位统一监督，并应符合下列规定：

①安装、升降、使用、拆除等作业前，应向有关作业人员进行安全教育；并对作业人员的进行安全技术交底；

②应对专业承包单位人员的配备和特种作业人员的资格进行审查；

③安装、升降后、拆卸等作业时，应派专人进行监督；

④组织检查验收；

⑤应定期对脚手架使用情况进行安全巡检。

（7）监理单位应对施工现场的脚手架使用状况进行安全监理并应记录。出现隐患应要求及时整改，并应符合下列规定：

①应对专业承包单位的资质及有关人员的资格进行审查；

②在脚手架的安装、升降、拆除等作业时应进行监理；

③应参加脚手架的检查验收；

④应定期对脚手架使用情况进行安全巡检；

⑤发现存在隐患时，应要求限期整改，对拒不整改的，及时向建设单位和建设行政主管部门报告。

（8）所使用的电气设施、线路及接地、避雷措施等应符合现行行业标准《施工现场临时用电安全技术规范》JGJ 46 的规定。

（9）工具式脚手架防坠落装置应经法定检测机构标定后方可使用；使用过程中，使用单位应定期对其有效性和可靠性进行检测。安全装置受冲击载荷后应进行解体检验。

（10）临街搭设时，外侧应有防止坠落物伤人的防护措施。

（11）安装、拆除时，在地面应设有围栏和警戒标志，并应派专人看守，非操作人员不得入内。

（12）遇六级及以上大风和雨天，不得提升或下降。

（13）当施工中发现工具式脚手架故障和存在安全隐患时，应及时排除，对可能危及人身安全时，应停止作业。应由专业人员整改。整改后的工具式脚手架应重新进行验收检查，合格方可使用。

（14）作业人员在施工进程中应戴安全帽、系安全带、穿防滑鞋，酒后不得上岗作业。

4.4.6 安全措施

（1）总承包单位应组织在吊篮下方施工的各单位，签订安全生产协议或指派现场安全监督员对现场进行监督。

（2）吊篮使用过程中，必须严格控制荷载，吊篮架上的人员和材料堆积应对称均匀分布，严禁集中一端；吊篮内不得进行焊接作业，也不得堆放机械设备。

（3）如果吊篮架内设置照明，必须使用 36V 的安全电压。

（4）吊篮架内严禁再支搭脚手架，也不许用其他物品垫高铺板操作。严禁在吊篮内悬挑起重设备，作垂直运输用。

（5）在吊篮内操作，施工人员应按规定佩戴安全带，安全带应挂在单独设置的安全绳上，严禁安全绳与吊篮连接。每人必备工具袋，放置小型工具和零星材料，以免随意放在吊篮内。

（6）六级以上大风、暴雨、大雪的天气严禁使用吊篮（升降吊篮时遇五级大风，应停止升降）。

（7）采用吊篮脚手架时，必须在首层外侧设一道双层 6m 宽水平安全网，吊篮两端和外侧应设置立式安全网，吊篮底部应设置兜状安全网。

（8）每天下班前将吊篮下降到距地面 300mm 高的位置停挂，关闭电源，并将吊篮内的垃圾和杂物清理干净。严禁在下班后不做任何固定将吊篮停挂在操作层上。

（9）吊篮安装、拆卸和使用过程中，地面应设安全警戒线和专人监护。

（10）若发生停电或电控系统失灵，可扳动电机释放手柄，使吊篮降降停停、逐渐落下。严禁从高处直接滑降到地面，造成事故。

4.4.7 环保措施

（1）在架体底部铺设一层密目网防止灰尘及小垃圾从架体上向下飘落。

（2）及时清理架体上和安全网内的垃圾。

（3）选用统一颜色，统一尺寸的密目安全网。

（4）安全网重复进行使用前，必须进行清洗。

（5）在架体上设计并张贴安全宣传标语。

4.5 里脚手架

里脚手架是搭设在建筑物内部的一种脚手架，一般用于墙体高度不大于 4 米的房屋。混合结构房屋墙体砌筑多采用工具式里脚手架，将脚手架搭设在各层楼板上，待砌完一个楼层的墙体，即将脚手架全部运到上一个楼层上。使用里脚手架，每一层楼只需搭设 2、3 步架。里脚手架所用工料较少，比较经济，因而被广泛采用。但是，用里脚手架砌外墙时，特别是清水墙，工人在外墙的内侧操作，要保证外侧砌体表面平整度，灰缝垂直度及不出现游丁走缝现象，对工人在操作技术上要求较高。

工具式里脚手架有折叠式、支柱式、门架式等多种形式。

4.5.1 折叠式里脚手架

1）角钢折叠式里脚手架

角钢折叠式里脚手架搭设间距，砌墙时不超过 2m，粉刷时不超过 2.5m，可搭设两步架，第一步为 1m，第二步为 1.65m，每个重 25kg（图 4-52）。

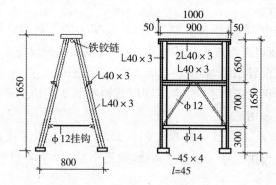

图 4-52 角钢折叠式里脚手架

2）钢管折叠式里脚手架

钢管折叠式里脚手架搭设间距砌墙时不超过 1.8m，粉刷时不超过 2.2m，每个重 18kg（图 4-53）。

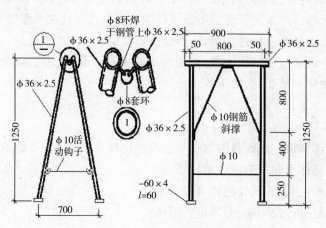

图 4-53 钢管折叠式里脚手架

3）钢筋折叠式里脚手架

钢筋折叠式里脚手架搭设间距砌墙时不超过 1.8m，粉刷时不超过 2.2m，每个重 21kg（图 4－54）。

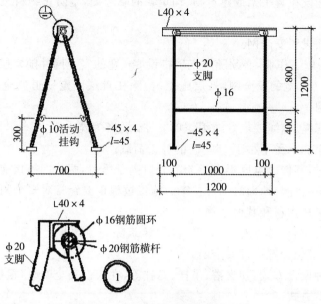

图 4－54　钢筋折叠式里脚手架

4.5.2　支柱式里脚手架

支柱式里脚手架由若干个支柱和横杆组成，上铺脚手板。支柱间距不超过 2m。

支柱式里脚手架的支柱有套管式支柱及承插式支柱。

1）套管式支柱

套管式支柱(图 4－55 由立管，插管组成，插管插入立管中，以销孔间距调节脚手架的高度，插管顶端的方形支托搁置方木横杆以铺脚手板，架设高度 1.57～2.17m，每个支柱重 14kg)。

2）承插式钢管式支柱

图 4－56 为承插式钢管式支柱，架设高度为 1.2，1.6，1.9m，当架设第三步时要加销钉以保安全。每个支柱重 13.7kg，横杆重 5.6kg。

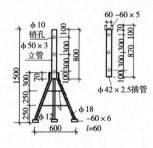

图 4－55　套管式支柱

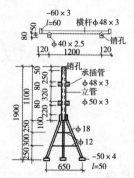

图 4－56　承插式钢管式支柱

4.6 安全网

安全网一般挂设在脚手架或建筑物、构筑物的临空侧，是防止物料及人员坠落、减轻坠落伤害的网具。

以下情况必须设置安全网：

凡4m以上的施工作业，必须随施工层搭设3m宽的安全网并随楼层砌高而上升，首层必须固定一道3～6m宽的安全网，高层施工时，除在首层固定一道安全网外，每隔4层还要固定一道安全网。

安全网是用麻绳、棕绳或尼龙绳编织的，一般规格为宽3m，长6m，网眼5cm左右，每块支好的安全网应能承受不小于1600N的冲击荷载。

架设安全网时，其伸出宽度不少于3m，外口高于里口，两片网搭接应绑扎牢固，每隔一定距离应用拉绳将斜杆与地面的锚桩拉牢。施工过程中要经常对安全网进行检查和维修，严禁向安全网内扔进木料和其他杂物。

安全网要随楼层施工进度逐步上升，高层建筑除一道逐步上升的安全网外，尚应在下面间隔3～4层的部位设置一道安全网。

安全网有多种架设方式，如支搭、吊挂、筅挂等，在架设安全网时，根据其位置及作用的不同而选用不同的方式。

4.6.1 "支搭"安全网

这是施工现场用得最多的一种形式，外形如图4-57所示。支设安全网的杆件可用木杆、竹竿、钢管。用圆木时，梢径不宜小于7cm；用竹竿时，梢径不宜小于8cm；用钢管时，为48×3.5mm。

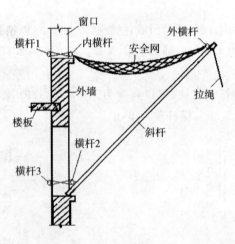

图4-57 吊挂安全网

凡腐朽和严重开裂的木材，蛀、枯脆、劈裂的竹杆均不得使用。支搭时，横杆1放在上层窗口的墙内与安全网的内横杆绑牢，横杆2放在下一层窗口的墙外与安全网的斜杆绑牢,横杆3放在墙内与横杆2绑牢。支设安全网的斜杆间距应不大于4m。

在无窗口的山墙上,可在墙角设立杆来挂设安全网,也可在墙体内预埋钢筋环以支插斜杆,还可用短钢管穿墙用回转扣件来支设斜杆。

4.6.2 "吊杆"架设安全网

构造如图4-58所示,用一套工具式的吊杆来架设安全网,比较轻巧方便,其构造如下。

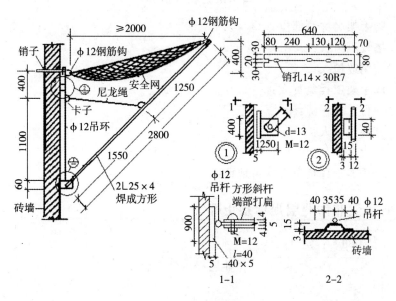

图4-58 "支搭"安全网

(1)吊杆:为 φ12 钢筋,长 1.56m,上端弯一直挂钩,以便挂在埋入墙体的销片上,在直挂钩的另一侧焊挂钩,用以挂设安全网;下端焊有装设斜杆的活动铰座和靠墙支脚。另外在平挂钩下面还焊有靠墙板和挂尼龙绳的环,这个靠墙板的作用主要是当网内落入重物时保持吊杆不产生旋转。

吊杆沿建筑物外墙面设置,其间距应与房屋开间相适应,一般为 3～4m。

(2)斜杆:长 2.8m,用 2 根 25×4 角钢焊成方形,顶端焊 φ12 钢筋钩,用以张挂安全网;底端将角钢的一边割掉使成相对的两个铁板并加以打扁,便于用螺栓与吊杆的铰座连接。

斜杆中部焊有挂尼龙绳的环,尼龙绳用卡钩挂在斜杆和吊杆的环上,由绳的长度可以调节斜件的倾斜度。

这种安全网的架设工具制作简单、运输、保管、装设都很方便。

4.6.3 其他安全网

高层建筑使用外脚手架施工时,在操作层的栏杆上要立挂安全网,通常挂在栏杆内侧,上口绑在栏杆的上杆上,下口绑在脚手架大横杆上,并封闭严密。

在拱形屋面或其他坡度较大的屋面上施工时,檐口四周可利用轻型金属挂架绑安全栏杆,设安全挡板或立挂安全网。

附录 4-1 脚手架 CⅡ标识

4-1-1 脚手架验收合格牌

建议规格为 40cm×30cm。

脚手架验收合格牌
脚手架名称及部位： 搭设班组长： 使用巡检人： 脚手架工程负责人： 项目总工程师： 其他验收人： 验收日期： 脚手架工程负责人联系地址或电话：

4-1-2 脚手架非作业层提示禁止牌

建议规格为 25cm×30cm。

非作业层提示禁止牌
 未经允许禁止入内 如需使用请与负责人×××　联系

4-1-3 脚手架使用须知牌

建议规格为 40cm×60cm。

脚手架使用、维护须知
1. 未经验收合格或未悬挂"合格牌"，不得使用。 2. 未经脚手架工程负责人同意，不得使用。 3. 使用脚手架前先将作业区周边状况进行检查、验收，确认安全后再从事作业。 4. 发现防护缺陷等安全隐患应及时向脚手架工程负责人或安全管理人员反映，并有权拒绝施工。 5. 施工班组长、工长等不得强令工人在有防护缺陷等安全隐患处作业，须确保作业工人安全。 6. 任何人不得擅自拆除脚手架构件、安全网、脚手板等。 7. 如脚手架妨碍施工，应向脚手架工程负责人联系，采取相应措施。 8. ……

注：表中内容可根据需要增减。

附录4－2 满堂脚手架与满堂支撑架立杆计算长度系数 μ

表 4-2-1 满堂脚手架立杆计算长度系数

步距（m）	立杆间距（m）			
	1.3×1.3	1.2×1.2	1.0×1.0	0.9×0.9
	高宽比不大于 2	高宽比不大于 2	高宽比不大于 2	高宽比不大于 2
	最少跨数 4	最少跨数 4	最少跨数 4	最少跨数 5
1.8	—	2.176	2.079	2.017
1.5	2.569	2.505	2.377	2.335
1.2	3.011	2.971	2.825	2.758
0.9	—	—	3.571	3.482

注：1. 步距两级之间计算长度系数按线性插入值；

2. 立杆间距两级之间，纵向间距与横向间距不同时，计算长度系数按较大间距对应的计算长度系数取值。立杆间距两级之间值，计算长度系数取两级对应的较大的值。要求高宽比相同。

3. 高宽比超过表中规定时，应按教材第 4.1.5 节第(6)条执行。

附录4－3 门架、配件质量分类

A.1 门架与配件质量类别及处理规定

A.1.1 周转使用的门架与配件可分为 A、B、C、D 四类，并应符合下列规定：

1. A 类：有轻微变形、损伤、锈蚀。经清除黏附砂浆泥土等污物，除锈、重新油漆等保养工作后可继续使用。

2. B 类：有一定程度变形或损伤（如弯曲、下凹），锈蚀轻微。应经矫正、平整、更换部件、修复、补焊、除锈、油漆等修理保养后继续使用。

3. C 类：锈蚀较严重。应抽样进行荷载试验后确定能否使用，试验应按现行行业产品标准《门式钢管脚手架》JG 13 中的有关规定进行。经试验确定可使用者，应按 B 类要求经修理保养后使用；不能使用者，则按 D 类处理。

4. D 类：有严重变形、损伤或锈蚀。不得修复，应报废处理。

A.2 质量类别判定

A.2.1 周转使用的门架与配件质量类别判定应按表 A.2.1-1～表 A.2.1-5 的规定划分。

部位及项目		A 类	B 类	C 类	D 类
立杆	弯曲(门架平面外)	≤4mm	>4mm	—	—
	裂纹	无	微小	—	有
	下凹	无	轻微	较严重	≥4mm
	壁厚	≥2.2mm	—	—	<2.2mm
	端面不平整	≤0.3mm	—	—	>0.3mm
	锁销损坏	无	损伤或脱落	—	—
	锁销间距	±1.5mm	>1.5mm <-1.5mm	—	—
	锈蚀	无或轻微	有	较严重(鱼鳞状)	深度≥0.3mm
	立杆(中-中) 尺寸变形	±5mm	>5mm <-5mm	—	—
	下部堵塞	无或轻微	较严重	—	—
	立杆下部长度	≤400mm	>400mm	—	—
横杆	弯曲	无或轻微	严重	—	—
	裂纹	无	轻微	—	有
	下凹	无或轻微	≤3mm	—	>3mm
	锈蚀	无或轻微	有	较严重	深度≥0.3mm
	壁厚	≥2mm	—	—	<2mm
加强杆	弯曲	无或轻微	有	—	—
	裂纹	无	有	—	—
	下凹	无或轻微	有	—	—
	锈蚀	无或轻微	有	较严重	深度≥0.3mm
其他	焊接脱落	无	轻微缺陷	严重	—

A.2.2　根据第 A.2.1 条表 A.2.1-1～表 A.2.1-5 的规定,周转使用的门架与配件质量类别判定应符合下列规定:

A 类:表中所列 A 类项目全部符合;

B 类:表中所列 B 类项目有一项和一项以上符合,但不应有 C 类和 D 类中任一项;

C 类:表中 C 类项目有一项和一项以上符合,但不应有 D 类中任一项;

D 类:表中 D 类项目有任一项符合。

A.3　标志

A.3.1　门架及配件挑选后,应按质量分类和判定方法分别做上标志。

A.3.2 门架及配件分类经维修、保养、修理后必须标明"检验合格"的明显标志和检验日期,不得与未经检验和处理的门架及配件混放或混用。

表 A.2.1-2 脚手板质量分类

部位及项目		A 类	B 类	C 类	D 类
脚手板	裂纹	无	轻微	较严重	严重
	下凹	无或轻微	有	较严重	—
	锈蚀	无或轻微	有	较严重	深度≥0.2mm
搭钩零件	裂纹	无	—	—	有
	锈蚀	无或轻微	有	较严重	深度≥0.2mm
	铆钉损坏	无	损伤、脱落	—	—
	弯曲	无	轻微	—	严重
	下凹	无	轻微	—	严重
	锁扣损坏	无	脱落、损伤	—	—
其他	脱焊	无	轻微	—	严重
	整体变形、翘曲	无	轻微	—	严重

表 A.2.1-3 交叉支撑质量分类

部位及项目	A 类	B 类	C 类	D 类
弯曲	≤3mm	<3mm	—	—
端部孔周裂纹	无	轻微	—	严重
下凹	无或轻微	有	—	严重
中部铆钉脱落	无	有	—	—
锈蚀	无或轻微	有	—	严重

表 A.2.1-4 连接棒质量分类

部位及项目	A 类	B 类	C 类	D 类
弯曲	无或轻微	有	—	严重
锈蚀	无或轻微	有	较严重	深度≥0.2mm
凸环脱落	无	轻微	—	—
凸环倾斜	≤0.3mm	>0.3mm	—	严重

表 A. 2. 1-5　可调底座、可调托座质量分类

部位及项目		A 类	B 类	C 类	D 类
螺杆	螺牙缺损	无或轻微	有	—	严重
	弯曲	无	轻微	—	严重
	锈蚀	无或轻微	有	较严重	严重
扳手、螺母	扳手断裂	无	轻微	—	—
	螺母转动困难	无	轻微	—	严重
	锈蚀	无或轻微	有	较严重	严重
底板	翘曲	无或轻微	有	—	—
	与螺杆不垂直	无或轻微	有	—	—
	锈蚀	无或轻微	有	较严重	严重

A. 4　抽样检查

A. 4. 1 抽样方法:C 类品中,应采用随机抽样方法,不得挑选。

A. 4. 2 样本数量:C 类样品中,门架或配件总数小于或等于 300 件时,样本数不得少于 3 件;大于 300 件时,样本数不得少于 5 件。

A. 4. 3 样品试验:试验项目及试验方法应符合现行行业产品标准《门式钢管脚手架》 JG13 的有关规定。

主要参考文献

《砌体结构设计规范》GB 50003—2011

《建筑抗震设计规范》GB 50011—2010

《砌体结构工程施工质量验收规范》GB 50203—2011

《砌体结构工程施工规范》GB 50924—2014

《混凝土小型空心砌块建筑技术规程》JGJ T14—2011

《建筑物抗震构造详图(多层砌体房屋和底部框架砌体房屋)》11G329—2

《墙体材料应用统一技术规范》GB 50574—2010

《建筑工程冬期施工规范》JGJ 104—2011

《住宅设计规范》GB 50096—2011

《建筑砂浆基本性能试验方法标准》JGJ/T 70—2009

《砌筑砂浆配合比设计规程》JGJ/T 98—2010

《烧结普通砖》GB 5101—2003

《烧结多孔砖和多孔砌块》GB 13544—2011

《烧结空心砖和空心砌块》GB 13545—2014

《蒸压灰砂砖》GB 11945—1999。

《粉煤灰砖》JC239—2014

《混凝土实心砖》GB/T 21144—2007

《承重混凝土多孔砖》GB 25779—2010

《普通混凝土小型砌块》GB/T 8239—2014

《轻集料混凝土小型空心砌块》GB/T15229—2011

《通用硅酸盐水泥》GB 175—2007

《砌筑水泥》GB/T 3183—2003

《钢筋混凝土用钢　第2部分:热轧带肋钢筋》GB 1499.2—2007

《钢筋混凝土用热轧光圆钢筋第1部分:热轧光圆钢筋》GB 1499.1—2008

《冷轧带肋钢筋》GB 13788—2008

《冷轧带肋钢筋》GB 13788—2008

《建设用砂》GB/T 14684—2010

《建设用卵石、碎石》GB/T 14685—2010

《建筑施工扣件式钢管脚手架安全技术规程》JGJ 130—2011

《建筑施工门式钢管脚手架安全技术规范》JGJ 128—2010

《建筑施工工具式脚手架安全技术规范》JGJ 202—2010

《建筑施工碗扣式脚手架安全技术规范》JGJ 166—2008

《钢板冲压扣件》GB 24910—2010

《钢管脚手架扣件》GB 15831—2006

《安全色》GB 2893—2008